数据挖掘

原理与实践

[美] 查鲁·C. 阿加沃尔（Charu C. Aggarwal）著

王晓阳 复旦大学　王建勇 清华大学　禹晓辉 约克大学　陈世敏 中科院计算所 译

Data Mining

The Textbook

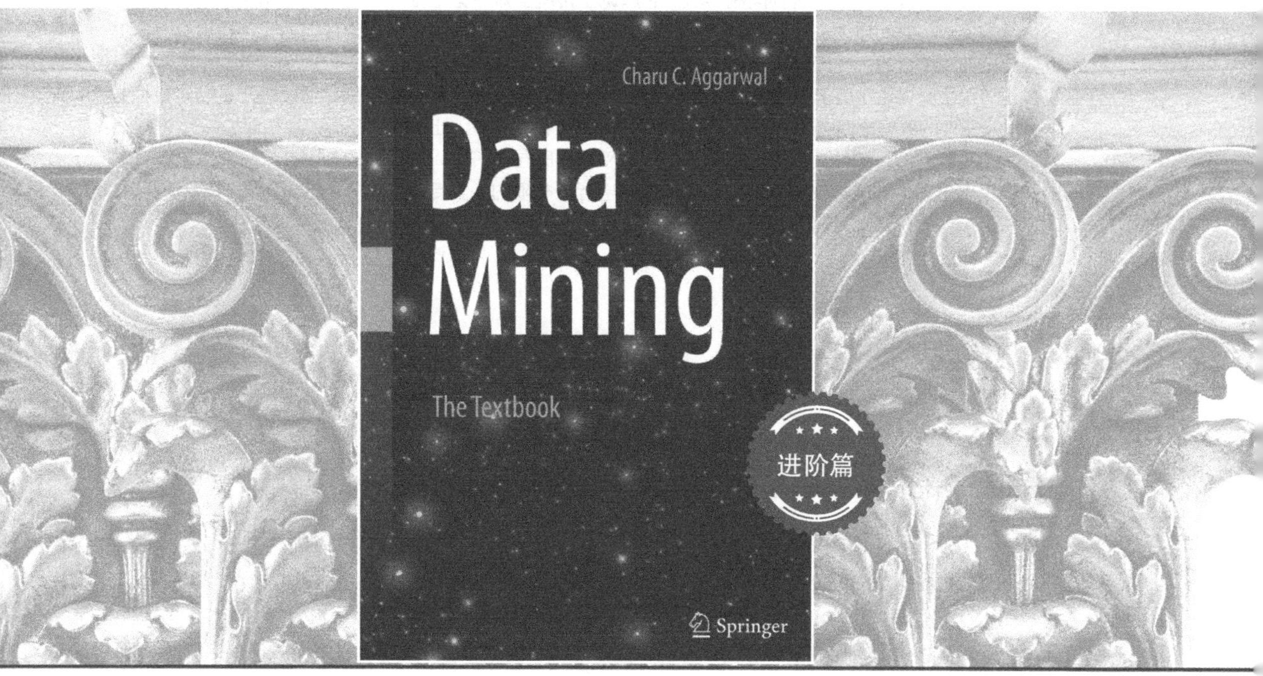

机械工业出版社
CHINA MACHINE PRESS

图书在版编目（CIP）数据

数据挖掘：原理与实践（进阶篇）/（美）查鲁·C. 阿加沃尔（Charu C. Aggarwal）著；王晓阳等译．—北京：机械工业出版社，2020.12（2023.6 重印）
（计算机科学丛书）
书名原文：Data Mining: The Textbook

ISBN 978-7-111-67030-8

I. 数… II. ① 查… ② 王… III. 数据采集 IV. TP274

中国版本图书馆 CIP 数据核字（2020）第 250284 号

北京市版权局著作权合同登记 图字：01-2015-5949 号。

本书中文版分为基础篇和进阶篇，深入探讨了数据挖掘的各个方面，从基础知识到复杂的数据类型及其应用，涉及数据挖掘的各种问题领域。它超越了传统上对数据挖掘问题的关注，引入了高级数据类型，例如文本、时间序列、离散序列、空间数据、图数据和社交网络数据。到目前为止，还没有一本书以如此全面和综合的方式探讨所有这些主题。

进阶篇主要讨论了用于不同数据领域（例如时序数据、序列数据、空间数据、图数据）的特定挖掘方法，以及重要的数据挖掘应用（例如 Web 数据挖掘、排名、推荐、社交网络分析和隐私保护）。

本书在直观解释和数学细节上取得了很好的平衡，既包含研究人员需要的数学公式，又以简单直观的方式呈现出来，方便学生和从业人员（包括数学背景有限的人）阅读。本书包括大量插图、示例和练习，并把重点放在语义可解释的示例上，特别适合作为高级数据挖掘课程的教材。

出版发行：机械工业出版社（北京市西城区百万庄大街 22 号 邮政编码：100037）

责任编辑：游 静	责任校对：李秋荣
印 刷：北京捷迅佳彩印刷有限公司	版 次：2023 年 6 月第 1 版第 3 次印刷
开 本：185mm×260mm 1/16	印 张：13.75
书 号：ISBN 978-7-111-67030-8	定 价：79.00 元

客服电话：（010）88361066 68326294

译者序

在当今的人工智能时代，数据分析和挖掘似乎已经是一个很古老的话题。这也难怪，对数据的分析甚至可以追溯到中国第一经——《易经》这部远古文明的产物㊀，至少 17 世纪就开始的数理统计学㊁为数据分析准备了齐全的数学工具，而领域公认的第一个数据挖掘算法㊂也早在 27 年前就发表了。相关领域现在流行的是机器学习，尤其是深度学习。那么在这个时候出版这本几年前就出版的原著译本，意义又何在？

事实上，目前的人工智能的发展是由数据驱动的。从数据中挖掘得到的知识在很大程度上成就了人工智能的奇妙，比如机器翻译、人脸识别、对话机器人等。目前人工智能所面临的问题是推广，也就是需要在各行各业将人工智能的能力发挥出来。这个能力的发挥在很大程度上依赖于数据的使用能力。而数据使用的难度源于数据的复杂性和多样性，我们需要一系列处理数据的工具，也就是数据挖掘工具，它是人工智能、机器学习任务的一个重要部分。

本书㊃的一个特点是篇幅长、字数多，但它更重要的特点是打破了数据挖掘就是几个算法的错觉。它将数据挖掘工具放在实际的、复杂多样的数据环境中，总结各种方法的使用场景、使用方法，乃至可能的使用效果。各种方法与各种场景的组合纵横交错，形成了丰富的内容。

本书将数据挖掘归纳成四个基本问题：聚类、分类、关联模式挖掘和异常分析。同时作者对数据类型从多个方面进行考虑，包括是连续的还是离散的、是定量的还是定性的、是依赖于上下文的还是非依赖的，有文本数据和图数据，也有时间序列、与时间无关的序列、多维时间序列、数据流，以及各种交叉组合等，而且各种组合下的数据可能都需要进行聚类、分类、关联模式挖掘和异常分析。这就使数据挖掘任务变得异常复杂及困难，需要在本质上把这些类型之间的关系、各基本方法之间的关系，以及各类型与各方法之间的关系做一个梳理。另外，本书特别强调在解决上述问题时的计算及存储效率问题，在数据挖掘的实用性方面也有很好的分析。这些内容可帮助读者在数据挖掘及人工智能应用方面打下良好的基础。从这个角度来讲，本书对数据挖掘领域的描述相当完整。

本书作者是一位严谨的计算机科学家和高产的作家。译者在研究生涯中多次接触过他，他擅长将计算机科学问题提炼成数学问题，而且又能用计算机科学方法解决实际问题。从他撰写的书籍来看，他是一个在科研方面十分细致且思路宽广的人。本书注重原理、方法，有助于读者深入理解数据挖掘的各个方面，同时本书也可以作为一本“原理型菜单”，为各类数据的转换及四个基本方法的使用提供解决思路。既有基本方法，也有进阶内容，彼此融为一体，这使得本书既可以作为数据挖掘领域的工具书，也可以作为本科及研究生各个年级的

㊀ 王建．易经：中国古代大数据 [M]. 北京：作家出版社，2015.

㊁ 陈希孺．数理统计学简史 [M]. 湖南：湖南教育出版社，2002.

㊂ Rakesh Agrawal 等人在 1993 年 ACM SIGMOD 会议上发表的“Mining association rules between sets of items in large databases”。

㊃ 本书中文版将分为基础篇和进阶篇出版，基础篇对应原书第 1～13 章，进阶篇对应原书第 14～20 章，您手中的这一本是进阶篇。——编辑注

教科书。

本书的翻译由本人与三位领域内翘楚王建勇、禹晓辉、陈世敏共同完成。整个翻译过程经过了较长的时间，其间得到了很多同事、学生的帮助，在这里一并感谢。同时也感谢机械工业出版社编辑们的极大耐心，“苦苦”等待本书翻译成稿。特别感谢本书策划编辑朱劼的支持与鼓励，使得冗长的翻译过程变得不再那么无望。最后，还要感谢本书责任编辑游静的出色工作，她使本书的成书质量得到了明显的提升。感谢各位。

王晓阳

2020 年 5 月于上海

“数据是新时代的石油。”

——Clive Humby

在过去二十多年中，数据挖掘领域取得了很大的进步，从计算机科学的角度来看尤其明显。尽管传统的概率与统计领域对数据分析已经有了广泛和深入的研究，但数据挖掘这个术语是由计算机科学相关的社区所创立的。对计算机科学家来说，计算的可扩展性、可用性和计算的执行都是极为重要的。

作为一门学科，数据科学需要一本超越传统的、仅专注于基本数据挖掘的教科书。最近几年，“数据科学家”这样的工作职位已经在市场上出现，这些人的工作职责就是从海量数据中窥探知识。在典型的应用中，数据类型倾向于异构及多样，基于多维数据类型的基本方法可能会失去效用，因此我们更需要将重点放在这些不同的数据类型以及使用这些数据类型的应用上。一本全面覆盖数据挖掘内容的书必须探索数据挖掘的不同方面，从基本技术出发，进而探讨复杂的数据类型，以及这些数据类型与基本技术的关系。虽然基本技术构成数据挖掘的良好基础，但它们并没有展示出数据分析真正复杂的全貌。本书在不影响介绍基本技术的情况下，研究这些高级的话题，因此本书可以同时用于初级和高级数据挖掘课程。到目前为止，还没有一本书用这种全面、综合的方式来覆盖所有这些话题。

本书假设读者已经有了一些概率统计和线性代数方面的基础知识，一般掌握了理工科本科时期学习的相关内容就足够了。对业界的从业者来说，只要对这些基础知识有一定的实际经验，就可以使用本书。较强的数学背景对学习那些高级话题的章节显然会有所帮助，但并不是必需的。有些章节专门介绍特殊的数据挖掘场景，比如文本数据、时序数据、离散序列、图数据等，这种专门的处理是为了更好地展示数据挖掘在多种应用领域有用武之地。

本书的章节可以分为三类。

- **基础章节**：数据挖掘主要有四个“超级问题”，即聚类、分类、关联模式挖掘和异常分析，它们的重要性体现为许许多多的实际应用把它们当成基本构件。由此，数据挖掘研究者和实践者非常重视为这些问题设计有效且高效的方法。这些基础章节详细地讨论了数据挖掘领域针对这几个超级问题所提出的各类解决方法。
- **领域章节**：这些章节讨论不同领域的特殊方法，包括文本数据、时序数据、序列数据、图数据、空间数据等。这些章节多数可以认为是应用性章节，因为它们探索特定领域的特殊性问题。
- **应用章节**：计算机硬件技术和软件平台的发展导致了一些数据密集型应用的产生，如数据流系统、Web 挖掘、社交网络和隐私保护。应用章节对这些话题进行了详细的介绍。前面所说的那些领域章节其实也集中讨论了由这些不同的数据类型而产生的各类应用。

给使用本书的教师的一点建议

本书的撰写特点使得它特别适用于数据挖掘基础和高级两门课程的教学。通过对不同重点的关注，本书也可用于不同类型的数据挖掘课程。具体来说，使用各种章节组合可提供的课程包括下面几种。

- **基础课程**：数据挖掘基础课程应侧重于数据挖掘的基础知识。这门课可以使用本书的第 1、2、3、4、6、8、10 章。事实上，一门课可能无法覆盖这些章节中的所有内容，任课教师可根据需要从这些章节中选择他们感兴趣的话题。这门课也可以考虑使用本书的第 5、7、9、11 章的部分内容，这些章节确实是为高级课程准备的，但不妨在基础课程中引入一部分。
- **高级课程（基础）**：这门课将涵盖数据挖掘基础中的高级话题，并假定学生已经熟悉了本书第 1～3 章的内容，及第 4、6、8、10 章中的部分内容。这门课将主要关注第 5、7、9、11 章，如集成分析这样的内容对一门高级课程是有益的。此外，在基础课程中没来得及教授的第 4、6、8、10 章中的内容也可以在这门课中使用，并考虑增加第 20 章的隐私话题。
- **高级课程（数据类型）**：这门课可以教授文本挖掘、时序、序列、图数据和空间数据等内容，使用本书的第 13、14、15、16、17 章。也可以考虑增加第 19 章（如图聚类部分）和第 12 章（数据流）的内容。
- **高级课程（应用）**：应用课程可以与数据类型课程有所重叠，但有不同的侧重点。例如，在一个以应用为中心的课程中，重点应该放在建模而非算法方面。因此，第 13、14、15、16、17 章中的内容可以保留，但可以跳过一些算法细节。因为对具体算法关注得少些，这几章可以比较快地介绍，建议把省下来的时间分配给重要的三章，即数据流（第 12 章）、Web 挖掘（第 18 章）以及社交网络分析（第 19 章）。

本书的撰写风格简单，便于数学背景不多的本科生和业界从业人员使用。因此，对于学生、业界从业者以及科研人员，本书既可以作为初级的介绍性课本，也可以作为高级课程的课本。

在本书中，向量与多维数据点（包括类别型属性）都用上划线标注，如 $\overline{X}$ 或 $\overline{y}$。向量或多维数据点可以由小写字母或大写字母来表示，只要有上划线标注即可。向量点积由中心点表示，如 $\overline{X}\cdot\overline{Y}$ 。矩阵用大写字母表示，不用上划线标注，如 R。在整本书中，$n\times d$ 的数据矩阵用 D 表示，包含 n 个 d 维的点，因此 D 中的各个数据点是一个 d 维列向量。若数据点是只包含一项的向量（即一维向量），那么 n 个数据点即可表示为一个 n 维列向量。比如，n 个数据点的类别变量就是一个 n 维的列向量 $\overline{y}$。

致谢

感谢太太及女儿，感谢她们在我写这本书时所表达的爱与支持。写这本书需要大量的时间，这些时间都是从我的家人那里拿来的，所以这本书也是这段时间她们对我耐心支持的结果。

也感谢我的经理 Nagui Halim，他给了我莫大的帮助，他在专业方面的支持对本书以及过去我所写的多本书都至关重要。

在撰写本书时，我得到了很多人的帮助，特别是下列人士给了我很好的反馈：Kanishka Bhaduri、Alain Biem、Graham Cormode、Hongbo Deng、Amit Dhurandhar、Bart Goethals、Alexander Hinneburg、Ramakrishnan Kannan、George Karypis、Dominique LaSalle、Abdullah

Mueen、Guojun Qi、Pierangela Samarati、Saket Sathe、Karthik Subbian、Jiliang Tang、Deepak Turaga、Jilles Vreeken、Jieping Ye 和 Peixiang Zhao。感谢他们给了我很多具有建设性的反馈和建议。在过去的许多年中，我受益于许多合作者的真知灼见，这些对本书都有直接或间接的影响。首先要感谢我的长期合作者 Philip S. Yu，我们一起合作了多年。其他与我有过深度合作关系的研究者还包括 Tarek F. Abdelzaher、Jing Gao、Quanquan Gu、Manish Gupta、Jiawei Han、Alexander Hinneburg、Thomas Huang、Nan Li、Huan Liu、Ruoming Jin、Daniel Keim、Arijit Khan、Latifur Khan、Mohammad M. Masud、Jian Pei、Magda Procopiuc、Guojun Qi、Chandan Reddy、Jaideep Srivastava、Karthik Subbian、Yizhou Sun、Jiliang Tang、Min-Hsuan Tsai、Haixun Wang、Jianyong Wang、Min Wang、Joel Wolf、Xifeng Yan、Mohammed Zaki、ChengXiang Zhai 和 Peixiang Zhao。

还要感谢我的导师 James B. Orlin，感谢他在我早期研究中所给予的指导。尽管我已经不在原来的研究领域里工作，但我从他那里学到的东西形成了我解决问题的关键方式，特别是他告诉我在科研中依赖直觉并使用简洁思路是很重要的。这种做法在科研中的重要性其实还没有受到广泛的重视。本书就是用了一种简单、直观的方法撰写的，这样科研人员及业界从业者都能更容易理解本领域的研究内容。

感谢 Lata Aggarwal 帮我用微软的 PowerPoint 画了书中的一些图。

作者简介

Charu C. Aggarwal 在纽约约克顿高地的 IBM 托马斯 · J. 沃森研究中心工作，是一位杰出研究员（DRSM）。他于 1993 年从坎普尔理工学院（IIT）获得学士学位，于 1996 年从麻省理工学院获得博士学位，并长期耕耘在数据挖掘领域。他发表了 250 多篇论文，撰写了 80 多篇专利文献，并编著和撰写了 14 本著作，其中包括第一部完整从计算机科学角度撰写的异常分析著作。由于他的专利具有很好的商用价值，IBM 三次授予他“创新大师”称号。另外，他在生物威胁探测方面的工作于 2003 年获得 IBM 企业奖，在隐私技术方面的工作于 2008 年获得 IBM 杰出创新奖，在数据流方面的工作于 2009 年获得 IBM 杰出技术成就奖，在系统 S 中的贡献于 2008 年获得 IBM 研究部门奖。他的基于冷凝方法进行隐私保护下的数据挖掘方法获得了 EDBT 会议于 2014 年颁发的“久经考验”奖。

他曾担任 2014 年 IEEE 大数据会议的联席总主席，并从 2004 年至 2008 年担任 *IEEE Transactions on Knowledge and Data Engineering*（TKDE）的副主编。他目前是 *ACM Transactions on Knowledge Discovery from Data*（TKDD）的副主编，*Data Mining and Knowledge Discovery*（DMKD）的执行主编，ACM *SIGKDD Explorations* 的主编，以及 *Knowledge and Information Systems*（KAIS）的副主编。他同时还担任由 Springer 出版的社交网络系列丛刊（LNSN）的顾问委员会成员。他曾担任过 SIAM 数据挖掘工作组的副主任。他由于对知识发现和数据挖掘算法的贡献而当选为 ACM 会士和 IEEE 会士。

时间序列数据挖掘

"时间存在的唯一原因是让事情不会都挤在一个时间点上发生。"

——Albert Einstein

14.1 引言

时态数据（temporal data）在数据挖掘应用中十分常见。在通常情况下，这是由于通过硬件或软件监控设备采集的数据来自连续发生的过程。领域多样性非常明显，从医疗领域延伸到金融领域。这种数据的一些例子如下。

- **传感器数据**：传感器数据往往由多种硬件和其他监控设备来收集。通常，这些数据包含关于底层数据对象的连续读取。例如，环境数据通常由不同种类的传感器收集，这些传感器测量温度、压力、湿度等。传感器数据是最常见的时序数据。
- **医疗设备**：许多医疗设备（如心电图（ECG）和脑电图（EEG））都会产生连续的时序数据流。这些数据代表对人体机能的度量，比如心跳、脉搏、血压等。实时数据也收集自重症监护病房（ICU）的患者，用来监测他们的身体状况。
- **金融市场数据**：金融数据（如股票价格）通常是时态数据。其他形式的时态数据包括商品价格、工业趋势和经济指标。

一般来说，时态数据有可能是*离散的*或*连续的*。例如，Web 日志数据包含一系列与用户点击相关的*离散*事件，而环境数据可能包含如温度等的一系列连续值。连续的时态数据集称为**时间序列**（time series），离散的时态数据集称为**序列**（sequence）。本章将重点关注连续的时序数据。下一章将研究离散序列数据的数据挖掘方法。虽然时序数据和离散序列数据在概念上讲是相似的，但是用于每个领域的算法方法论有着显著差异。然而，在许多情况下，常常通过离散化过程将时序数据转换为离散序列数据，以促进各种各样的序列挖掘技术的应用。本章也会对这种情况进行讨论。

在多维数据中所有属性都得到平等的对待，与此不同的是，时序数据是一种*有上下文的*数据。在上下文数据表示中，属性可以分为两类。

- **上下文属性**：该属性提供进行度量的*上下文*。换句话说，上下文属性提供一些参考点，并在这些参考点上度量行为值。在时序数据中，*单一*上下文属性对应于时间维度。一些数据类型（如空间数据）可能包含多个对应于空间坐标的上下文属性。时间戳可以对应于进行数据点度量的实际时间值，也可以对应于进行数值度量的*连续索引*。
- **行为属性**：行为属性代表参考点的行为值。例如，在一个环境传感器中，它可能对应于温度属性。一般来说，每个上下文属性值（比如时间戳）都有一个相应的行为属性值（比如温度）。从面向具体应用的角度来看，行为属性通常十分引人关注，但是，如果不知道上下文属性，那么就很难正确地解释这些行为属性。当每个时间序列与多个行为属性相关时，相应的序列称为**多元**时间序列。

如果没有上下文属性，将不能有效地解读行为属性值，因此上下文数据类型的分析相对比较困难。例如，若行为属性在连续时间戳（上下文属性）上突然发生改变，通常表明存在异常行为。因此，不同于多维数据，问题定义依赖于上下文属性和行为属性之间相互关系的结合。因此，需要大幅地修改一些问题，如聚类、分类和异常检测，以解释上下文属性的影响。后续章节中讨论的一些数据类型就属于这类问题。其他例子包括序列数据和空间数据。

时序数据的复杂性产生很多种问题定义。大多数模型可以分为两类。

1. 实时分析

在实时分析中，实时地分析一个或多个序列中的数据点，以做出预测。一般来说，在不同的数据流上对近期历史数据的一个小窗口进行分析。这种分析的例子包括预测、偏差检测或事件检测。当可以获取多个序列时，通常以时间同步的方式进行分析。即使当数据挖掘（如聚类）应用于这些问题时，通常也是实时地进行分析。

2. 回顾性分析

在回顾性分析中，已经获取了时序数据，随后对其进行分析。对同一数据库中不同时间序列的分析有时不在时间上同步。例如，在一个存放ECG数据的时间序列数据库中，数据可能是在不同时期记录的。

这两种形式的分析在不同应用中各有其用。此外，这两种情况对同一应用（比如聚类或异常检测）有不同的解释。后面的小节中将详细地讨论这些问题。

本章内容的组织结构如下。14.2节介绍时间序列的前期准备和相似性度量的方法。因为时间序列相似性度量的方法已经在第3章中进行了详细讨论，所以本章仅对此进行简要概述。关于时间序列不同的相似性度量，读者可以参考第3章的相关部分。14.3节讨论时间序列的预测问题；14.4节讨论时间序列的模体发现；14.5节解决时间序列的聚类问题；14.6节讨论异常检测；14.7节讨论时间序列的分类；14.8节给出本章小结。

14.2 时间序列的前期准备和相似性度量

时序数据可以是单变量的或多变量的。在一元时序数据中，每一时刻与一个行为属性相关联。在多元时序数据中，每一时刻与多个行为属性相关联。因此，时间序列的维度是指所追踪的行为属性的数量。

定义 14.2.1（多元时序数据） 长度为n、维度为d的时间序列在每个时间戳$t_1, \cdots, t_n$处包含一个d维数值型特征。对于每个d维序列，每个时间戳都包含一个相应元素。因此，在时间戳t_i处接收到的数值集合为$\overline{Y_i}=(y_i^1, \cdots, y_i^d)$。在时间戳$t_i$处第$j$列的值为$y_i^j$。

在一元时间序列中，d的值为1。在这种情况下，将长度为n的序列表示成和时间戳$t_1, \cdots, t_n$相关联的标量行为值$y_1, \cdots, y_n$的集合。

14.2.1 缺失值处理

时序数据包含缺失值是常见情况。此外，当时间序列由多个独立传感器收集时，它们的值可能不能及时地得到同步。为了便于数据处理，通常在不同行为属性上等距且同步地收集时间序列值。最常见的用于处理缺失值、不等距值或异步值的方法是线性插值方法。该方法的思想是在所需时间戳上创建估计值。这种方法可以用来生成同步的、等距的、无缺失值的多元时间序列。

考虑这种情景：在时刻 t_i 和 t_j 上，时间序列的值分别为 y_i 和 y_j，其中 $i<j$。设 t 为从时间间隔 (t_i, t_j) 中获取的一个时间。那么，这个序列的插值为：

$$y = y_i + \left(\frac{t-t_i}{t_j-t_i}\right) \cdot (y_j - y_i) \tag{14.1}$$

这是简单的线性插值，尽管其他更复杂的方法（如多项式插值或样条插值）也是可能的。然而，为了进行估计，这些方法需要一个时间窗中的大量数据点。在许多情况下，这些方法并没有提供显著优于简单线性插值方法的结果。

14.2.2 噪声去除

容易产生噪声的硬件（如传感器）通常被用于时序数据收集。大部分噪声去除方法的做法是消除短期波动。值得注意的是，如何区分噪声和有趣的异常点通常是一个困难的问题。有趣的异常点是一种波动，它由数据生成过程的特定方面所造成，而不是由数据收集过程的工件所导致。因此，这种清洗和平滑方法对于异常检测等问题有时是不恰当的。用于噪声去除的两种常见方法分别是**装箱法**和**平滑法**。

装箱法

装箱法将数据分割成尺寸为 k 的时间间隔，将这些时间间隔表示为 $[t_1, t_k]$、$[t_{k+1}, t_{2k}]$ 等。假设时间戳是等距的。因此，每个箱子大小相同，并包含相同数量的点。将每个时间间隔中数据点的平均值作为平滑值。将时间戳 $t_{i\cdot k+1},\cdots,t_{i\cdot k+k}$ 处的值表示为 $y_{i\cdot k+1},\cdots,y_{i\cdot k+k}$。那么，新的箱值为 y'_{i+1}：

$$y'_{i+1} = \frac{\sum_{r=1}^{k} y_{i\cdot k+r}}{k}$$

因此，这种方法使用箱子中数据点的平均值，也可以使用行为属性值的中值。在通常情况下，中值提供比平均值更为鲁棒的估计，因为异常点不会影响中值。装箱法的主要问题是，它通过因子 k 减少了可用数据点的数量。装箱也称为分段聚合近似（PAA）。尽管这种方法便于快速距离计算 [309]，但是对于较大的 k 值，它会产生相当大的损耗，因为它提供的是一种压缩表示方法。

移动平均平滑法

移动平均法在计算平均值时通过使用重叠箱子来减少装箱的损失。和装箱法类似，该方法也在时间序列窗口上计算平均值。主要区别在于，该方法以序列中的每个时间戳为起点构造一个箱子，而不是仅仅以箱子边界的时间戳为起点。因此，箱子区间为 $[t_1, t_k]$、$[t_2, t_{k+1}]$ 等。这将产生一组重叠区间，然后在每一个区间上计算时间序列的平均值。移动平均也称为**滚动平均**，由于平均值的平滑作用，它可以减少时间序列中的噪声。

在实时应用中，移动平均值在窗口的最后一个时间戳之后才可用。因此，移动平均引入了延迟分析，并且由于边界影响也丢失了序列开始时的一些数据点。此外，由于平滑作用，有时会丢失短期趋势。箱子尺寸越大，平滑作用和延迟也越大。由于延迟的影响，当在原始序列中存在高峰（或上升趋势）时，在移动平均中可能包含低谷（或下降趋势），反之亦然。这有时会导致对近期趋势的误解。

指数平滑法

在指数平滑法中，定义平滑值 y_i' 为当前值 y_i 和上一个平滑值 y_{i-1}' 的线性组合。为此，使用平滑参数 $\alpha \in (0, 1)$。

$$y_i' = \alpha \cdot y_i + (1-\alpha) \cdot y_{i-1}' \tag{14.2}$$

初值 y_0' 通常被设为序列中的第一个数据点。当 α 的值取 1 时，没有平滑作用，平滑序列和原始序列相同。当 α 的值取 0 时，整个序列被平滑为常数值 y_0'。因为 y_i' 的值能够表示成序列值的指数衰减之和，所以将该方法称为指数平滑法。通过递归地把上述等式代入自身，可以表示成如下形式：

$$y_i' = (1-\alpha)^i \cdot y_0' + \alpha \cdot \sum_{j=1}^{i} y_j \cdot (1-\alpha)^{i-j} \tag{14.3}$$

参数 α 被用来调节衰减因子。与移动平均值法不同，指数平滑法认为近期数据点的重要性更高。该方法在序列开始时不会丢失数据点，并且在同等级别的平滑方法中，该方法可以减小延迟的影响。图 14-1a 和图 14-1b 分别给出了移动平均值法和指数平滑法的实例。显然，指数平滑法在序列开始时不会丢失任何数据点，并且可以降低延迟以提供更好的平滑效果。

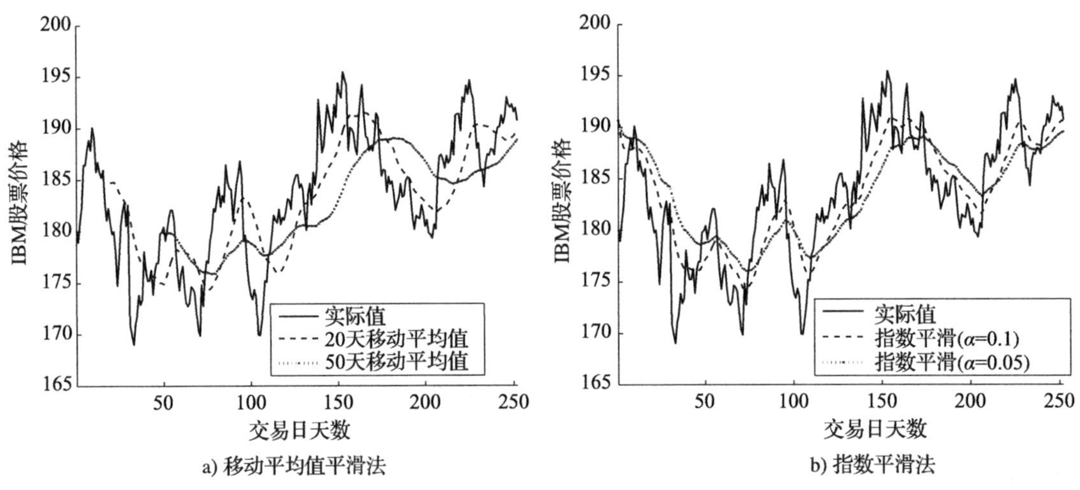

图 14-1　用不同的平滑方法处理从 2013 年 9 月 5 日到 2014 年 9 月 4 日的 IBM 股票价格

14.2.3　归一化

时间序列通常需要进行归一化，特别是在同时分析多个序列的时候。例如，一个序列可能测量温度，而另一个可能测量压力。因为这些值的衡量尺度不同，所以不能将它们进行有意义的比较。因此，通常使用两种归一化方法调整这种差异。

1. 基于范围的归一化

在基于范围的归一化中，首先确定时间序列的最小值和最大值，然后用最小值和最大值来表示这些值。那么，按如下公式将时间序列值 y_i 映射到取值范围为 (0,1) 的新值 y_i'：

$$y_i' = \frac{y_i - min}{max - min} \tag{14.4}$$

2. 标准化

在标准化中，使用序列的均值和标准差进行归一化。这实质上是时间序列的 Z 值。令 μ 和 σ 表示时间序列的均值和标准差。那么，按如下公式将时间序列值 y_i 映射到新值 z_i：

$$z_i = \frac{y_i - \mu}{\sigma} \tag{14.5}$$

标准化通常是首选方法。然而，它并不能保证将时间序列值映射到一个特定范围。

14.2.4 数据转换和约简

许多现有的预处理方法将时序数据转换和归约成一种简化表示。有些方法将数据转换成较少量的数值系数，而其他方法将数据转换成离散值。

14.2.4.1 离散小波变换

离散小波变换（DWT）将时间序列转换成多维数据。通过将不同时间戳的数值看作不同维[1]，时间序列也可以看作多维数据，但是，连续时间戳上的数值彼此高度相关。多维方法的一种直接应用忽略了数据值的时间连续性。在小波变换中，系数描述不同的连续的时间序列区域的属性。选取一对连续的序列片段，并取其行为属性平均值之差的一半作为系数。由此产生的表示可以更加容易地进行分析，如同多维数据，因为系数中已经包含了时间局部性。仅使用最大系数表示，便有可能准确地重建整个时间序列。在通常情况下，被保留下来的系数的数目远小于原始时间序列的长度。因此，该方法也是一种降维方法。2.4.4.1 节对离散小波变换进行了详细描述。

14.2.4.2 离散傅里叶变换

当序列中的大部分变化可以在序列的特定局部区域内捕获时，小波变换是最有效的。在序列包含全局周期性的情况下，离散傅里叶变换更有效。图 14-2 提供了这两种方法适用的场景示例。傅里叶变换的基本思想是，任何长度为 n 的序列都可以表示成平滑周期性正弦级数的线性组合。同单一常数项一样，来自 $n, n/2, n/3, \cdots, n/(n-1)$ 的 $n-1$ 个正弦级数具有周期性。使用这种分解可以约简数据，因为只有少部分成分序列的贡献足够大。考虑时间序列 $x_0, \cdots, x_{n-1}$。傅里叶变换的每个系数 X_k 是一个复数值，定义如下：

$$X_k = \sum_{r=0}^{n-1} x_r \cdot e^{-ir\omega k} = \sum_{r=0}^{n-1} x_r \cdot \cos(r\omega k) - i\sum_{r=0}^{n-1} x_r \cdot \sin(r\omega k) \quad \forall k \in \{0, \cdots, n-1\} \tag{14.6}$$

这里，ω 设为 $2\pi/n$ 度，符号 i 表示虚数。因此，X_k 是一个复数值。傅里叶系数的一个性质是，通过对于 $k \geqslant 1$ 颠倒虚部的符号便可以从 X_k 导出 X_{n-k}（见练习题 7）。因此，只需要保留前 $n/2$ 个复系数，并且只有能量值 $a_k^2 + b_k^2$ 较大的系数 $X_k = a_k + ib_k$ 需要保留。可以使用保留下来的前 m 个系数（以及它们的索引 k）以一种紧凑的方式近似估计时间序列。系数的实部和虚部都可以以实数值的向量数据结构进行存储。这个向量提供了序列的简化表示。可以按照如下公式根据系数重构原始序列：

$$x_r = \frac{1}{n}\sum_{k=0}^{n-1} X_k \cdot e^{ir\omega k} = \frac{1}{n}\left(\sum_{k=0}^{n-1} X_k \cdot \cos(r\omega k) + i\sum_{k=0}^{n-1} X_k \cdot \sin(r\omega k)\right) \quad \forall r \in \{0, \cdots, n-1\}$$

注意，每个 X_k 是一个复数值。然而，等式右边虚部的值总为 0 而产生实数序列值 x_r。

[1] 对于时间序列数据，“维度”的概念有两种方法定义。可以将多元序列中的每个行为属性看成一个维度，也可以将一元时序中的每个数值看成一个维度。具体指的是哪一个定义通常要根据手头应用的语义来确定。

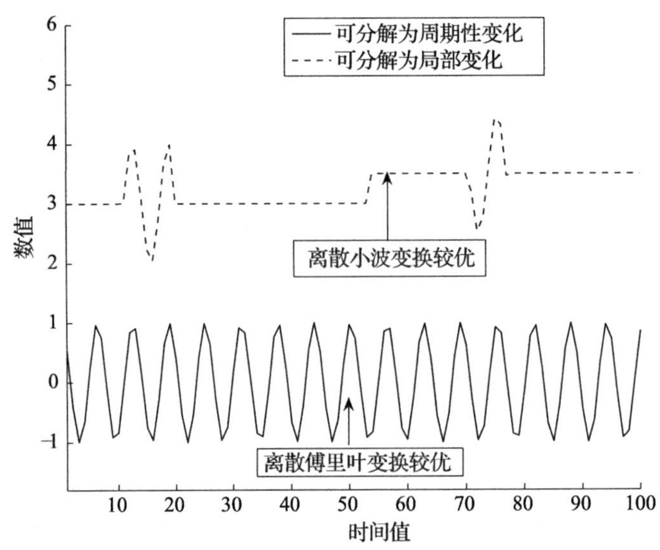

图 14-2　离散傅里叶变换与离散小波变换所倾向的场景

DFT 具有一些属性使得它适用于数据挖掘应用。它满足可加性，两个序列的和（或差）的傅里叶系数等于它们傅里叶系数的和（或差）。它也满足 Parseval 定理，即如果 $X_k = a_k + ib_k$ 是第 k 个傅里叶系数，那么有 $\sum_{r=0}^{n-1} x_r^2 = \frac{1}{n}\sum_{k=0}^{n-1}(a_k^2 + b_k^2)$。由于这些属性，可以通过计算两个时间序列的傅里叶系数的欧几里得距离来近似它们的欧几里得距离。和 DWT 类似，DFT 也可以看作将时间序列变换到一个新的（旋转的）正交基系统，只是傅里叶系数 X_k 的基向量 $\overline{B_k} = [1, e^{i\omega k}, e^{2i\omega k}, \cdots, e^{(n-1)i\omega k}]$ 是一个复向量。因此，可以按照相互正交的基向量 $\overline{B_0}, \cdots, \overline{B_{n-1}}$ 将时间序列进行分解，如下所示：

$$(x_0, \cdots, x_{n-1}) = \frac{1}{n}\sum_{k=0}^{n-1} X_k \overline{B_k} \tag{14.7}$$

通常，现成的数学软件包使用快速傅里叶变换（FFT）来计算系数。一个密切相关的变换称为离散余弦变换（DCT），它提供了更好的压缩。

14.2.4.3　符号聚合近似（SAX）

这种方法将时间序列转换为离散序列数据。基本思想是，在连续的等距的时间序列窗口上计算行为属性的平均值，以确定分段聚合近似。然后，将产生的连续值离散成少量的离散值。根据应用的不同，断点的数目可能会在 3 到 10 之间变化。该方法选择离散化的断点，使每个符号值有一个近似相等的频率表示。一种可能是使用连续值的等深离散化，虽然这对于长序列或流序列来说是不切实际的或不可行的。对于长序列或流序列，可以使用结果均值的高斯分布假设来确定离散化断点。其主要思想是选择高斯曲线上的点，使连续断点之间的区域相等，因此，不同的符号有近似相同的频率。

14.2.5　时间序列相似性度量

通常根据应用特定的目标来设计时间序列相似性度量的方法。最常见的计算时间序列相似度的方法是欧几里得距离和动态时间规整（DTW）。欧几里得距离的定义方式和多维数据相同，即将不同时间戳的行为属性值看作维度。只有当两个序列具有相同长度，并且数据点间存在一一对应关系时，才可以使用欧几里得距离。在异步时间序列中，时间序列不同部分的数据会以不同的速率生成，因此欧几里得距离是不适用的。DTW 方法在一个序列的不同部分中对时间维度进行不同程度的延伸和收缩，以创建一个最佳匹配。如 16.3.4.1 节所讨论的，DTW 算法也可以推广到多元时间序列，如轨迹数据。其他两种相似度 / 距离函数包括编辑距离和最长公共子序列。这些度量更常用于离散序列，而非连续时间序列。所有这些度量都在 3.4.1 节中进行了详细阐述。

14.3 时间序列预测

预测是时间序列分析中最常见的应用之一。对未来趋势的预测被应用于零售销售、经济指标、天气预报、股票市场和许多其他应用场景中。在这种情况下，有一个或多个数据值序列，需要根据历史数据值来预测序列的未来值。

时间序列可以是平稳的或非平稳的。一个平稳随机过程的参数（如均值和方差）不会随时间而变化。非平稳过程是一个参数随时间变化的过程。一些时间序列（如白噪声）是平稳的。白噪声的平稳性最强，其中由一个固定延迟之间序列值均值为零、方差为常数、协方差为零。另外，考虑这样一种情况，行为属性对应于一个工业商品（如原油）的价格水平。这是典型的非平稳，由于通货膨胀，平均价格水平可能会随着时间的推移而上涨。事实上，在实际应用中大多数时间序列都是非平稳的。平稳序列通常会被定性为噪声序列，它的不同序列值之间存在水平趋势，方差为常数，协方差为零。例如，在图 14-3a 中，两个序列都是非平稳的，因为它们的平均值随时间而增加。而在图 14-3b 中，虚线是平稳的，因为它的趋势没有随时间显著改变。严格平稳时间序列的定义如下。

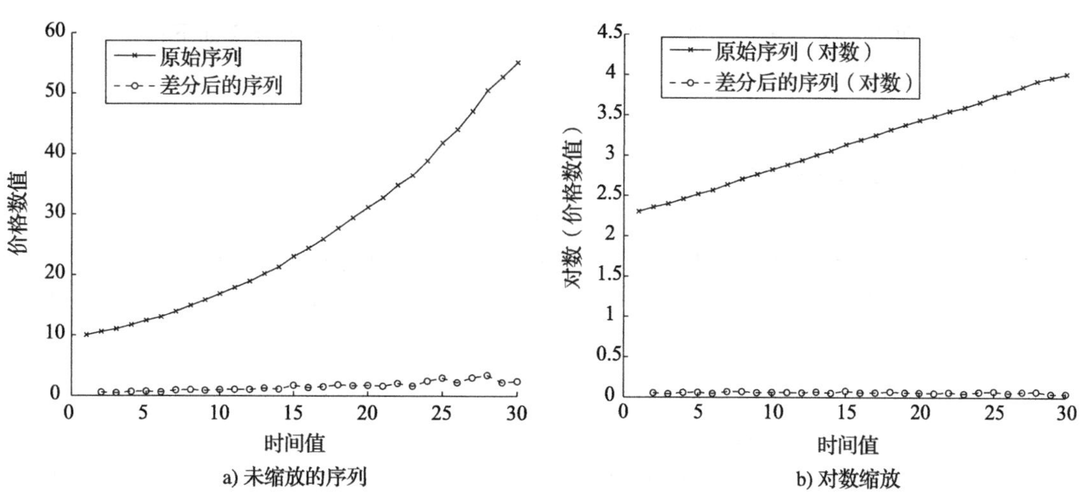

图 14-3 不同操作对平稳时间序列与非平稳时间序列的影响

定义 14.3.1（严格平稳时间序列） 在严格平稳时间序列中，任取时间偏移值 h，任意时间间隔 $[a, b]$ 中值的概率分布和它的平移区间 $[a+h, b+h]$ 中值的概率分布是相同的。

换言之，所有变量子集的多元分布必须与它们的平移相对应。可以通过更有意义的方式来估计一个平稳时间序列中基于窗口的统计参数，因为在不同的时间窗中参数不会发生改变。在这种情况下，估计出的统计参数是很好的未来行为预测的因子。而对于非平稳序列，在基于回归的预测模型中，当前的均值、方差和统计相关性未必能够很好地预测未来行为。

因此，在预测分析之前将非平稳序列转换为平稳序列通常是很有利的。在平稳序列上进行预测之后，使用逆变换将预测值转换回原始表示。然而，定义 14.3.1 中严格平稳性概念的局限性太强，因此难以有意义地用于实际应用。例如，根据单一实例确定某一时间序列是否严格平稳就很困难，因为必须全面地描述所有变量子集的多元分布。

一个关键的观察是，获取或转换表现出弱平稳性的序列是非常容易的。在这种情况下，和白噪声不同，随着时间的推移，序列平均值和近似相邻的时间序列值之间的协方差可能是非零的，但是是常量。这称作**共变数定态**。这种弱平稳性的评估相对容易，亦适用于依赖于特定参数（如均值和协方差）的预测模型。在其他非平稳序列中，可以使用一条趋势线来描述该序列的平均值，这条线不一定如平稳序列所要求的是水平的。该序列可能会因为生成过程中的一些变化而周期性地偏离趋势线，然后再返回到趋势线。这叫作**趋势平稳**序列。这种弱平稳性对于创建有效的预测模型也是非常有用的。在下文中，将讨论一些常用的将非平稳序列转换为平稳序列的实用方法。

差分

将时间序列转换成平稳形式的常用方法是差分。在差分法中，时间序列值 y_i 由它和上一个值的差值所取代。因此，新值 y_i' 如下：

$$y_i' = y_i - y_{i-1} \tag{14.8}$$

如果差分后序列是平稳的，那么该数据的一种合适模型为：

$$y_{i+1} = y_i + e_{i+1} \tag{14.9}$$

这里，e_{i+1} 对应于均值为零的白噪声。对于长度为 t 的序列，差分后的时间序列将有 $t-1$ 个值，因为第一个值不可能反映在转换后的序列中。

高阶差分可以用来实现二阶变化的平稳性。因此，高阶差分值 y_i'' 定义如下：

$$y_i'' = y_i' - y_{i-1}' \tag{14.10}$$

$$= y_i - 2 \cdot y_{i-1} + y_{i-2} \tag{14.11}$$

该模型允许序列随时间偏移，因为噪声的均值非零。对应模型如下：

$$y_{i+1} = y_i + c + e_{i+1} \tag{14.12}$$

这里，c 是一个代表偏移的非零常量。一般来说，很少使用超过二阶的差分。

另一种方法是使用周期性差分，前提是知道在周期性差分后序列可以达到平稳。周期性差分定义如下：

$$y_i' = y_i - y_{i-m} \tag{14.13}$$

这里，m 是大于 1 的整数。

在某些情况下，如几何递增序列，在差分运算之前会将对数函数应用于序列值。例如，考虑一个以近似恒定的膨胀因子增长的价格时间序列。在这种情况下，在差分运算之前将对数函数应用于时间序列值是非常有用的。图 14-3a 提供了一个通货膨胀随时间变化的示例。显然，差分运算对于序列平稳性没有任何帮助。在图 14-3b 中，在差分运算之前将对数函数应用于序列。在这种情况下，差分运算后的序列变得平稳。

在下文中，将对一些一元时间序列预测模型进行讨论。这些模型在时间序列模式的不同假设条件下有效地工作。其中，有些模型需要假设一个平稳时间序列，而有些模型并非如此。

14.3.1 自回归模型

一元时间序列包含一个单一变量，可以使用自相关性对其进行预测。自相关性表示序列中相邻位置时间戳之间的相关性。在通常情况下，相邻位置时间戳上的行为属性值呈正相关。一个时间序列的自相关性由一个特殊的延迟值 L 所定义。因此，对于一个时间序列 $y_1, \cdots, y_n$，定义延迟为 L 的自相关性为 y_t 和 y_{t+L} 之间的皮尔森相关系数。

$$\text{Autocorrelation}(L)=\frac{\text{Covariance}_t(y_t, y_{t+L})}{\text{Variance}_t(y_t)} \tag{14.14}$$

自相关性总是在 [−1, 1] 的范围内，虽然当 L 的取值较小时，自相关值几乎总是正的，并随着延迟 L 的增加而逐渐下降。正相关是由于大多数时间序列的相邻值都很相似，虽然随着距离的增加相似度会不断下降。高的自相关（绝对）值意味着，该序列中一个给定位置的值可以根据前面紧邻的窗口中的值来进行预测。事实上，这一关键属性正是使用自回归模型的主要原因。例如，图 14-4a 说明了 IBM 股票实例（图 14-1）带有延迟的自相关性的变化。这种图叫作**自相关图**，常被用于 AR 模型。虽然自相关值通常是正的并且随着延迟的增加而下降，但是精确的行为高度特定于应用。对于周期序列，自相关性可能呈周期性，并且在一定的延迟区间中呈负值。图 14-4b 举例说明了一个周期性正弦曲线的自相关性。

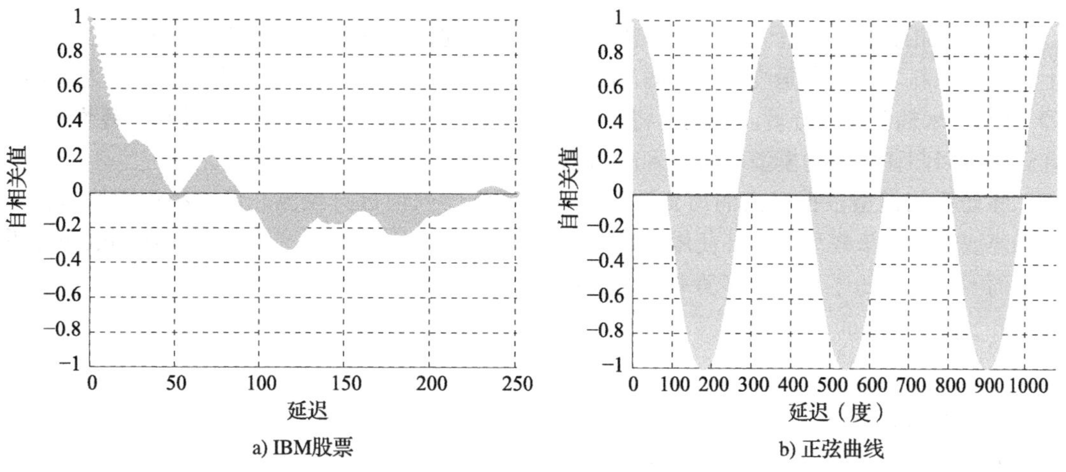

图 14-4　不同序列的自相关图

在自回归模型中，定义时间 t 处的值 y_t 为前面紧邻的长度为 p 的窗口中的值的线性组合：

$$y_t=\sum_{i=1}^{p} a_i \cdot y_{t-i}+c+\epsilon_t \tag{14.15}$$

使用前面的长度为 p 的窗口的模型称为 $AR(p)$ 模型。回归系数 $a_1, \cdots, a_p, c$ 的值需要从训练数据中学习。p 值越大，并入自相关性的延迟越大。p 的选择应该遵循公式 14.14 中的自相关度。由于自相关度往往随着延迟值 L 的增加而降低，因此，应该选择一个 p 值，使得延迟 $L = p$ 时自相关作用较小。在这种情况下，进一步增大回归窗口对于建模过程的准确性可能没有任何帮助，有时还可能导致过拟合。在通常情况下，自相关图（图 14-4）被用以识别窗口。选择具有特定延迟值的系数替代公式 14.15 中的系数也是可行的。特别地，在自相关图中，可以选择具有较高绝对自相关性的延迟值。这种方法也有助于预测周期性序列。

过去的历史时序数据中的每个时间戳创建了时间序列变量之间的线性方程。通过使用训练数据中每个时间戳上的数值，以及它前面紧邻的长度为 p 的窗口，便可以创建系数之间的线性方程组。当可用时间戳的数量远大于 p 时，这是一个超定方程组，是不可行的。因此，任何（不可行）的解决方案都会有一个与它相关联的错误。系数 $a_1, \cdots, a_p, c$ 可以用最小二乘回归法进行估计，以减少超定系统的均方误差（参见 11.5 节）。请注意，只有当时间序列的关键属性（如均值、方差和自相关性）不会随时间显著变化时，该模型才可以有效地用于预测未来值。许多现成的商业求解器可用于这些模型。使用估计系数中的噪声级别可以对预测模型的有效性进行量化。具体来说，R^2 值也称为**可决系数**，可以度量白噪声在序列方差中的比重：

$$R^2 = 1 - \frac{\text{Mean}_t(\epsilon_t^2)}{\text{Variance}_t(y_t)} \tag{14.16}$$

可决系数量化序列中变化的比例，可以用回归和随机噪声的比值对其进行解释。因此，该系数应该尽可能接近于 1。

14.3.2 自回归移动平均模型

虽然自相关性是一个有用的预测时间序列的属性，但它并不能解释所有的变化。事实上，一些意料之外的分量变化（震荡）足以影响时间序列的未来值。可以借助于移动平均模型（MA）来捕获这些分量。因此，将自回归模型和移动平均模型相结合会使得鲁棒性更强。在讨论自回归移动平均模型（ARMA）之前，先介绍移动平均模型（MA）。

移动平均模型根据过去的历史预测偏差对后续序列值进行预测。可以将预测偏差视为白噪声或震荡。该模型的最佳使用场景是，时间戳上的行为属性值依赖于时间序列的历史震荡，而不是实际的序列值。移动平均模型的定义如下：

$$y_t = \sum_{i=1}^{q} b_i \cdot \epsilon_{t-i} + c + \epsilon_t$$

上述模型也称为 $MA(q)$。参数 c 是时间序列的均值。$b_1, \cdots, b_q$ 的值是需要从数据中学习的系数。移动平均模型和自回归模型有很大不同，因为它将当前值和序列均值与过去的历史预测偏差相联系，而不是与实际值相联系。这里，假定 ϵ_t 的值是彼此互不相关的白噪声误差项。这里存在一个问题，误差项 ϵ_t 不是观测数据的一部分，但也需要从预测模型中获取。这种循环意味着，当仅仅用系数和观测值 y_i 表示时，方程组本质上是非线性的。在通常情况下，为了确定移动平均模型的解决方案，使用迭代非线性拟合程序代替线性最小二乘法。对序列值进行预测时，仅使用历史震荡而不使用自相关性是很少见的。由于时序数据固有的时间连续性，自相关性在时间序列分析中极为重要。同时，历史震荡确实影响了序列的未来值。因此，无论是自回归，还是移动平均模型，都不能单独地捕捉到预测所需的所有相关性。

将自回归模型和移动平均模型相结合，可以得到一个更通用的模型。基本思想为，在预测时间序列值时，适当地学习自相关性和历史震荡的影响。使用自回归项 p 和移动平均项 q 将两者结合起来。这种模型称为 ARMA 模型。在这种情况下，不同项之间关系的表示如下：

$$y_t = \sum_{i=1}^{p} a_i \cdot y_{t-i} + \sum_{i=1}^{q} b_i \cdot \epsilon_{t-i} + c + \epsilon_t$$

上述模型是 *ARMA*(*p*, *q*) 模型。这里，一个关键问题是模型中参数 p 和 q 的选择。如果 p 和 q 的值设置得太小，那么该模型将不能很好地拟合数据。而如果 p 和 q 的值设置得太大，那么模型有可能过度拟合数据。一般来说，建议选择尽可能小的 p 和 q 值，以使该模型更好地拟合数据。按照以往的情况，自回归移动平均模型最好使用平稳数据。

在许多情况下，通过将差分与自回归移动平均模型相结合，即可对非平稳数据进行处理。这便产生了**自回归集成移动平均模型**（ARIMA）。原则上，可以使用任何阶数的差分，但是最常用的是一阶和二阶差分。考虑使用一阶差分值 y'_t 的情况。那么，ARIMA 模型的表示如下：

$$y'_t = \sum_{i=1}^{p} a_i \cdot y'_{t-i} + \sum_{i=1}^{q} b_i \cdot \epsilon_{t-i} + c + \epsilon_t$$

因此，该模型几乎等同于 *ARMA*(*p*, *q*) 模型，只是模型中用到了差分。如果差分的阶数为 d，那么，将此模型称为 *ARIMA*(*p*, *d*, *q*) 模型。

14.3.3 带有隐含变量的多元预测

上述所有模型都被设计用于单一时间序列。在实际中，一个给定的应用可能有成千上万条时间序列，并且不同序列之间和不同时间之间可能存在显著相关性。因此，模型需要结合自回归相关性和跨序列相关性做出预测。

虽然有许多不同的多元预测方法，但隐含变量往往被用来实现这一目标。这是因为在建模过程中，隐含变量方法能够将跨序列相关性和自回归相关性清楚地分离开。隐含变量建模的思想是，将大量的相关时间序列转换为少量的不相关时间序列。在通常情况下，使用主成分分析（PCA）进行这种转换。由于这些不同序列之间互不相关，故可以单独地使用 AR、ARMA 和 ARIMA 模型中的任意一种对序列进行隐含变量预测。然后，将预测值映射回它们的原始表示。借助于少量的隐含变量预测，便可以为所有不同序列提供预测值。建议读者在进一步阅读之前重温 2.4.3.1 节中 PCA 的相关内容。

假设有 d 个同步的时间序列，每个时间序列的长度为 n。在第 i 个时间戳时，d 个不同的时间序列值表示为 $\overline{Y_i} = (y_i^1, \cdots, y_i^d)$。目标是根据 $\overline{Y_1}, \cdots, \overline{Y_n}$ 预测 $\overline{Y_{n+1}}$。多元预测法的步骤如下。

1）构造多维时间序列的 $d \times d$ 阶协方差矩阵。用 C 表示该 $d \times d$ 阶协方差矩阵。矩阵 C 的第 (i, j) 项表示第 i 个序列和第 j 个序列的协方差。此步骤与多维数据的情况相同，在该阶段中，不使用 $\overline{Y_i}$ 的不同值之间的时间顺序。因此，协方差矩阵只捕获关于跨序列相关性的信息，而不考虑跨时间相关性。请注意，在流处理设置中，可以使用 20.3.1.4 节中所讨论的方法对协方差进行增量维护。

2）确定协方差矩阵 C 的特征向量，如下所示：

$$C = P \Lambda P^{\mathrm{T}} \tag{14.17}$$

这里，P 是一个 $d \times d$ 阶矩阵，它的 d 列包含正交特征向量。矩阵 Λ 是一个包含特征值的对角矩阵。从矩阵 P 中选择特征值最大的 $p \ll d$ 列，得到一个 $d \times p$ 阶矩阵，记为 $P_{truncated}$。在通常情况下，p 的值远小于 d。这表示具有最大可变性的隐含序列的基。

3）创建新的带有 p 个隐含时间序列变量的多元时间序列。用 p 维隐含序列数据点来表示第 i 个时间戳上的 d 维时间序列数据点 $\overline{Y_i}$ 。这需要使用上一步得到的 p 个基向量。因此，导出 p 维隐含值 $\overline{Z_i}=(z_i^1,\cdots,z_i^p)$，如下所示：

$$\overline{Z_i}=\overline{Y_i}\,P_{truncated} \tag{14.18}$$

$\overline{Z_i}$ 的值表示隐含序列变量在第 i 个时间戳上的 p 个不同值。因此，这一步创建 p 个不同的隐含变量时间序列，它们是近似相互独立的。请注意，$\overline{Y_i}P$ 中其他的 $(d-p)$ 个隐含变量随时间近似恒定，因为它们的特征值（方差）很小。这 $(d-p)$ 个近似定值的解的平均值也需指出。对于绝大多数定值隐含变量来说，不需要预测建模。图 14-5a 举例说明了四大金属相关交易所交易基金（ETF）在一年内的股票价格。每个序列都用乘法缩放到一个从 1 开始的相对值。图 14-5b 描绘了最顶端的两个隐含变量序列。请注意，这些派生序列是不相关的，并且第一个隐含变量的方差比第二个更高。其余的两个隐含变量没有显示，因为它们的方差甚至更小。实际上，图 14-5a 中的每个相关序列都可以近似地表示为图 14-5b 中两个隐含变量序列的不同线性组合。因此，预测隐含变量会产生原始序列的近似预测。

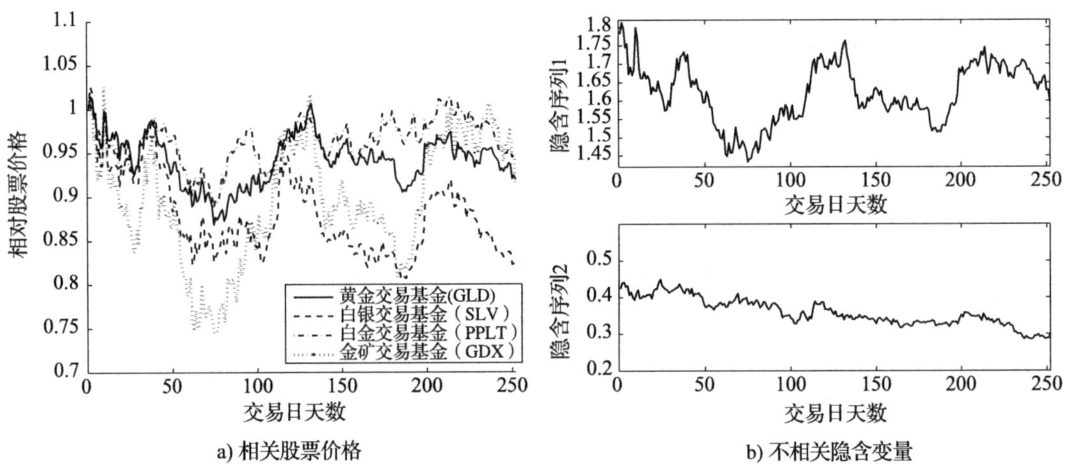

图 14-5　从 2013 年 9 月 5 日到 2014 年 9 月 4 日四种贵金属交易基金的正规化交易价格及相对应的不相关隐含变量

4）对于 p 个互不相关的高方差序列中的每一个，可以使用任何单变量预测模型来预测 p 个隐含变量在第 $(n+1)$ 个时间戳上的值。因为不同的隐含变量在设计上是不相关的，所以单变量方法可以有效地使用。这提供了一组值 $\overline{Z_{n+1}}=(z_{n+1}^1,\cdots,z_{n+1}^p)$。把其余 $(d-p)$ 个近似定值的隐含序列的解的平均值附加到 $\overline{Z_{n+1}}$ 中，这就创建了一个新的 d 维隐含变量向量 $\overline{W_{n+1}}$。

5）使用逆变换将预测隐含变量 $\overline{W_{n+1}}$ 转换为原始的 d 维表示。这提供了原始序列的预测值：

$$\overline{Y_{n+1}}=\overline{W_{n+1}}P^{\mathrm{T}} \tag{14.19}$$

上述描述是 SPIRIT 框架的简化版本。它降低了预测的计算工作量，因为简化的单变量建模仅在独立时间序列的一个很小的数 $p\ll d$ 上进行。另外，这种方法确实产生了计算特征向量的开销。隐含变量序列是许多不同序列的线性组合。因此，往往在隐含变量内将单个序列的噪声影响平滑处理掉，以增加预测过程的鲁棒性。

14.4 时间序列模体

模体（motif）是在时间序列中频繁出现的模式或形状。模体发现能以各种各样的方式进行阐述，具体取决于应用的特定要求。这些不同的公式化方法根据输入数据和模体发现的性质而发生变化。这些变化如下。

1. 单一序列与多序列数据库

在第一种情况下，单一序列是可用的，并可以确定序列的特定窗口中频繁出现的形状。例如，在图 14-6 中，突出的形状在同一系列中出现了三次，因此计数为 3。另一种不同的公式化是，有 N 个不同的序列，并且在特定序列中一个形状至少出现一次，则赋予信用值 1。因此，根据出现该模式的序列的数量来计算频率。第二种公式化更接近于离散数据中的序列模式挖掘。不同的应用可能需要不同的模体发现的定义。

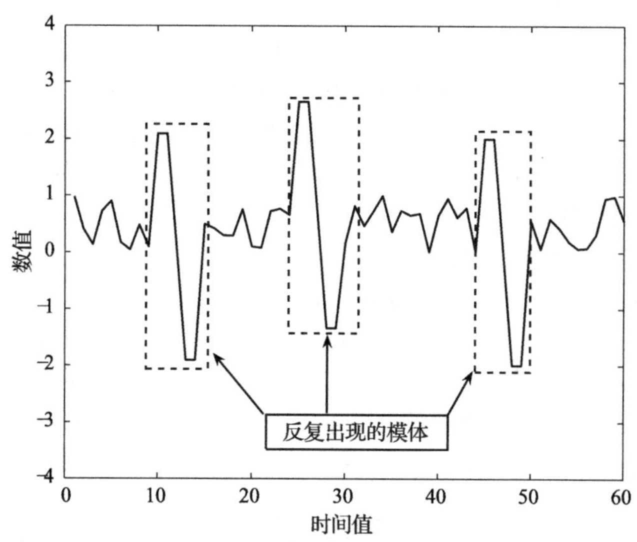

图 14-6 单个时间序列中反复出现的模体

2. 连续模体与非连续模体

连续模体要求在时间序列的相邻窗口上发现形状。非连续模体允许模体的不同元素间存在间隔。时间序列分析中的大部分工作假设在连续窗口上定义模体。非连续模体在离散序列分析中更为常见。然而，非连续模体可能在某些应用中具有实用价值。

3. 多粒度模体

许多公式化方法在尺寸固定的窗口中发现模体。然而，在实际中，频繁模体可能出现在不同尺寸的窗口中。这种模体在许多特定于应用的场景中非常有用。例如，在图 14-11a 的金融市场序列中，过去一天的“闪电崩盘”事件引发了一个重要模体。而在图 14-11b 中，几个月以来出现了经济衰退趋势。在第二种情况下，为了发现模体，可能需要消除局部变化。因此，不同类型的模体发现需要不同的技术。

一个模体什么时候属于一个时间序列？不同的应用通常使用两种方法。

1. 基于距离的支持

当一个特定的序列片段和一个模体之间的距离小于特定的阈值时，称这个片段支持该模体。

2. 转换为序列模式挖掘

可以使用各种离散化方法将时间序列转换成离散序列。转换后，将模体定义为序列的离散子序列。

后一种方法借助于序列模式挖掘中更丰富的算法类。此外，不同种类的模体发现可以使用不同的离散化方法。它也允许发现非连续模式，因为序列模式挖掘算法在默认情况下没有假定邻近。本节将讨论这两种方法。此外，还将引入周期模式的概念。

14.4.1　基于距离的模体

基于距离的模体总是定义在连续的时间序列片段上。首先，需要定义时间序列中模体和连续片段之间近似距离匹配的概念。

定义 14.4.1（近似距离匹配） 一个实值序列（或模体）$S=s_1,\cdots,s_w$ 和时间序列 $(y_1,\cdots,y_n)$ 中始于位置 i 的长度 w（$w\leqslant n$）的连续子序列 $(y_i,\cdots,y_{i+w-1})$，如果两者之间的距离不超过阈值 ε，则称它们近似匹配。

可供选择的距离函数有很多种，欧几里得距离函数是一种常见的选择。上述定义假定两个相互匹配的子序列具有相同的长度。这是允许使用距离函数（如欧氏函数）的一种保守假设。然而，如果使用其他的距离函数，如动态时间规整，那么两个相互匹配的模体则不必具有相同长度。

模体在单一长序列中出现的数量能用来量化模体的频率。除了序列本身外，窗口长度 w 和近似阈值 ϵ 是该算法的两个主要输入。

定义 14.4.2（模体计数） 时间序列窗口 $S=s_1,\cdots,s_w$ 和时间序列 $(y_1,\cdots,y_n)$ 在阈值为 ϵ 时的匹配数等于 $(y_1,\cdots,y_n)$ 中长度为 w 的窗口数量，其中相应子序列之间的距离不超过 ϵ。

目标是发现前 k 个模体，其中 k 是用户自定义的参数。此外，为了保证发现的 k 个模体互不相同，需要施加一定的约束；在发现的前 k 个模体中，任何一对模体之间的距离必须至少为 $2\cdot\epsilon$。下面将讨论最频繁出现的单一模体的发现方法。对前 k 个模体的泛化是相对简单的。整体方法 [356] 使用一个嵌套循环算法来发现最频繁的模体。该方法在图 14-7 中描述。

```
Algorithm FindBestMotif (时间序列：y1, ···, yn，窗口大小：w，距离阈值：ϵ)
begin
  for i 从 1 到 n−w+1 do begin
    Candidate-Motif = (yi, ···, yi+w−1);
    for j 从 1 到 n−w+1 do begin
      Comparison-Motif = (yj, ···, yj+w−1);
      D = ComputeDistance(Candidate-Motif, Comparison-Motif);
      if (D ≤ ϵ) 且 (非不重要匹配)
        then 将 Candidate-Motif 的计数增加 1;
    endfor
    if Candidate-Motif 含有目前为止最大的计数
      then 将 Best-Candidate 设为 Candidate-Motif;
  endfor
  return Best-Candidate;
end
```

图 14-7　找出最频繁模体

该方法从时间序列中提取所有长度为 w 的候选模体，并计算它们与所有长度为 w 的窗口之间的距离。统计匹配出现的窗口的数量。注意，在计数时排除掉不重要的匹配。将不重要的匹配定义为那些近似相同的（重叠）窗口的匹配。例如，$i=j$ 的情况就是一个不重要的匹配。此外，在 $i<j$ 的情况下，如果始于 i 的窗口与所有始于 $i+1, i+2, \cdots, j$ 的窗口相匹配，那么 j 处的匹配也是不重要的。在 $i>j$ 的情况下，如果始于 i 的窗口与所有始于 $i-1, i-2, \cdots, j$ 的窗口相匹配，那么 j 处的匹配也是不重要的。因此，在计数时对这些情况进行显式的检查。在算法过程中对最佳候选进行跟踪，并在算法终止时对其进行报告。如图 14-7 所示，该方法需要一个嵌套循环，每个循环的迭代次数几乎等于序列长度 n。因此，该方法需要 $O(n^2)$ 次距离计算。原则上，任何时间序列距离函数（如 DTW 算法）都可用于计算，尽管其代价通常更昂贵。

大部分时间花费在距离计算上。在许多情况下，一个快速的距离下界计算可用以对该方法进行优化。如果计算出一对窗口之间的下界大于 ϵ，则不将它们添加到候选模体计数中。因此，不需要显式地执行距离计算。分段聚合近似（PAA）可以用来加速距离计算。考虑这样一种场景，PAA 已经在长度为 m 的窗口上执行。由此产生的序列已经由因子 m 压缩，因此距离计算快得多。如果序列 X' 是 $X=(x_1, \cdots, x_n)$ 的 PAA， Y' 是 $Y=(y_1, \cdots, y_n)$ 的 PAA，那么将有：

$$Dist(X,Y) \geq \sqrt{m} \cdot Dist(X',Y') \tag{14.20}$$

该结果的证明如下。考虑时间序列 $Z=X-Y$。在有 m 个数据点的任意窗口上，Z 中元素在那个窗口上的二阶矩至少⊖等于同一元素平方均值的 m 倍。还存在其他更快的近似方法，如使用 SAX 表示。当使用 SAX 表示时，可以使用一个表格来维护所有离散值对之间预先计算好的距离，为了得到下界，只需执行简单的表格查找。此外，一些其他的时间序列距离函数（如动态时间规整）也是有下界的。文献注释中包含讨论这些界限的文献指引。许多基本方法的变体通过添加另一层嵌套来实现，这包括窗口尺寸的变化。

14.4.2 转换为序列模式挖掘

一种非常便利的发现时间序列模体的方法是将问题转换为序列模式挖掘问题。这种情况的设置稍有不同，其中存有 N 个序列的数据库是可用的，并且需要确定给定最小支持率下所有的频繁模体。由于模体（模式）挖掘在离散情况下的定义更加自然，因此这种转换有利于各种用于离散场景的工具的使用。此外，这种方法还能够发现时间序列中的非连续模式。这是因为序列模式挖掘中的子序列可以是不连续的。

第一步是将时间序列转换为离散序列，即将每个时间戳上的行为属性值离散化为类别型值。可以把离散化和装箱法相结合以创建鲁棒的序列表示。应该指出，根据特定应用的不同目标，将时间序列转换成离散序列有许多不同的方法。例如，连续时间戳上行为属性值之差的离散化等价于使用最细粒度级的离散小波系数。低阶小波系数能够发现更大时间序列片段上的趋势。因此，通过使用不同阶数的离散小波系数，并为每阶小波创建各自的基序列，便可以进行多重解析度下的模体分析。一般来说，将时间序列转换为离散序列的方法将严重影响模体发现的性质。

对于所有这些方法来说，离散化的最终结果是为数据库中的每个时间序列构造的离散值序列。在构造好新的序列数据库之后，便可以应用任何序列模式挖掘算法。15.2 节描述了 GSP 算法。需要注意的是，第 15 章中的算法允许连续的序列元素之间存在间隔。然而，通

⊖ 对于任何一个数值的集合，平方的均值一定不会比均值的平方小。这两个值的差值等于方差，而方差值一定非负。

过在序列模式挖掘算法中添加最大间隔约束，这些算法就可以泛化到连续情况中。15.2.2 节对有约束的序列模式挖掘算法进行了简要讨论。应该指出，15.2.2 节中讨论的不同约束对应于不同种类的模体。因为通过改变离散化方法或序列模式挖掘的方法，可以获得多种模体的变种，所以该方法是非常灵活的，它可以适应于不同的应用场景。

14.4.3 周期模式

正如 DWT 用于发现时间序列中的局部模式，DFT 通常用于发现周期模式。回顾 14.2.4.2 节，时间序列 $x_0, \cdots, x_{n-1}$ 的第 r 个分量可以用 n 个复数的傅里叶系数 $X_0, \cdots, X_{n-1}$ 来表示，如下所示：

$$x_r = \frac{1}{n}\left(\sum_{k=0}^{n-1} X_k \cdot \cos(r\omega k) + i\sum_{k=0}^{n-1} X_k \cdot \sin(r\omega k)\right) \quad \forall r \in \{0, \cdots, n-1\}$$

这里，ω 设为 $\frac{2\pi}{n}$ 度。由于对于实值 x_r，总和的虚部始终为 0，因此通过假定 $X_k = a_k + ib_k$ 来扩大实部：

$$x_r = \frac{1}{n}\left(\sum_{k=0}^{n-1}(a_k + ib_k) \cdot \cos(r\omega k) + i\sum_{k=0}^{n-1}(a_k + ib_k) \cdot \sin(r\omega k)\right) \quad \forall r \in \{0, \cdots, n-1\}$$

忽略虚部，可以得到：

$$\begin{aligned} x_r &= \frac{1}{n}\left(\sum_{k=0}^{n-1} a_k \cdot \cos(r\omega k) - \sum_{k=0}^{n-1} b_k \cdot \sin(r\omega k)\right) \quad \forall r \in \{0, \cdots, n-1\} \\ &= \frac{1}{n}\sqrt{a_k^2 + b_k^2} \cdot \sum_{k=0}^{n-1}\cos(r\omega k + \theta_k) \quad \forall r \in \{0, \cdots, n-1\} \end{aligned}$$

这里，有 $\theta_k = \cos^{-1}\left(\frac{a_k}{\sqrt{a_k^2 + b_k^2}}\right)$。所有 $k \geqslant 1$ 的项都是周期的。换言之，时间序列可以分解为 $n-1$ 个周期性正弦分量，第 k 个分量的周期为 $\frac{n}{k}$，振幅为 $\sqrt{a_k^2 + b_k^2}$。因此，如果一个周期分量相对于其他分量具有非常高的振幅，那么整个序列将由它的周期性行为所控制。为了检测这种分量，需要确定所有的 n 个振幅的均值和标准差。标记任何至少有 δ 个标准差大于均值的振幅为 $\sqrt{a_k^2 + b_k^2}$。这样的分量周期为 $\frac{n}{k}$，由于其高振幅，它的周期性在序列中会很明显。请注意，在降维时，较小的傅里叶系数遭到丢弃。然而，当阈值 δ 选择得更尖锐时（即非常大的正数，如 3），只保留 2 或 3 个系数，剩余序列的周期性变得非常明显。此外，只有 $k \in \left(\beta, \frac{n}{\alpha}\right)$ 的值和模式发现相关，它们的周期至少为 $\alpha \geqslant 2$，并且在序列中出现至少 $\beta \geqslant 2$ 次。在文献注释中包含用于发现局部周期模式的方法的指引。

14.5 时间序列聚类

时序数据聚类有两种不同的定义方式，具体取决于应用特定的场景。

1）在第一种方法中，对同时接收的时间序列进行实时聚类。例如，在金融市场的应用中，它可能需要将时间序列分割成随时间共同演化的组。在这种情况下，不同时间序列中的值以一种近似同步的方式进行互相比较。在通常情况下，在一个小的近期历史窗口上进行分析。基于窗口中序列之间的相关性，将时间序列聚类成多个组。此外，聚类以在线的方式进行，不同的序列可能会在不同的簇之间移动。例如，一台 IBM 股票报价机在某一天中可能会随着 Microsoft 移动，但在下一天就并非如此。

2）在第二种方法中，时间序列的数据库已存在。这些不同的时间序列不一定是在同一时刻收集的。需要根据这些序列的形状对其进行聚类。例如，在包含心电图（ECG）时间序列的应用中，不同的患者可能在不同的时刻对数据库贡献了一个时间序列。形状匹配通常需要使用时间序列相似度函数，这些函数已在 3.4.1 节中进行过讨论。因此，上下文属性和行为属性都可能会变形或按比例缩放，这取决于相似度函数的性质。在这种情况下，不同的时间序列甚至可能长度不等。

在本小节中，将详细讨论不同类型的聚类方法。当基于形状的聚类被应用于多元时间序列时，问题会变得更加困难。一种解决方案是将相似度函数推广到多变量的情况下。时间序列相似度函数可以推广到多变量的情况下，但是这一主题的完整讨论超出了本书的范围。相关指引可以在文献注释中找到。

对于基于形状的聚类，二元和三元序列的特例也可以使用轨迹聚类来解决。如何将多元序列转换为轨迹数据的实例请见 1.3.2.3 节。16.3.4 节对轨迹聚类的方法进行了讨论。

14.5.1 共同演化序列的在线聚类

共同演化序列的在线聚类问题是以在线的方式来确定整个序列的相关性。这在许多实时应用（如金融市场）中是很有用的，因为它提供了对序列总趋势的认识。在这些情况下，基于长度为 p 的窗口中的相关性对时间序列进行聚类。由于使用相关性来定义相似度，该方法称为**时间序列相关性聚类**。多维数据的 ORCLUS 相关性聚类算法在第 7 章中进行过讨论。同样的原则也适用于时序数据，不同的是这里需要在多元时间序列的不同分量（行为维度）之间进行相关性度量。为了计算相关度，不同的时间序列使用相同的时间窗口。因此，对不同数据流的分析在时间上是同步的。

一种自然的方法是使用基于回归的相似度函数来计算不同数据流之间的相似度。两个数据流没有必要呈正相关。相反，数据流可能是高度负相关的。这里的关键问题是不同时间序列彼此之间的可预测性。例如，在图 14-8 中，序列 A 和 B 非常相似，因为它们是完全负相关的。这是由于这两个序列可以相互预测。而序列 C 则十分不同，它相对于其他数据流具有较低的可预测性，但是它在需要最大限度地发挥聚类表示的预测能力的应用中非常有用。一个例子是传感器的选择，需要从所有传感器中选择一个传感器子集，使得对所有其他传感器值的预测能力最大化。由于预测是实时时序分析中最基本的问题之一，在这种场景中使用基于回归的相似度是很自然的。这不同于离线的基于形状的分析，在离线分析中常常使用更传统的时间序列相似度函数，如 DTW。直接使用回归分析的实时时间序列聚类方法称为**在线时间序列相关性聚类**。

为了便于讨论，将把 d 个时间序列当作单一的带有 d 个行为属性的多元序列。将长度为 t 的多元时间序列表示为 $\overline{Y_1},\cdots,\overline{Y_t}$。在第 t 个时间戳上 d 个数据流的值 $\overline{Y_t}$ 为 $(y_t^1,\cdots,y_t^d)$。因此，目标是始终保持这 d 个序列的一种划分，将高度相关的分量分配到同一分区中。一种基于代表点的方法可以用于聚类。基本思想是增量维护 k 个具有代表性的时间序列，它们来自 d 个实时序列。将这个代表点集记为 J，它类似于 k-medoids 算法的代表点集。在确定了代表点之后，通过使用某种时间序列相似度函数，可以将所有时间序列流分配给其中一个代表点。每个序列可以分配给离它最近的代表点。稍后将对相似度函数进行更详细的讨论。

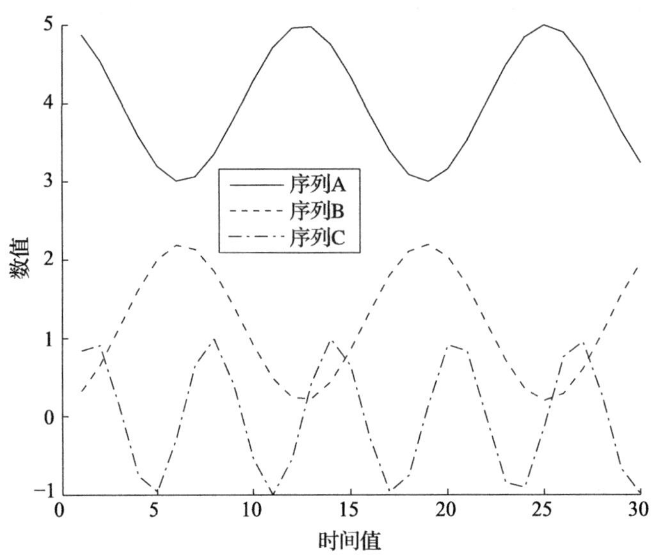

图 14-8　时间序列相关性聚类

一种自然的方法是增量维护这些代表点，并在必要时向集合 J 中添加或删除数据流。通过把 d 个时间序列分配给离它们最近的代表点，隐式地定义了聚类。因此，当一个新的时序数据点到达时，需要对当前的代表点集 J 进行更新。在当前簇的代表点和非代表点之间迭代交换数据流，以优化基于误差最小化的质量标准。代表点数据流 i 和非代表点数据流 j 之间的相似度，是根据数据流 i 来预测数据流 j 的回归误差。基本思想是真正的簇代表点可以用来准确地预测其他数据流。为了从数据流 i 预测数据流 j，可以使用一种和自回归模型类似的模型，但是使用数据流 i 的元素来预测数据流 j，而不是使用 j 自身的元素。因此，回归模型如下：

$$y_t^j = \sum_{r=1}^{p} a_r \cdot y_{t-r}^i + c + \epsilon_t$$

这类似于 $AR(p)$ 模型，不同之处是将流 i 的元素用于预测流 j 中的元素。如同在 $AR(p)$ 模型的情况下，最小二乘回归可以用来学习 p 个系数。此外，将训练数据限制在一个尺寸为 $w > p$ 的窗口上，以允许数据流的演化。在尺寸为 $w > p$ 的窗口上，白噪声的均方误差项或 R^2 统计量可以作为两个数据流之间的距离（相似度）。请注意，回归系数也可以通过增量方式进行维护，因为在前面的时间戳上它们是已知的，并且仅仅添加单一的数据点就需要对模型进行更新。当从最优解附近开始迭代时，大多数最小二乘回归的迭代优化方法（如梯度下降）的收敛速度非常快。

这种基于回归的相似度函数是非对称的，因为从流 i 预测流 j 的误差不同于从流 j 预测流 i 的误差。通过将每个流分配给能对其做出最佳预测的代表点，代表点集 J 也可以用来创建一个簇 $\mathcal{C}$。因此，在每一步中，更新模型之后，可以增量记录代表点集 J 和簇 $\mathcal{C}$。在线数据流聚类方法的伪代码如图 14-9 所示。这种方法可以用于金融市场的趋势分析，其中需要在大量的股票中追踪一组具有代表性的股票。另一个相关应用是传感器的选择，其中需要确定一组具有代表性的传感器，以降低传感器网络的运营成本。本小节的描述基于成本的动态传感器选择算法 [50] 的简化。

```
Algorithm UpdateClusters（多元数据流：Y̅_1, …, Y̅_t, …，当前代表点集：J）
begin
  从多元数据流中接收下一个时间戳上的值 Y̅_t；
  repeat
    给 J 加入一个使得聚类的回归误差减小程度最大的流；
    从 J 减去一个使得聚类的回归误差增加程度最小的流；
    将每个序列分配给与之最近的 J 中的代表点，形成聚类 C;
  until (J 的本轮迭代没有变化)；
  return (J, C);
end
```

图 14-9 动态维护簇代表点

14.5.2 基于形状的聚类

第二种聚类衍生自基于形状的聚类。在这种情况下，不同的时间序列可以不用及时同步。时间序列聚类是根据整个序列形状的相似性来进行的。首先，设计一种基于形状的相似度函数。在这种情况下，一个重大的挑战是，不同的序列可能进行了不同的缩放、翻译或伸缩。3.4.1 节对此问题进行了讨论。图 14-10 是对图 3-7 的复制。该图说明了不同假设下的股票行情。在这些情况下，三只股票表现出相似的模式，但是具有不同的缩放比例和随机变化。此外，在某些情况下，时间维度也可能发生变形。例如，在图 14-10 中，A 股的整个值集被拉伸，因为时间粒度信息在分析中不可用。这称为**时间变形**。幸运的是，3.4.1 节所讨论的动态时间规整（DTW）相似度函数可以解决这些问题。因此，设计一种有效的相似度函数是时间序列聚类中最重要的一步。

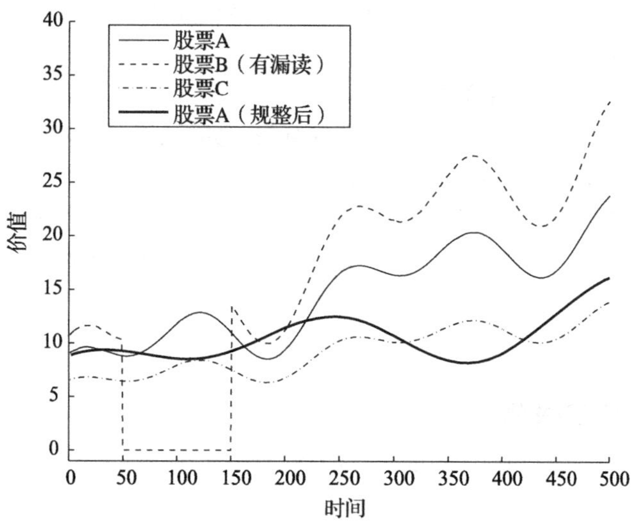

图 14-10 缩放、转换和噪声对聚类的影响（重温图 3-7）

借助于不同的时间序列相似度函数，许多现成方法可以用于基于形状的时间序列聚类。*k*-medoids 算法和基于图的方法几乎可以用于任何相似度函数。*k*-means 等方法也可以使用，虽然是以一种更有限的方式来使用的。原因在于为了更有意义地定义一个簇的均值，不同的时间序列需要具有相同的长度。

14.5.2.1　*k*-means

6.3.1 节对多维数据的 *k*-means 方法进行了讨论。通过改变相似度函数和时间序列均值的计算，该方法可适用于时序数据。相似度函数的计算源自 3.4.1 节。相似度函数的精确选择可能取决于现有的应用，尽管 *k*-means 方法针对欧几里得距离函数进行了优化。这是因为将 *k*-means 方法看作一个优化问题的迭代解决方案，其中的目标函数是用欧几里得距离构造的。第 6 章对此进行了详细讨论。

欧几里得距离函数在时间序列上的定义方式和多维数据相同。不同时间序列的均值的定义方式也和多维数据相同。*k*-means 方法最好用于序列长度相等并且时间点之间存在一一对应关系的数据库。因此，可以使用对应关系定义每个时间点的质心。时间变形通常很难以一种有意义的方式来使用 *k*-means 算法，因为时间序列数据点之间一一对应的假设。更通用的距离函数（如 DTW）可能更适合于其他的时间序列聚类方法。

14.5.2.2　*k*-medoids

k-means 方法的主要问题是，它不能对任意的相似度（或距离）函数进行结合。*k*-medoids 方法可以更有效地用于这种情况，因为它没有对不同时间序列的相对长度做任何假设。6.3.4 节对此方法进行了详细描述。本小节描述中提供的主要区别是相似度函数的选择。3.4.1 节中所描述的任意相似度函数都是适用的。7.3.1 节中所讨论的 CLARANS 方法也可以推广到这种情况中。

14.5.2.3　层次法

6.4 节中所讨论的层次法也可以推广到任意数据类型，因为它们对于不同数据对象之间的成对距离是有效的。在这些方法中，主要的挑战是所有时间序列对之间的距离计算。许多时间序列距离和相似度函数需要高代价的动态规划方法。这是使用层次法时的一个主要缺点。尽管如此，在时间序列总数很小时，仍然可以有效地使用这种方法。

14.5.2.4　基于图的方法

基于图的方法为时序数据聚类提供了一种革命性的方法。它的思想是将时序数据集转换成单一的大型图，在该图上可以应用社区发现算法。如 2.2.2.9 节中所讨论的，一旦定义好相似度函数，那么任何数据类型都可以转换为一个相似图。图中每个节点对应于一个数据对象。每个节点与它的 *k* 个最近邻相连接，边的权重等于相应的两个对象之间的相似度。一旦定义好相似图，19.3 节中所讨论的任意图聚类算法都可用于节点的聚类。最常用的方法是 19.3.4 节中的谱聚类法。通过使用节点和时序数据对象之间的对应关系，节点的簇（社区）可以映射回时间序列的簇。

14.6　时间序列异常检测

和时间序列聚类的情况相同，时间序列的异常检测问题也可以以两种不同的方式定义。

1. 点异常

点异常是给定的时间戳上时间序列值的突然变化。这个问题跟预测密切相关，因为异常被定义为严重偏离预期（或预测）的值。这种异常称为**上下文**异常，因为它们是当前历史上下文中的异常。

2. 形状异常

在这种情况下，一个连续窗口中的数据点的连续模式可定义为异常。例如，在一个

ECG 序列中，当把不规则的心脏跳动放在一起考虑时，可以把它们当作异常，虽然序列中的单个点可能并不异常。这种异常称为**集体异常**，因为它们是由来自多个数据项的模式结合所定义的。

为了说明这两种异常之间的区别，将使用一个金融市场的例子。图 14-11a 和图 14-11b 中所描述的两种情况显示了 S&P 500 在不同时期的表现[⊖]。图 14-11a 说明了 S&P 500 在 2010 年 5 月 16 日的活动。这是股市暴跌的日期。这是一个非同寻常的事件，无论从下降时的点偏差的角度来看，还是从下降时的形状的角度来看都是如此。图 14-11b 描述了另一种不同的场景。这里举例说明了在 2001 年间 S&P 500 的变化。在这一年里，有两次显著下降，都是由于股市疲软和 9·11 恐怖袭击事件。基于特定窗口上的偏差分析，特定时间戳上的下降可以认为稍有异常，但是这些时间序列的实际形状并不罕见，因为在熊市期间（股市疲软期）会频繁出现。因此，这两种异常需要专用的分析方法。应该指出的是，在许多上下文数据类型（如离散序列数据）中，可以对这两种异常进行类似的区分。对于离散序列数据，这两种异常分别称为点异常和组合异常。离散序列数据中的组合异常类似于连续时序数据中的形状异常。第 15 章将对此进行更详细的讨论。

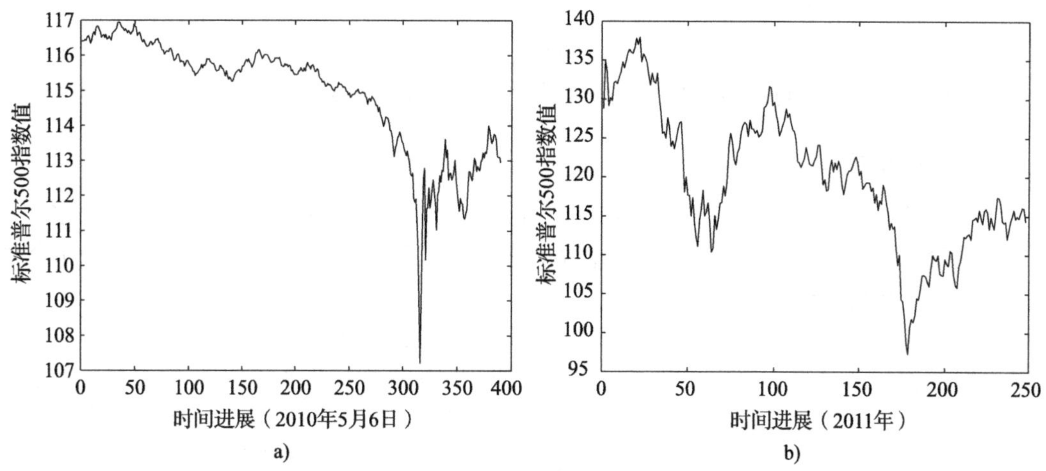

图 14-11 标准普尔 500 指数值在 2010 年 5 月 6 日闪电崩盘当天以及 2011 年整年的表现

14.6.1 点异常

点异常与时序数据中的预测问题有着密切的关系。如果某个数据点严重偏离预期（或预测）值，则将其视为异常点。这样的点异常对应于底层数据中的无监督事件。当实时地执行事件检测时，可以认为事件检测是时间异常检测的同义词。

对于单变量或多变量数据，都可以定义点异常。单变量数据和多变量数据的情况几乎相同。因此，将对多元数据的更一般情况进行讨论。如同前面的章节一样，假设进行异常检测的多元序列为 $\overline{Y_1},\cdots,\overline{Y_n}$。整体方法包括四个步骤。

1）确定时间序列在每个时间戳上的预测值。根据底层序列的性质，可以使用 14.3 节所讨论的任何一种单变量或多变量方法。将第 r 个时间戳 t_r 上的预测值表示为 $\overline{W_r}$。

⊖ 使用了跟踪交易所交易基金（ETF）的 SPY。

2）计算（多元）时间序列的偏差 $\overline{\Delta_1},\cdots,\overline{\Delta_r},\cdots$。换言之，对于第 r 个时间戳 t_r，偏差的计算如下：

$$\overline{\Delta_r}=\overline{W_r}-\overline{Y_r} \tag{14.21}$$

3）将 $\overline{\Delta_r}$ 的 d 个不同分量表示为 $(\delta_r^1,\cdots,\delta_r^d)$。可以将其分离为 d 个不同的单变量偏差序列。将第 i 个序列的值表示为 $(\delta_1^i,\cdots,\delta_n^i)$。用 μ_i 和 σ_i 表示第 i 个序列的均值和标准差。

4）计算标准化的偏差 δz_r^i，如下所示：

$$\delta z_r^i=\frac{\delta_r^i-\mu_i}{\sigma_i} \tag{14.22}$$

由此产生的偏差基本上等于正态分布的 Z 值。这种方法为 d 维时间序列的每一维提供了一个连续的异常得分警报级别。通过使用这些得分的阈值，便可以检测不同的时刻。根据 Z 值，通常可以认为绝对阈值 3 是足够的。

在某些情况下，需要建立统一的偏差得分警报级别，而不是为每个序列创建单独的警报级别。这个问题和 9.4 节中所讨论的异常集成分析密切相关。时间戳 r 上统一的警报级别 U_r 可以定义为多元序列不同分量上得分的最大值：

$$U_r=\max_{i\in\{1,\cdots,d\}}\delta z_r^i \tag{14.23}$$

不同检测器的得分可以以其他方式相结合，如采用不同序列的平均值或平方聚合。

14.6.2　形状异常

基于形状的异常检测的最早方法之一是 Hotsax 方法。在这种方法中，异常可以定义在时间序列窗口上。k 近邻法可用于确定异常得分。具体而言，使用数据点和它的 k 个近邻的欧几里得距离来定义异常得分。

在长度为 W 的窗口上进行异常分析。因此，该方法报告时间序列数据点中具有与众不同的形状的窗口。首先，使用滑动窗口法从时间序列中获取所有长度为 W 的窗口。然后在这些新创建的数据对象上进行分析。对获取的每个窗口，计算它与其他非重叠窗口的欧几里得距离。将其中一个与其 k 个最近邻距离最大的窗口报为异常。使用非重叠窗口的原因是减少对重叠窗口的不重要的匹配的影响。虽然暴力的 k 近邻算法可以确定异常值，但是算法复杂度与数据点数量的平方成正比。因此，剪枝法可用于提高效率。这种方法在优化效率时，并不影响该方法所报告的最终结果。

为了在最近邻法中进行更有效的异常检测，参阅 8.5.1.2 节中介绍的剪枝的一般原则。该算法在外层循环中迭代地检查候选子序列。对于每一个这样的候选子序列，在内层循环中，通过计算它和其他子序列的距离，逐步计算出它的 k 个最近邻。对于每个候选子序列来说，它要么在外层循环结束时已经被包含在当前最佳的 n 个异常值估计中，要么在内层循环中无须计算出 k 近邻的精确值时已被尽早地丢弃了。对于某个候选子序列，当它当前的近似 k 近邻距离小于迄今为止所找到的第 n 个最佳异常得分时，便可以提前终止它的内层循环。显然，这样的子序列不可能是异常值。为了获得最佳的剪枝结果，对子序列进行启发式排序，使得外层循环中早期检查的候选子序列有更大的可能成为异常值。此外，当真正的异常值在早期被发现时，剪枝的性能也是最高效的。下面将解释如何做到高效剪枝所需的启发式排序。

一种能够度量底层子序列聚类行为的方法有助于剪枝。聚类和异常分析有众所周知的互补关系。因此，在外层循环中，提前检查这些子序列是否是数量极少的簇的成员是很有用的。SAX 表示被用于创建从子序列到簇的简单映射。映射到同一 SAX 词的子序列可认为属于同一个簇。在长度 $w<W$ 的窗口中执行 SAX 的分段聚合估计。因此，一个 SAX 词的长度为 W/w，如果 W/w 很小，那么一个 SAX 词的不同可能性的数量也很小。这些不同的词对应于不同的簇。多个子序列可映射到同一个簇。因此，候选子序列的顺序基于同一簇中数据对象的数量。首先检查包含较少对象的簇中的候选子序列，因为它们更可能是异常值。

这种基于聚类的排序可用于为异常分析设计一种有效的剪枝机制。在外层循环中，对簇中的候选进行逐一检查。在内层循环中，计算这些候选与其 k 近邻的距离。对于每个候选子序列，当在内层循环中计算其最近邻的距离时，首先把映射到同一 SAX 词的子序列当作候选来考虑。这为最近邻距离提供了快速且严格的上界。由于这些距离是逐一计算的，随着内层循环的推进，可以为最近邻距离计算出越来越严格的上界。当能够保证一个候选的最近邻距离的上界比迄今为止所找到的第 n 个最佳异常距离还要小时，就可以对该候选进行剪枝。因此，对于任何给定的候选序列，不需要通过和所有子序列相比较来确定它的精确近邻。相反，在计算最近邻距离的过程中，提早终止内层循环往往是可能的。这形成了 Hotsax 剪枝法的核心，并且和 8.5.1.2 节中所讨论的多维异常分析的嵌套循环剪枝法的原理类似。主要的区别是，在外层循环中如何使用 SAX 表示来对候选子序列进行排序，以及在内层循环中如何使用 SAX 表示来对距离计算进行排序。

14.7 时间序列分类

时间序列分类可用多种方式来定义，具体定义方式取决于底层类标签是和个别时间戳相关联，还是和整个时间序列相关联。

1. **点标签（point label）**

在这种情况下，类标签和个别时间戳相关联。在大多数情况下，数据分析师所感兴趣的自然界中的类十分稀少，它们常常对应于时间戳上的异常活动。这个问题也称为**事件检测**。该版本的事件检测问题是*有监督的*（带标签），区别于 14.6 节中所介绍的无监督异常事件检测。

2. **全序列标签（whole-series label）**

在这种情况下，类标签和整个序列相关联。因此，序列需要基于其内在形状进行分类。

本章将针对这两个问题进行讨论。

14.7.1 有监督事件检测

有监督事件检测问题中的类标签和时间戳而不是和整个序列相关联。在大多数情况下，一个或多个类标签十分稀少，其余标签则对应于“正常”时段。虽然原则上能利用标签的均衡分布来定义问题，但实际上很少出现此种情况。因此，本小节只注重标签不平衡分布方案。

这些稀少的类标签对应于基础数据事件。例如，考虑这样一种情形，其中一台机器的性能可用传感器来进行跟踪。在某些情况下，诸如机器故障之类的稀少事件可能会导致传感器读数异常，这种异常事件需要*以一种及时的方式*来进行跟踪。因此，该问题和点异常检测十分类似，不同之处在于它是有监督的。

在许多特定应用场景中，时序数据集的一个固有特性是，时间序列的异常值的出现反映了异常事件的出现。这在许多基于传感器的数据集机制中尤其明显。虽然也能以无监督方式来捕获异常，但加入监督有助于去除各种由于不同原因而产生的伪事件。举例来说，考虑一个环境监控应用场景。许多偏差可能是传感设备失效，或另一个造成传感器数值误差的伪事件的结果，它们不一定反映分析师所关心的异常事件的出现。尽管异常事件往往对应于传感器流值的极端偏差，但是不同类型偏差之间的精确因果关系是相当不同的。一个分析师可能对这些其他噪声（noisy）或伪异常（spurious abnormality）没有任何兴趣。举例来说，考虑图 14-12 所示的场景，其显示了含有加热流体的加压管内的温度和压力值。图 14-12a 和图 14-12b 显示了在管道破裂情况下两个传感器的值。图 14-12c 和图 14-12d 显示了在压力传感器故障的情况下两个传感器的值，这将导致在每个时间戳上压力传感器的值为 0。在第一个场景中，压力和温度两个传感器的读数都因为故障而受影响，尽管最终压力值不是 0，却反映了外部环境的压力变化。在第二个场景中，因为该故障特定于压力传感器上，所以温度传感器的读数完全不受影响。

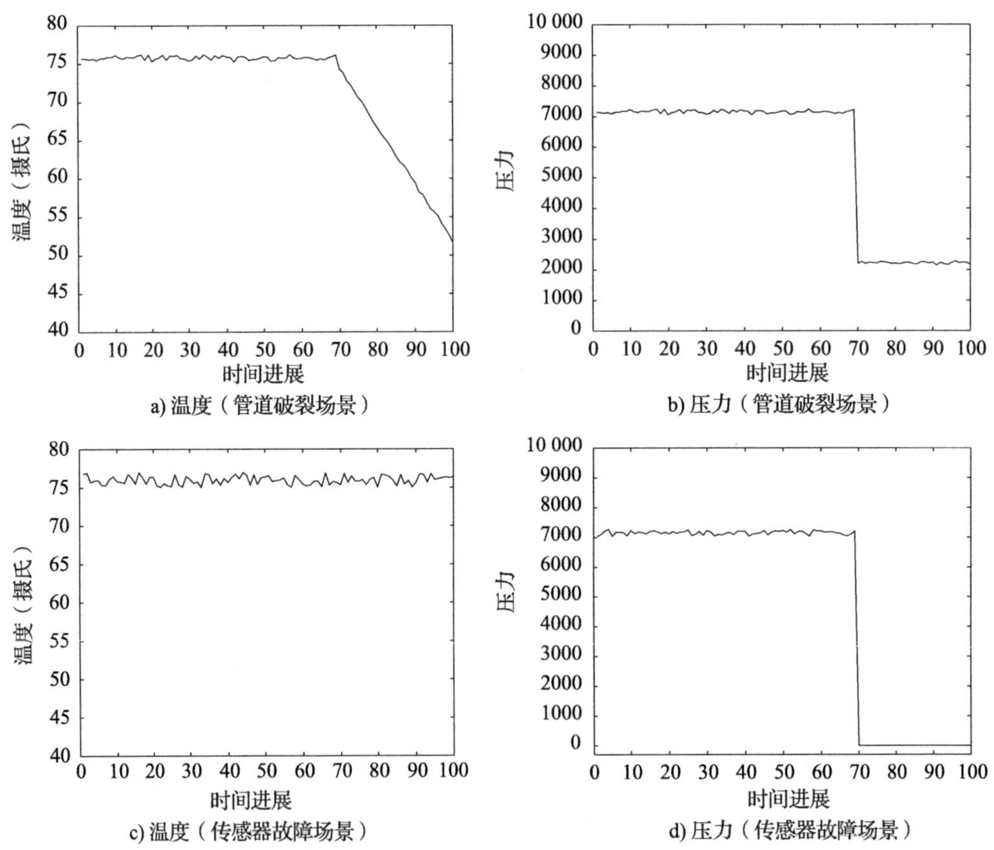

图 14-12　温度及压力传感器在管道破裂（a，b）及传感器故障（c，d）场景下的表现

因此，在一个多元方案中，关键是鉴别不同行为特征之间的偏差。因为可用监督来确定不同数据流中偏差的不同行为，所以使用监督十分有利。在上述管道破裂的场景中，这两个事件的相对偏差有很大的不同。在有标记的输入中，假设大多数时间戳被标记为“正常”。一些真实时间戳（ground truth timestamp）$T_1,\cdots,T_r$ 被标记为“稀少”。这些都被用于监督，

称为**主异常事件**。此外，伪事件也可能引起大的偏差。这些时间戳称为**次异常事件**。尽管这里不做假设，但在一些特定应用场景中，可以提供次异常事件的时间戳。文献注释部分包含了这些增强方法的索引。

假设共有 d 个不同时序数据流可用，这 d 个流中的不同模式可用于检测异常事件。事件预测的整体过程是从时序预测误差项中创建复合警报级别。首先用一个单变量时序预测模型来确定给定时间戳上的误差项，可以使用 14.3 节中讨论的任意模型。之后将这些模型进行组合，使用系数 $\alpha_1, \cdots, \alpha_d$ 来创建 d 个不同时序数据流上的复合警报级别。为了更好地从正常时段中鉴别真实事件，$\alpha_1, \cdots, \alpha_d$ 的值是在离线（或周期性批处理）时根据训练数据学习得到的。实际预测可使用实时联机方法来进行，步骤总结如下。

1）（离线批处理）学习系数 $\alpha_1, \cdots, \alpha_d$ 以更好地区分真实时段和正常时段。稍后将讨论该步骤的细节。

2）（实时处理）使用 14.3 节中讨论的任意预测方法，可确定每个时序数据流的（绝对）偏差程度，对应于白噪声误差项的绝对值。将流 j 在时间戳 n 上的绝对偏差程度记为 z_n^j。

3）（实时处理）如下结合不同数据流的偏差程度，创建复合警报级别：

$$Z_n = \sum_{i=1}^{d} \alpha_i z_n^i \tag{14.24}$$

Z_n 的值代表了时间戳 n 上的警报级别。可在警报级别上使用阈值来产生离散的标签。

尚未讨论的最后一节中的主要步骤，是*判别系数*（discrimination coefficient）$\alpha_1, \cdots, \alpha_d$ 的确定，它们应在训练阶段进行选择，以便最大化主事件和正常时段之间警报级别的差距。

为了在训练阶段学习系数 $\alpha_1, \cdots, \alpha_d$，对于所有感兴趣的主事件，对复合警报级别在时间戳 $T_1, \cdots, T_r$ 上取平均值。注意，每个时间戳 T_i 上的复合警报级别都是一个代数表达式，由公式 14.24 可知它是系数 $\alpha_1, \cdots, \alpha_d$ 的一个线性函数。这些表达式在时间戳 $T_1, \cdots, T_r$ 上进行叠加，来创建一个警报级别 $Q^p(\alpha_1, \cdots, \alpha_d)$。

$$Q^p(\alpha_1, \cdots, \alpha_d) = \frac{\sum_{i=1}^{r} Z_{T_i}}{r} \tag{14.25}$$

正常警报级别 $Q^n(\alpha_1, \cdots, \alpha_d)$ 使用类似的代数表达式，也可使用所有可用的时间戳来进行计算（假定大多数时序是正常的）。

$$Q^n(\alpha_1, \cdots, \alpha_d) = \frac{\sum_{i=1}^{n} Z_i}{n} \tag{14.26}$$

在事件签名场景中，正常警报级别也是 $\alpha_1, \cdots, \alpha_d$ 的一个线性函数。最优化问题是，确定能够增加主事件和正常警报级别之差的签名 α_i 的最优解。最优化问题如下：

$$\text{最大化}\ Q^p(\alpha_1, \cdots, \alpha_d) - Q^n(\alpha_1, \cdots, \alpha_d)$$

$$\text{满足}\ \sum_{i=1}^{d} \alpha_i^2 = 1$$

最优化问题可通过任意现成的迭代优化求解器来解决。实际上，在遇到新事件时，在线事件检测和离线学习过程是同时执行的。在这种情况下，α_i 的值可在迭代优化求解器内递增地更新。复合警报级别可报告为一个事件得分。可选方案是，用警报级别上的阈值来产生离散的时间戳（即预测事件的时刻）。阈值的选择将调节预测事件的精度和召回率之间的权衡。

14.7.2 全时序分类

在全时序分类中，标签和整个序列相关联，而不是与个别时间戳上的事件相关联。假设一个可用数据库有 N 个不同序列，每个序列长度为 n，其中每个序列都与一个来自 $\{1, \cdots, k\}$ 的类标签相关联。

许多基于邻近性的分类器都借助时序相似度函数来进行设计。因此，与其他许多时序数据挖掘的应用场景一样，在分类中相似度函数的有效设计至关重要。

下面将讨论三种分类方法。其中两种是*归纳法*，只用训练样例来建立模型，之后用模型来分类。第三种方法是*直推式半监督方法*，其中训练和测试实例一起被用于分类。为了更有效地进行分类，半监督方法（即基于图的方法）使用无标记的测试实例。

14.7.2.1 基于小波的规则

时序分类中的一个主要挑战就是很多序列可能是噪声且不相关。分类属性可能仅能通过序列上不同长度的时间段来展示。举例来说，考虑图 14-11 所示的有标记序列场景。在图 14-11a 中，标签对应于经济衰退，对于一个学习器来说，分析一段时间（几周或几个月）的趋势来确定正确的标签是很重要的。而图 14-11b 中的标签对应于闪电崩盘的发生，对于学习器来说，能够提取出一天时间的趋势很重要。

对于给定的学习问题，可能事先不知道在学习过程中应该使用什么级别的粒度。对此情景，哈尔小波方法提供了时序数据的多粒度分解来进行处理。正如 14.4 节中针对时间序列模体所讨论的一样，小波是一种在不同粒度级别上确定频率趋势的有效方法。因此，很自然地能将多粒度模体发现与相关分类器结合起来。

建议读者参考 2.4.4.1 节中关于小波分解方法的讨论。i 次哈尔小波系数分析某个时间周期内的趋势，其与 $2^{-i}\cdot n$ 成正比，其中 n 是序列全长。特别地，该系数等于长度为 $2^{-i}\cdot n$ 的时间周期中前半段平均值和后半段平均值之差的一半。因为哈尔小波代表变换中不同次的系数，所以它自动计算不同粒度的趋势。实际上，该序列上任意窗口的任意形状通常能利用小波系数的一个恰当子集来得到很好的近似，这可看作特定于具体类标签的签名。基于规则方法的目标是发现特定于具体类标签的签名。因此，基于规则方法的大致训练方式如下：

1）生成 N 个时序的小波表示，以创建 N 个数值多维表示。

2）离散化小波表示来创建时序小波变换的分类表示，因此，每个分类属性值代表小波系数数值的范围。

3）使用 10.4 节中描述的任意基于规则的分类器来生成规则集。在规则前提中小波系数的组合对应于时序中的“签名”形状，其与分类相关。

规则集一旦生成，就可用于任意时序的分类。将一个给定的测试序列转换成它的小波表示，由该序列触发的规则是确定的，这些将被用于测试实例的分类。10.4 节中讨论了使用规则集进行测试实例分类的方法。当已知类标签是周期性的而非局部趋势敏感的时，该方法应该用傅里叶系数代替小波系数。

14.7.2.2 最近邻分类器

10.8 节中介绍了最近邻分类器。只要有适当的距离函数可用，最近邻分类器几乎可用于任意数据类型。在 3.4.1 节中介绍了时序数据的距离函数。基于具体领域场景，可能使用这些距离（相似度）函数中的任一个。基本做法和多维数据场景一样。对于任意测试实例，其在训练数据中的 k 近邻是确定的，将相关类标签报告为这些 k 近邻中的主导标签。k 的最优值可通过留一法交叉验证来确定。

14.7.2.3 基于图的方法

相似图几乎可用于任意数据类型的聚类和分类。11.6.3 节中介绍了半监督分类方法中相似图的使用。基本做法是从训练和测试实例中构建一个相似图。因为测试实例和训练样例一起被用于分类，所以该方法是一个直推式方法。构建图 $G=(N, A)$，N 中的每个节点对应于一个训练或测试实例。G 中有标记的节点对应于训练数据中的实例，而无标记的节点对应于测试数据中的实例。N 中的每个节点用 A 中的一条无向边与其 k 近邻相连。使用 3.4.1 或 3.4.2 节中的任意一个距离函数来计算相似度。之后，用 N 中节点的指定标签导出未知节点的标签，该问题称为协同分类。19.4 节将进一步讨论协同分类方法。

14.8 小结

在诸如传感器网络、医疗和金融市场等很多领域中，时序数据很常见。在通常情况下，时序数据需要规范化，且为了有效处理需要估算缺失值。诸如傅里叶和小波变换等许多数据约简技术可用于时序分析中。相似度函数的选择是时序分析中最重要的一个方面，因为很多数据挖掘应用（如聚类、分类和异常检测等）都依赖于该选择。

预测在时序数据分析中是一个重要问题，因为它可用来对未来的数据点进行预测。大多数时序应用使用逐点分析或形状分析。举例来说，在聚类中，逐点分析将导致时间上相关的簇，其中一个簇包含许多一起移动的不同序列。而形状分析方法主要确定形状大致相似的序列组。

逐点异常检测问题与预测紧密相关。如果时序数据点和期望（或预测）值明显不同，那么它是一个异常点。在时序数据中，使用相似度函数来定义异常点。当监督和异常检测合并时，该问题称为事件检测。许多现有分类技术可扩展成为基于形状的分类。

14.9 文献注释

时序分析问题已经由统计学家和计算机科学家广泛研究。[134, 467, 492] 详细介绍了时态数据挖掘和时序分析。数据预处理和标准化在时序分析中很重要。装箱法也称作分段聚合近似（PAA）[309]。[355] 描述了 SAX 方法。[134, 467, 475, 492] 讨论了 DWT、DFT 和 DCT 变换。本书第 3 章中详细讨论了时序相似性度量，早些的教程可参见 Gunopulos 和 Das 的 [241]。

[151, 394, 395, 418, 524] 讨论了时序模体发现问题。本章中基于距离的模体讨论以 [356] 中的描述为基础。[51] 讨论了多解决方案模体发现的基于小波的方法。已发现的模体可用于分类。[251, 411, 467] 有更多关于周期模式挖掘的讨论。[134] 详细讨论了时序预测问题。距离函数的下界在快速剪枝和索引中非常有用，[309] 证明了 PAA 的下界，[308] 介绍了如何将下界应用在 DTW 上。

[324] 介绍了时序数据聚类的最新研究。时序数据流在线聚类问题和传感器选择问题相

关。[527] 介绍了 Selective MUSCLES 方法，它可潜在用于从时序集中选择代表点。本章中讨论的在线相关方法以 [50] 中的讨论为基础。[414] 介绍了传感器数据的代表点选择方法，其中很多可用于在线相关聚类。

[237] 介绍了时态数据的异常检测。最近一本关于异常检测的文献 [5] 也包含了时态异常检测的章节。时间戳的在线检测称为事件检测，该问题的监督版本称为罕见类检测。14.7.1 节中讨论的有监督事件检测是在 [52] 中提出的。本书中讨论的 Hotsax 方法是 [306] 提出的。[51] 讨论了基于小波的序列分类方法。本章已对该方法进行了调整，使其适用于时序数据。[33, 516] 介绍了时态数据分类，但主要是对序列分类的综述，同时讨论了时序分类的许多方面。

14.10　练习题

1. 对于时序 (2, 7, 5, 3, 3, 5, 5, 3)，确定箱子长度为 2 时的装箱时序。
2. 对于练习题 1 中的时序，构建窗口大小为 2 个单位的滚动均值序列，将结果与练习题 1 的结果进行比较。
3. 对于练习题 1 中的时序，构建指数平滑序列，其中平滑参数 $\alpha = 0.5$，并设置初始平滑值 y_0 为序列中的第一个点。
4. 实现装箱法、滑动平均和指数平滑法。
5. 考虑一个序列，其中连续的数值之间的关系如下：

$$y_{i+1} = y_i \cdot (1 + R_i) \tag{14.27}$$

   这里，R_i 是 [0.01, 0.05] 之间的一个随机变量。你会用什么变换来使这个序列平稳？
6. 考虑这样一个序列，其中 y_i 定义如下：

$$y_i = 1 + i + i^2 + R_i \tag{14.28}$$

   这里，R_i 是 [0.01, 0.05] 之间的一个随机变量。你会用什么变换来使这个序列平稳？
7. 对于具有傅里叶系数 $X_0, \cdots, X_{n-1}$ 的实数值时序 $x_0, \cdots, x_{n-1}$，证明对每个 $k \in \{1, \cdots, n-1\}$，$X_k + X_{n-k}$ 是实数值。
8. 假设你想实现一组时序的 k-means 算法，但你只有对于每个降维序列的傅里叶复数相关系数的同一个子集。这与直接在原始时序上使用 k-means 的实现方法有什么不同？
9. 使用 Parseval 理论与可加性证明两个序列的点积与两个序列的傅里叶系数的实部点积与虚部点积之和成正比，并找出比例因子。
10. 针对时序数据实现基于形状的 k 近邻分类器。
11. 扩展本章基于距离的模体发现算法，使得模体长度允许是 $[a, b]$ 之间的任意值，并用曼哈顿分段距离来进行距离比较。除了额外使用模体长度为分母进行规范化外，一对序列之间的曼哈顿分段距离与曼哈顿距离定义相同。
12. 假设你有包含 N 个序列的数据库并按照模体频率计数，在任意序列中出现一次就记一分。讨论在不同解决方案下，使用小波来确定模体的算法细节。

第 15 章

Data Mining: The Textbook

离散序列挖掘

"我已经没有要将前因后果这种序列关系努力搞明白的弱点了。"

——Edgar Allan Poe

15.1 引言

离散序列数据与时间序列数据类似，只是离散序列数据是类别型的。时间序列数据里含有一个单一的上下文属性，该属性通常与时间有关。而行为属性是类别型的。以下是一些相关应用的例子。

1. 系统诊断

许多自动化系统会生成包含系统状态信息的离散序列。系统状态的例子有 UNIX 的系统调用、飞机系统状态、力学系统状态以及网络入侵状态等。

2. 生物数据

氨基酸序列是常见的生物数据。这些序列中的特定模式可能意味着一些重要的数据特性。

3. 用户行为序列

不同领域中的用户行为产生各种不同的序列。

1）Web 日志包含不同人访问网站的记录的长序列。

2）客户交易可能包含购买行为的序列。序列的各个元素可能对应于不同项（商品）的标识符，或所购买的不同项的标识符集合。

3）网站（例如在线银行网站）中的用户行为常常会被记录下来。这与 Web 日志类似，不过出于安全方面的原因，银行网站通常会记录更详细的信息。

生物数据是一种特殊的序列数据，因为生物数据的上下文数据不与时间相关，而与不同属性的位置相关。应用于时间序列数据的分析方法也可以应用于生物序列数据，反之亦然。离散序列的正式定义如下。

定义 15.1.1（离散序列数据） 一个长度为 n、维度为 d 的离散序列 $\overline{Y_1},\cdots,\overline{Y_n}$ 包含 n 个不同的时间戳 $t_1,\cdots,t_n$，在每个时间戳上有 d 个离散特征值，也就是 n 个元素中的每一个 $\overline{Y_i}$ 对应于第 i 个时间戳上的 d 个离散行为属性 $(y_i^1,\cdots,y_i^d)$。

在许多实际场景中，时间戳 $t_1,\cdots,t_n$ 可以很简单地取从 1 到 n 的值。在生物数据的场景中就是如此，因为上下文属性表示位置。在大多数序列挖掘应用中，真实的时间戳很少被使用，一般假定离散序列上的值在时间上是均匀分布的。而且，大多数分析技术是为 $d=1$ 的情况而设计的。这样的离散序列一般叫作**字符串**。本章会不加区分地使用这些术语，而大多数讨论都将关注于这种更加一般化且简单的情况。

在一些应用（例如序列模式挖掘）中，$\overline{Y_i}$ 不是向量而是无序数据的集合。这是定义

15.1.1 的一个变种。用符号 Y_i（无上划线）来表示一个集合（而不是向量）。例如，在一个超市应用中，集合 Y_i 可能表示消费者在某一时刻所购买商品的集合。Y_i 中的物品是没有顺序的。在一个网络日志分析应用中，集合 Y_i 表示一个给定用户在一次会话中访问的网页。正因为在离散项上可以定义集合的这一能力，相比于时间序列，离散序列可以用更多的方式来定义。离散序列中的每个位置也称作**元素**，每个元素是一个项的集合。在本章中，“元素”一词被用来指代序列中由项构成的集合，包括 1 项集。

上述对离散序列数据的定义的变种是由不同种类的应用场景自然产生的。本章会详细讨论离散序列挖掘的不同问题定义。模式挖掘、聚类、异常分析、分类，这四个主要问题在离散序列的挖掘中与多维数据挖掘有许多不同，我们会介绍这些区别。一些模型（例如隐马尔可夫模型）被广泛运用在不同的应用领域中。本章也会研究这些常用的模型。

本章内容的组织结构如下：15.2 节介绍序列模式挖掘问题；15.3 节描述序列聚类算法；15.4 节讨论序列异常检测；15.5 节介绍可用在聚类、分类、异常检测中的隐马尔可夫模型（HMM）；15.6 节讨论序列分类问题；15.7 节给出本章小结。

15.2 序列模式挖掘

序列模式挖掘的问题与基于时间的频繁模式挖掘十分类似。事实上，大多数频繁模式挖掘的算法可以通过系统化的方法直接应用于序列模式挖掘，即使后者实际上更加复杂一些。与频繁模式挖掘一样，序列模式挖掘的原始动机是做市场购物篮分析。这个问题现在已运用于更广泛的时态应用领域内，例如计算机系统、网络日志以及电信应用。

序列模式挖掘问题定义在由 N 个序列构成的集合上。第 i 个序列包含以特定时间顺序排列的 n_i 个元素。每个元素是一个项的集合。比如，在市场购物篮应用中，一个元素是一个消费者所购买的一篮物品。例如，有如下序列：

$$<\{面包，黄油\}，\{黄油，牛奶\}，\{面包，黄油，奶酪\}，\{鸡蛋\}>$$

这里，{ 面包，黄油 } 是一个元素，面包是元素里的一个项。这个序列的一个子序列也是若干按时间排序的集合，并满足子序列中的每个元素都是原序列中一个元素的子集，而且保持相同的时间顺序。例如，考虑下面的序列：

$$<\{面包，黄油\}，\{面包，黄油\}，\{鸡蛋\}>$$

第二个序列是第一个序列的子序列，因为第二个序列里的每个元素都可以通过一个子集关系关联到第一个序列中的元素，并使对应的元素有相同的时间顺序。注意，这不同于表示成集合的交易，序列（和挖掘出的子序列）包含有序的（并且可能重复的）元素，每个元素本身又类似于一个交易。举例来说，{ 面包，黄油 } 在上述第二个序列中重复出现了两次，并对应于一个消费者到超市的不同时间的两次购物。子序列关系的正式定义如下。

定义 15.2.1（子序列） 令 $\mathcal{Y}=<Y_1,\cdots,Y_N>$、$\mathcal{Z}=<Z_1,\cdots,Z_k>$ 为两个序列，序列中的所有元素 Y_i 和 Z_i 都是集合。如果在 $\mathcal{Y}$ 中可以找到 k 个元素 $Y_{i_1},\cdots,Y_{i_k}$ 使得 $i_1<i_2<\cdots<i_k$，并且对于每个 $r\in\{1,\cdots,k\}$，$Z_r\subseteq Y_{i_r}$，则 $\mathcal{Z}$ 是 $\mathcal{Y}$ 的子序列。

考虑包含 N 个序列 $\mathcal{Y}_1,\cdots,\mathcal{Y}_N$ 的集合的序列数据库 $\mathcal{T}$。子序列 $\mathcal{Z}$ 在数据库 $\mathcal{T}$ 中的支持率与频繁模式挖掘对支持率的定义类似。

定义 15.2.2（支持率） 子序列 $\mathcal{Z}$ 的支持率是数据库 $\mathcal{T}=\{\mathcal{Y}_1,\cdots,\mathcal{Y}_N\}$ 中 $\mathcal{Z}$ 的父序列（即 $\mathcal{Z}$ 为其子序列）的序列数占 $\mathcal{T}$ 中总序列数的比例。

序列模式挖掘问题是识别所有满足最小支持率 *minsup* 的所有子序列。

定义 15.2.3（序列模式挖掘） 给定序列数据库 $\mathcal{T}=\{\mathcal{Y}_1, \cdots, \mathcal{Y}_N\}$，确定 $\mathcal{T}$ 中支持率最小为 *minsup* 的所有子序列。

容易看出这个定义与第 4 章中关于模式挖掘的定义非常相似。最小支持率的值 *minsup* 可以指定成一个绝对的数值，或一个相对的支持率值。在频繁模式挖掘中，除非特别说明，一般使用相对值。

第一个序列模式挖掘算法是**泛化序列模式挖掘**（GSP），一个类似于 Apriori 的算法。这个算法在生成候选和计数的方面非常像 Apriori。事实上，很多频繁模式挖掘算法（如 TreeProjection 和 FP-growth）都有序列模式挖掘的直接对应。本节只详细介绍 GSP。后面的章节将提供如何把枚举树算法推广到序列模式挖掘的概览。

GSP 和 Apriori 算法是相似的，只是前者需要设计成寻找频繁序列而不是集合。首先，需要定义序列模式挖掘中的候选长度的概念。定义这个概念需要特别小心，因为序列中的内部元素不是单纯的项，而是项的集合。一个候选或频繁序列的长度等于候选中的项（不是元素）的数目。也就是说，一个 k 序列 $<Y_1, \cdots, Y_r>$ 的长度为 $\sum_{i=1}^{r}|Y_i|=k$。因此，<{ 面包，黄油，奶酪 }，{ 奶酪，鸡蛋 }> 是一个 5 候选，即使它只包含两个元素。因为这个序列一共含有 5 个项，包括两个不同元素中重复的“奶酪”。k 序列的一个 $(k-1)$ 子序列可以通过删除 k 序列中任意一个元素中的一个项来生成。序列继续保持 Apriori 属性，因为任何 k 序列的 $(k-1)$ 子序列有不少于原序列的支持率。这确定了候选的生成 – 测试方法和向下封闭剪枝，与 Apriori 类似。

GSP 算法一开始通过直接对内部项进行计数来生成全部频繁 1 项序列。这个频繁 1 项序列的集合用 $\mathcal{F}_1$ 表示。然后通过反复合并 $\mathcal{F}_k$ 中的序列模式对来构造 $\mathcal{C}_{k+1}$。合并过程与关联模式挖掘不同，因为序列定义更加复杂。任意成对的频繁 k 序列 $\mathcal{S}_1$ 和 $\mathcal{S}_2$ 可以合并，条件是移除频繁 k 序列 $\mathcal{S}_1$ 的第一个元素中的一项的结果与移除另一个频繁序列 $\mathcal{S}_2$ 的最后一个元素中的一项的结果一样。举例来说，两个 5 序列 $\mathcal{S}_1$ = <{ 面包，黄油，奶酪 }，{ 奶酪，鸡蛋 }> 和 $\mathcal{S}_2$=<{ 面包，黄油 }，{ 牛奶，奶酪，鸡蛋 }> 可以合并，因为从 $\mathcal{S}_1$ 的第一个元素中移除“奶酪”后的结果和从 $\mathcal{S}_2$ 的最后一个元素中移除“牛奶”的结果一样。注意，如果 $\mathcal{S}_2$ 是一个有 3 个元素的 5 候选 $\mathcal{S}_2$=<{ 面包，黄油 }，{ 奶酪，鸡蛋 }，{ 牛奶 }>，合并也可以进行。这是因为移除 $\mathcal{S}_2$ 的最后一项会产生一个含 2 个元素共 4 项的序列，和 $\mathcal{S}_1$ 移除项后的结果一样。但是，在这些不同的情况中，合并会有一定程度的不同。总的来说，$\mathcal{S}_2$ 的最后一个元素是一个 1 项集的情况要特殊处理。下面的规则可用来执行合并过程。

1）如果 $\mathcal{S}_2$ 的最后一个元素是 1 项集，则合并后的候选可以通过把 $\mathcal{S}_2$ 的最后一个元素追加到 $\mathcal{S}_1$ 的最后来得到。例如，考虑下面两个序列：

$\mathcal{S}_1$ = <{ 面包，黄油，奶酪 }，{ 奶酪，鸡蛋 }>

$\mathcal{S}_2$ = <{ 面包，黄油 }，{ 奶酪，鸡蛋 }，{ 牛奶 }>

则合并后的序列是 <{ 面包，黄油，奶酪 }，{ 奶酪，鸡蛋 }，{ 牛奶 }>。

2）如果 $\mathcal{S}_2$ 的最后一个元素不是 1 项集，而是 $\mathcal{S}_1$ 的最后一个元素的超集，则合并后的候选可以通过把 $\mathcal{S}_2$ 的最后一个元素替换成 $\mathcal{S}_2$ 的最后一个元素来得到。例如，考虑下面两个序列：

$\mathcal{S}_1$ =<{ 面包，黄油，奶酪 }，{ 奶酪，鸡蛋 }>

$\mathcal{S}_2$=<{ 面包，黄油 }，{ 牛奶，奶酪，鸡蛋 }>

则合并后的序列是 <{ 面包，黄油，奶酪 }，{ 牛奶，奶酪，鸡蛋 }>。

时间上的复杂性和序列模式中的基于集合的元素导致了这些与 Apriori 中合并的关键不同之处。除此之外还存在其他的合并方法。例如，一种方法是移除 $\mathcal{S}_1$ 和 $\mathcal{S}_2$ 各自最后一个元素中的一项，并检查结果序列是否一样。但是，这种情况可能会使得相同的序列对产生多个不同的候选。例如，<*a*, *b*, *c*> 和 <*a*, *b*, *d*> 可以合并成 <*a*, *b*, *c*, *d*>、<*a*, *b*, *d*, *c*>、<*a*, *b*, *cd*> 中的任何一个。在第一个合并规则中移除 $\mathcal{S}_1$ 的第一项和 $\mathcal{S}_2$ 的最后一项有合并结果唯一的优势。对于任何特定的合并规则，确保生成详尽且非重复的候选非常重要。稍后我们将看到，频繁模式枚举树中的一个相似概念可以引入序列模式挖掘中来确保生成的候选不重不漏。

Apriori 技巧被用来去除违反向下封闭的序列。它的思想是，检查 $\mathcal{C}_{k+1}$ 中的一个候选的每个 k 子序列是否在 $\mathcal{F}_k$ 中存在。从候选集合中删除那些不满足这个封闭特性的候选。然后对序列数据库 $\mathcal{T}$，检查频繁 $(k+1)$ 候选序列的集合 $\mathcal{C}_{k+1}$，并统计支持率的数量。支持率是根据子序列的概念（定义 15.2.1）来统计的。$\mathcal{C}_{k+1}$ 中的所有频繁候选将被保留在 $\mathcal{F}_{k+1}$ 中。当一轮循环没有频繁序列生成到 $\mathcal{F}_{k+1}$ 中时，算法终止，返回在不同轮循环中生成的所有频繁序列。图 15-1 演示了 GSP 算法的伪代码。

```
Algorithm GSP（序列数据库：T，最小支持率：minsup）
begin
  k=1;
  F_k={ 所有频繁的包含 1 个项目的元素 };
  while F_k 不为空 do begin
    连接 F_k 中的两两序列产生 C_{k+1}，连接条件是从一个序列的第一个元素中
    去掉一个项目与从另一个序列的最后一个元素中去掉一个项目相匹配；
    删除 C_{k+1} 中不符合向下闭包性的序列；
    计算 C_{k+1} 中的序列在 T 中的支持率，留下支持率不小于 minsup 的序列
    形成 F_{k+1};
    k=k+1;
  end;
  return (∪_{i=1}^{k} F_i) ;
end
```

图 15-1　GSP 算法与 Apriori 算法相近。建议读者把这段伪代码与第 4 章图 4-2 中 Apriori 算法的描述做一个比较

15.2.1　频繁模式到频繁序列

很容易看到，Apriori 算法和 GSP 算法的结构相似。这并不是巧合：频繁模式挖掘和序列模式挖掘这两种问题的基本结构就是相似的。除了支持率计数方法上的差异外，GSP 和 Apriori 算法的主要区别还在于候选的产生方式上。在 GSP 中合并的产生是在两种不同的情况下定义的。这两种情况对应于候选的时间性扩展和集合性扩展。

正如第 4 章中所讨论的，Apriori 算法可以看作一个枚举树算法。另外，也可以在序列模式挖掘中定义一个类似的候选树，这种树与频繁模式挖掘中的枚举树有不同的结构。Apriori 算法和 GSP 算法在基于合并的候选产生方法上的核心区别，可以转换成序列模式挖掘中候选树结构与增长方式的区别。在一般情况下，序列模式挖掘的候选树更复杂，因为它们需要同时适应序列的时间性增长和集合性增长。因此，树节点的候选扩展需要重新定义。序列 $\mathcal{S}$ 的节点可以通过以下两种方式之一，扩展为更低级别的节点。

1. 集合性扩展

在这种情况下，通过将新项添加到序列 $\mathcal{S}$ 的最后一个元素中，可以创建一个候选模式。因此，元素的数量不会增加。对于要添加到 $\mathcal{S}$ 最后一个元素中的项，它必须满足两个特性：这个项要通过集合性（或时间性）扩展将候选树中 $\mathcal{S}$ 的父序列扩展为另一个频繁序列；这个项必须比 $\mathcal{S}$ 最后一个元素中的所有项在字典序上都更靠后。因为在频繁模式挖掘中，项的字典序需要提前确定。

2. 时间性扩展

将一个只有单个项的新元素添加到当前序列 $\mathcal{S}$ 的末尾。如先前的集合性扩展一样，对 $\mathcal{S}$ 的父节点的任何频繁项扩展都可以用来扩展 $\mathcal{S}$（第一个条件）。然而，这个添加的项不需要在字典序上晚于序列 $\mathcal{S}$ 最后一个元素中的项。

可以证明，这两种类型的扩展等价于 GSP 算法中的两种合并。因为在频繁模式挖掘中，节点的候选扩展是它的父节点所对应的频繁扩展的一个子集。图 15-2 是序列模式挖掘中候选树的频繁部分的一个例子。注意：由于在树的每一层上都进行了项的集合性和时间性扩展，因此树的复杂度更大。在对应的树边上，集合性扩展标记为“S”，时间性扩展标记为“T”。在这个例子的基础上，[243] 有关于这个话题的启发性讨论。

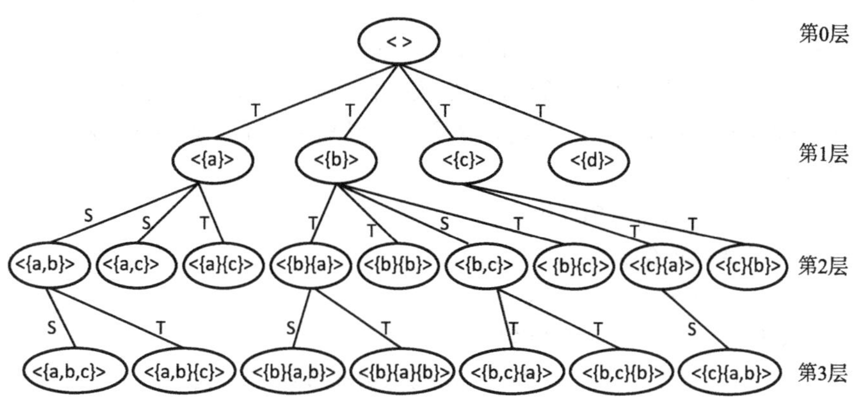

图 15-2　针对序列模式挖掘的枚举树

通过系统性地做一些适当的修改，将频繁模式挖掘所用的枚举树算法转换成序列模式挖掘算法是完全可行的。这些修改解释了序列模式挖掘和频繁模式挖掘的候选树结构的不同。这样的候选树可以由所有序列模式挖掘算法隐式生成，例如 GSP 和 PrefixSpan 算法。因为枚举树⊖是描述所有频繁模式挖掘算法的通用框架，所以这意味着几乎所有的频繁模式挖掘算法在修改后都适用于序列模式挖掘场景。例如，[243] 中的内容是 TreeProjection 的推广，PrefixSpan 算法是 FP-growth 的推广。Savasere 等人的垂直格式 [446] 也被推广至序列模式挖掘算法。这些算法之间的主要区别是使用各种数据结构、基于投影的重用技巧、不同的候选树探索策略（如广度优先或深度优先）时的计数效率差异，而不是有关搜索空间的大小的根本性区别。候选树的大小是固定的，尽管一些剪枝策略（例如 Apriori 式的剪枝策略）可以减小树的大小。

基于投影的重用（projection-based reuse）的概念也可以扩展到序列模式挖掘。序列数

⊖ 参见 4.4.4.5 节的讨论。类似的观点也适用于顺序模式挖掘。

据库 $\mathcal{T}$ 的投影表示 $\mathcal{T}(\mathcal{P})$ 与（为序列模式挖掘而修改的）候选枚举树中的序列模式 $\mathcal{P}$ 相关联。然后，数据库中的每个序列 $\mathcal{Y}\in\mathcal{T}$ 按照以下规则投影到 $\mathcal{P}$：

1）序列模式 $\mathcal{P}$ 必须是 $\mathcal{Y}$ 的子序列，因为 $\mathcal{Y}$ 的投影要包含在投影数据库 $\mathcal{T}(\mathcal{P})$ 中。

2）对于不在 $\mathcal{P}$ 的最后一个元素中，也不是 $\mathcal{P}$ 的父项的频繁扩展（集合性扩展或时间性扩展）的项，它们是不会算在 $\mathcal{Y}$ 的投影中的，因为它们与 $\mathcal{P}$ 的频繁扩展计数不相关。

3）找出 $\mathcal{Y}$ 中时间上最早出现的子序列 $\mathcal{P}$。根据子序列匹配，假设 $\mathcal{P}$ 中的最后一个元素 P_r 与 $\mathcal{Y}$ 中的元素 Y_k 相匹配，则 $\mathcal{Y}$ 的投影表示的第一个元素为由 Y_k-P_r 中比 P_r 中所有项字典序都靠后的项组成的集合。如果结果元素 Q 为空，那么它就不在 $\mathcal{Y}$ 的投影中。如果这个首元素不为空，那么它就是一个特别的元素，因为它可能仅仅用来对枚举树中元素 P_r 的集合性扩展进行计数。因此，这个元素也记作 _Q（注意 Q 前的下划线）。

4）投影序列中 _Q 之后的、对应于 $\mathcal{Y}$ 中元素的其余元素时间上会在 $\mathcal{Y}$ 中的最后一个匹配元素 Y_k 之后出现。在去除掉第 2 步中所述的无关项之后，这些元素都在 $\mathcal{Y}$ 的投影中。这些剩余的元素可以用来对 $\mathcal{P}$ 中的最后一个元素 P_r 的集合性扩展，或者 $\mathcal{P}$ 的时间性扩展进行计数。对于用来对 P_r 的集合性扩展进行计数的任何其余元素（除了 _Q），它们已经需要包含 P_r。

投影数据库 $\mathcal{T}(\mathcal{P})$ 可以用来对 $\mathcal{P}$ 的频繁扩展进行更有效的计数，并找出这些频繁扩展。和在频繁模式挖掘中一样，这种投影可以在建立类似枚举树的候选结构时，通过自上而下的方法依次进行。节点处的投影数据库可以通过递归地投影其父节点上的数据库来产生。其基本方法与第 4 章中所提到的基于投影的频繁模式挖掘极其相似。算法过程从候选树 $\mathcal{ET}$（一个有整个序列数据库 $\mathcal{T}$ 的空节点）开始。这棵树可以利用如下步骤不断扩展，直到 $\mathcal{ET}$ 中没有剩余的节点可供扩展为止。

在 $\mathcal{ET}$ 中选择一个节点 $(\mathcal{P}, \mathcal{T}(\mathcal{P}))$ 以供扩展；
生成 $\mathcal{P}$ 的时间性和集合性候选扩展；
使用 $\mathcal{T}(\mathcal{P})$ 的支持率确定 $\mathcal{P}$ 的频繁扩展；
用频繁扩展和它们的递归投影数据库来扩展 $\mathcal{ET}$；

最终的候选树 $\mathcal{ET}$ 包含了所有频繁序列模式。选择节点 $\mathcal{P}$ 所使用的不同策略可以导致生成的候选树有不同的顺序，例如广度优先或深度优先顺序。这种简化的和一般性的描述大致基于 [243] 和 PrefixSpan 中所独立提出的、相互紧密关联的框架。读者可以参考文献注释以了解特定的算法。

15.2.2　约束的序列模式挖掘

在许多情况下，在序列模式上可以施加额外的约束，如序列的连续元素之间的最大间隔限制。一种解决方案是先使用无约束 GSP 算法，然后，在后处理步骤中删除所有不满足该约束的子序列。然而，这种暴力法是一种非常低效的解决方案，因为受限模式的数目很可能比不受限模式少几个数量级。因此，在候选生成或支持率计数的过程中将约束直接加入 GSP 算法，可以显著提高效率。根据约束的性质，对 GSP 算法的改动有可能很小，也有可能很大。在所有的情况下，$\mathcal{F}_k$ 的支持率计数过程都需要改动。约束会在支持率计数期间被显式地检查。这减少了所产生的频繁模式的数目，并使得该方法比暴力法更有效率。然而，加入这样的约束有时会使挖掘模式的向下闭包性失效。在这种情况下，需要对 GSP 算法进行适当的改变。在不违反向下闭包性的情形下，GSP 算法经过很小的修改就可以用于支持率计数时的约束检查。

不违背向下闭包性的一个重要约束是 *maxspan* 约束。这个约束指定一个子序列的第一个和最后一个元素之间的时间差不能超过 *maxspan*。因此，如果在支持率计数时检查了约束，就可以直接使用 GSP 算法。因此，该方法在每个步骤中使用更小的子序列集合，并且通常比暴力法更有效。

在序列模式挖掘中另一种常见的约束是最大间隔约束，又称作 *maxgap* 约束。需要注意的是，由于最大间隔约束的存在，频繁 k 序列的所有 $(k-1)$ 子序列都可能是无效的。这会导致 Apriori 原理不能有效地使用。例如，在 *maxgap* 值为 1 的情况下子序列 a_1a_5 不被事务数据库序列 $a_1a_2a_3a_4a_5$ 所支持，因为 a_1 和 a_5 的间隔值为 3。然而，在这个 *maxgap* 值的情况下子序列 $a_1a_3a_5$ 可以由同样的事务数据库序列所支持。因此，a_1a_5 可能比 $a_1a_3a_5$ 拥有更低的支持率。在这种情况下，Apriori 剪枝是无法应用的。然而，从频繁序列的第一个或最后一个元素中删除项所获得的序列永远是频繁的。因此，本章中所讨论的基于合并的特定方法仍然可以用来产生频繁模式的候选，而不会漏解任何频繁模式。可以使用一种改进的剪枝规则，即在为剪枝而检查某个候选的 $(k-1)$ 子序列时，只检查包含与候选子序列同样数目元素的那些子序列。换句话说，在检查候选子序列时，不能从这个子序列中移除包含一个项的元素。这种子序列称为**连续子序列**。一个值得注意的特殊情况是当 $maxgap=0$ 时。这种情况通常被用来挖掘时间序列模体（在使用 14.4 节的方法将时间序列转换成离散序列之后）。

另一个有趣的约束是最小间隔约束，或者称为连续元素之间的 *mingap* 约束。连续元素之间的最小间隔约束将始终满足向下闭包性。因此，经过很小的改动后，GSP 方法是可以使用的。该改动为在支持率计数时做 *mingap* 约束的检查。它会生成 $\mathcal{F}_k$ 子序列的更小集合。合并和剪枝步骤保持不变。本章文献注释中给出了一些文献，它们提到了更多有趣的约束，例如窗口大小约束。

15.3 序列聚类

和时间序列数据一样，序列的聚类在很大程度上依赖于相似性的定义。在定义了相似度函数之后，诸如 k-medoids 和基于图的方法等许多传统的多维方法可以很方便地适用于序列数据。应当指出，这两种方法可以用于几乎任何数据类型，并且仅依赖于距离函数的选择。

第 3 章已经定义了序列数据的相似性度量方法。下面列出了几种适用于序列数据的最常见的相似度函数。

1. 基于匹配的度量

这个度量值等于两个序列之间的匹配位置的数目。仅当两个序列长度相等，并且位置之间存在一一对应关系时，这种方法才有意义。

2. 动态时间规整（DTW）

在这种情况下，两个序列之间失配数目信息会在动态时间规整中被使用。动态时间规整方法在 3.4.1.3 节中有过详细讨论。核心的想法是，通过动态地拉伸和收缩时间维度来说明不同序列数据生成的不同速度。

3. 最长公共子序列（LCSS）

顾名思义，该相似度函数计算两个序列之间的最长匹配子序列，以度量两个序列之间的相似性。LCSS 方法在 3.4.2.2 节中有详细讨论。

4. 编辑距离

其定义为一个序列转换成另一个所需的编辑操作的代价。编辑距离的度量在 3.4.2.1 节中有过描述。一些针对生物序列的比对算法（如 BLAST）会使用这种度量。本章文献注释也提到了这些方法的相关文献。

5. 基于关键字的相似性

这种度量使用 k-gram 表示，即每个序列都由一组长度为 k 的片段表示。这些 k-gram 是通过序列上长度为 k 的滑动窗口来从原始序列中提取的。每个这样的 k-gram 代表一个新的“关键字”。tf-idf 表示也可以应用在这些关键字上。如果需要的话，不频繁的 k-gram 可以丢弃。第 13 章中讨论过的任何基于文本的、向量空间的相似性度量方法都可以使用。因为在转换之后片段的顺序不再有用，这种方法允许使用更广泛的数据挖掘算法。事实上，任何文本挖掘算法都可以在这个变换上使用。

6. 基于内核的相似性

基于内核的相似性对于 SVM 分类极其有用。一些基于内核相似性的例子会在 15.6.4 节中讨论。

不同的度量方法会在不同的特定应用场景中使用。本章会讨论许多这样的场景。

15.3.1　基于距离的方法

距离或相似度函数定义之后，k-medoids 方法可以很简单地推广到序列数据。k-medoids 方法可以无关数据类型和相似度函数的选择，因为它本来就被设计为一种通用的爬山方法。事实上，7.3.1 节中所提到的 CLARANS 算法可以很容易地推广到任何数据类型。该算法从数据中选出 k 个有代表性的序列，然后使用选定的距离（或相似度）函数将每一个数据点分配给与它最近的序列。爬山算法会迭代地优化代表序列的质量。

6.4 节中讨论过的分层方法也可以推广至各种类型的数据，因为它们单纯地基于不同数据对象之间的成对距离。采用分层方法的主要挑战是，在 n 个对象之间计算成对距离需要 $O(n^2)$ 的复杂度。序列数据上的距离函数计算的代价通常也是昂贵的，因为一般需要使用一些代价昂贵的动态规划方法。因此，分层方法仅适用于较小的数据集。

15.3.2　基于图的方法

基于图的方法是无关底层数据类型的通用聚类方法。2.2.2.9 节描述了如何将不同的数据类型转换成相似的图。基于图的方法中更为一般化的方法如下。

1）构造一个每个节点都对应于一个数据对象的图。图的每个节点都连接到它的 k 近邻，同时图的边的权值等于对应数据对象之间的相似度。在使用距离函数的情况下，使用以下方式将其转换成相似度函数：

$$w_{ij}=\mathrm{e}^{-d(O_i,O_j)^2/t^2} \tag{15.1}$$

这里，$d(O_i, O_j)$ 表示对象 O_i 和 O_j 之间的距离，t 是参数。

2）假定边是无向的，如果有任何一对边是平行的，其中之一会从图中删去。由于假定距离函数是对称的，因此平行的边将具有相同的权重。

3）19.3 节中讨论的任何聚类或社区发现算法都可用于对新创建的图的节点进行聚类。

在节点聚类为簇之后，这些簇可以通过使用节点和数据对象之间的对应关系，映射回数据对象的簇。

15.3.3 基于序列的聚类

上述方法的主要问题是，它们基于使用序列之间的全局比对的相似度函数。对于更长的序列，全局序列比对将越来越低效，因为噪声影响着长序列对之间的相似度计算。即使两个序列的大部分是相似的，但仍有许多局部的部分有噪声，且与相似度计算无关。一种可能的方法是设计局部序列比对的相似度函数或使用先前讨论过的基于关键字的相似度方法。

更直接的方法是使用基于频繁序列的聚类方法。一些相关方法也使用从序列而不是从频繁子序列中提取的 *k*-gram。然而，*k*-gram 比频繁子序列对噪声干扰更为敏感。原因是频繁子序列代表了不同序列中共有的关键结构特征。当频繁子序列确定后，原始序列可以转换到这个新的特征空间，一个基于这些新特征的词袋表示就被创建出来了。然后，序列对象就可以像文本聚类算法一样进行聚类。整个方法描述如下：

1）用频繁序列模式挖掘算法从序列数据库 $\mathcal{D}$ 中确定频繁子序列 $\mathcal{F}$。不同的应用可能在序列上有不同的限定条件，比如所确定的序列的最小长度或最大长度。

2）基于一定的筛选条件，从频繁子序列 $\mathcal{F}$ 中确定子集 $\mathcal{F}_S$。在通常情况下，为了最大化覆盖率和最小化冗余率，会选择频繁子序列的一个子集。其思想是使用适度数量的聚类相关特征。例如，使用频繁汇总子序列（FSS）的概念来确定稠密序列组[505]。本章文献注释包含了这些方法的相关文献。

3）数据库中的每个序列可以用 $\mathcal{F}_S$ 中的一个“频繁子序列袋”表示。也就是说，转换后的序列表示由 $\mathcal{F}_S$ 的所有频繁子序列组成。

4）对序列数据库的新表示形式应用文本聚类算法。文本聚类方法在第 13 章中讨论过。tf-idf 加权可以应用到不同情形下（见第 13 章）。

上述讨论基于频繁子序列聚类的大致介绍，对于各个步骤，实现的方法可能不同。不同算法之间的主要区别在于特征构造方法和文本聚类算法的选择。CONTOUR 方法[505]使用了两级层次聚类，其中细粒度的微簇在第一个步骤中产生。然后，这些微簇凝结成更高层级的簇。本章文献注释含有该框架具体实现的文献指引。

15.3.4 概率聚类

概率聚类方法以生成原理为基础，即在产生一个给定序列的符号时，同时产生一个概率，它与该符号有统计相关性。这所有的一切都建立在马尔可夫模型的基本原理之上。序列和簇之间的相似度是由这个簇内符号的生成概率计算得到的。当序列和簇之间的相似度函数定义好之后，可以用来创建一个基于距离的算法。CLUSEQ 算法就基于这个原理。

15.3.4.1 马尔可夫相似度算法：CLUSEQ

CLUSEQ（CLUstering SEQuence）算法基于更广泛的马尔可夫模型理论。马尔可夫模型被用于定义序列和簇之间的相似度。CLUSEQ 算法可以看作一种基于相似度的迭代划分算法。传统的划分算法确定了多次迭代中的簇的数目，CLUSEQ 不同于传统的划分算法。CLUSEQ 算法开始时只有一个簇。在每次迭代中小心控制包含单独序列的新簇个数，删除与已有簇非常相似的旧簇。簇的数目在初始阶段快速增长，但它在该算法的执行过程中会逐步减慢。在后面的迭代中簇的数目甚至有可能缩减。这种方法的优点是可以自动确定簇的数目。

CLUSEQ 算法使用相似度阈值 t，而不是使用簇的数目作为输入参数。如果序列与簇的相似度超过阈值 t，则将该序列分配给这个簇。只要相似度大于阈值 t，序列就可以分配给任意数目的簇（或者 0 个簇）。CLUSEQ 算法主要有三步：添加新簇，给簇分配序列，删除簇。这些步骤不断迭代直到聚类结果不再有任何变化为止。图 15-3 描述的是 CLUSEQ 算法的一个简化版本[⊖]。各个步骤的详细描述如下。

```
Algorithm CLUSEQ（序列数据库：D，相似度阈值：t）
begin
  k = f = 1;
  设 C1 为含一个随机选取的序列的簇；
  repeat
    加上 ka = k · f 个单一序列的簇，条件是这些簇尽量与已有的簇不同，
    且它们之间也尽量不同；
    k = k + ka;
    若可能，将 D 中的每个序列加到 C1, …, Ck 这些簇的每一个中，
    条件是加进去的序列与原来序列的相似度至少为 t;
    检查每个簇，若那些只加到本簇的序列的个数少于 minthresh，
    则将此簇删除，令这样删除的簇的个数为 kr;
    k = k - kr;
    f = max{ka - kr, 0} / ka;
  until 聚类结果没有变化；
  return 簇集合 C1, …, Ck;
end
```

图 15-3　简化的 CLUSEQ 算法

1. 添加簇

添加的簇的数目为 $k \cdot f$，k 是最后一次迭代中簇的数目，f 是范围 (0, 1) 中的一个值，计算如下。其中，k_a 是上次迭代中簇的数目，k_r 是上次迭代中为了消除重叠而删去的簇的数目。f 的计算如下：

$$f=\frac{\max\{k_a-k_r,0\}}{k_a} \tag{15.2}$$

这样做的理由是，当算法达到并超过其“自然”的簇的数目时，删除簇将变成主导。在这种情况下，f 将很小或者变成 0，几乎没有新簇需要添加。而当数据中簇的数目显著低于簇的“自然”数目时，f 的值应该接近于 1。在早期迭代中，添加簇的数目将远远大于删去簇的数目，这将造成簇的快速增加。

新创建的簇是单例簇。将那些与已经存在的簇或与其他序列尽可能不同的序列选出来。因此，需要计算所有未被分簇的序列之间的相似度，以及所有未被分簇的序列与所有簇之间的相似度。因为簇和所有未被分簇的序列之间的相似度计算开销很大，所以这里使用未分簇序列的一个样本来限制新种子的选择范围。这种相似度计算的方法在之后会阐述。

2. 将序列分配给簇

当相似度大于人为指定的阈值 t 时，序列将被分配给簇。原始的 CLUSEQ 算法提出了一种调整阈值 t 的方式，本章仅提供这种算法的简化描述，这里 t 是用户指定的固定值。对于某个给定序列，它可能被分给多个簇或者不分给任何一个簇。实际相似度计算是使用马尔可夫相似性度量进行的。这个度量之后会介绍。

⊖　原来的 CLUSEQ 算法也通过迭代调整相似度阈值 t 来优化结果。

3. 删除簇

许多簇之间高度重叠，因为序列可以分给多个簇。希望能够限制这种重叠以减少聚类中的冗余。如果对于特定簇唯一的序列数目低于一个预先设定的阈值，那么将这个簇移除。

仍有待描述的唯一步骤是序列和簇之间的马哈拉诺比斯相似度的计算。其思想是，如果序列 $\mathcal{S}=s_1s_2\cdots s_n$ 与一个簇 $\mathcal{C}_i$ 是相似的，那么用该簇内部的条件分布应该能够很“容易”地生成 $\mathcal{S}$。概率 $P(S|\mathcal{C}_i)$ 定义如下：

$$P(S\mid\mathcal{C}_i)=P(s_1\mid\mathcal{C}_i)\cdot P(s_2\mid s_1,\mathcal{C}_i)\cdots P(s_n\mid s_1\cdots s_{n-1},\mathcal{C}_i) \tag{15.3}$$

这是序列 S 对于簇 $\mathcal{C}_i$ 的生成概率。直观地说，$P(s_j\mid s_1\cdots s_{j-1},\mathcal{C}_i)$ 表示在 $\mathcal{C}_i$ 中 s_j 跟在 $s_1\cdots s_{j-1}$ 之后的概率。这一项可以根据数据驱动方式，从 $\mathcal{C}_i$ 里的序列中估计出来。当簇与序列的相似度很高时，这个值也会很高。相对相似度可以通过比较序列生成模型来计算，在序列生成模型中，所有符号都是根据它们在完整数据集中的存在比例随机生成的。随机生成的概率由 $\prod_{j=1}^{n}P(s_j)$ 给出，其中 $P(s_j)$ 是包含符号 S_j 的序列的比例。所以，S 对于 $\mathcal{C}_i$ 的相似度定义如下：

$$sim(S,\mathcal{C}_i)=\frac{P(S\mid C_i)}{\prod_{j=1}^{n}P(s_j)} \tag{15.4}$$

一个问题是，序列 S 的许多部分可能有噪声，不能很好地匹配簇。于是，相似度计算的是 S 的连续段对于簇 $\mathcal{C}_i$ 的最大相似度。也就是说，如果 S_{kl} 是 S 中从位置 k 到 l 的连续段，那么最终相似度 $SIM(S,\mathcal{C}_i)$ 计算如下：

$$SIM(S,\mathcal{C}_i)=\max_{1\leqslant k\leqslant l\leqslant n} sim(S_{kl},\mathcal{C}_i) \tag{15.5}$$

最大相似度可以通过所有 $[k,l]$ 对上的 $sim(S_{kl},\mathcal{C}_i)$ 计算来得到。这个相似度值用于分配序列给与之相关的簇。

一个棘手的问题是，计算公式 15.3 右边部分的每一项 $P(s_j|s_1\cdots s_{j-1},\mathcal{C}_i)$，都需要检查 $\mathcal{C}_i$ 中的所有序列以进行概率估计。幸运的是，这些项可以用概率后缀树（PST）这种数据结构高效地估计出来。CLUSEQ 算法总在动态维护 PST，无论是在新簇创建时还是在将序列添加到簇时。这一数据结构将在 15.4.1.1 节中详细描述。

15.3.4.2 隐马尔可夫模型的混合

这种方法可以理解为 6.5 节讨论的多维数据聚类的概率模型的字符串模拟。回想一下，在这种情况下使用混合生成模型，混合的每一部分都有一个高斯分布。然而高斯分布只适用于生成数值型数据，并不适用于生成序列。对于序列来说，隐马尔可夫模型（HMM）是一个不错的生成模型。本节讨论中将 HMM 作为黑盒使用，其具体内容将在后面介绍。之后在 15.5 节中将看到，HMM 本身是一种混合模型，其中状态代表混合物的依赖分量（dependent component）。因此，这种方法是两层混合模型。将关于这部分的讨论与 15.5 节中的 HMM 描述相结合，可以让读者对基于 HMM 的聚类有一个完整理解。

混合生成模型的更宽泛的原理是，假定数据是从有 k 个分布的混合物中生成出来的，其中概率分布为 $\mathcal{G}_1,\cdots,\mathcal{G}_k$，每个 $\mathcal{G}_i$ 是一个隐马尔可夫模型。在 6.5 节中，这个方法假设不同混合成分的先验概率分别是 $\alpha_1,\cdots,\alpha_k$。生成过程定义如下：

1）从 k 个概率分布中选出一个，概率是 α_i，$i\in\{1,\cdots,k\}$，假设选中第 r 个概率分布。

2）根据 $\mathcal{G}_r$ 来生成一个序列，其中 $\mathcal{G}_r$ 是一个隐马尔可夫模型。

混合模型的一个优势是，数据类型的变化和对应的混合分布不会影响算法的框架。类似的步骤可应用到序列数据和多维数据。假定 S_j 代表第 j 个序列，Θ 是针对不同 HMM 估计得出的全部参数的集合。那么，E 步骤和 M 步骤与多维混合模型是类似的。

1）（E 步骤）给定经训练的隐马尔可夫模型的当前状态与先验概率 α_i，使用第 i 个 HMM 的生成概率 $P(S_j \mid \mathcal{G}_i, \Theta)$ 与结合贝叶斯规则的先验概率 $\alpha_1, \cdots, \alpha_k$ 来确定每个序列 S_j 的后验概率 $P(\mathcal{G}_i|S_j, \Theta)$。

2）（M 步骤）给定给簇分配数据点的当前概率，对每个 HMM 使用*鲍姆韦尔奇*（Baum-Welch）算法来学习其参数。分配概率被用作权重，来平均所估计的参数。鲍姆韦尔奇算法在本章 15.5.4 节中有相关说明。各 α_i 的值可以估计为与所有序列对簇 i 的平均分配概率成正比。如此，M 步骤就完成了对整组参数 Θ 的估计。

需要注意的是，这里所使用的步骤与 6.5 节中的混合建模几乎完全对应。该方法的主要缺点是，它可能相当缓慢。这是因为训练每个 HMM 的过程在计算上是很昂贵的。

15.4 序列中的异常检测

序列数据中的异常检测与时间序列数据有一些相似之处。序列数据和时间序列数据之间的主要区别在于，序列数据是离散的，而时间序列数据是连续的。前面章节中的讨论表明，时间序列异常值可以是*点异常*或*形状异常*。因为序列数据是时间序列数据的离散化模拟，所以相同的原理可以应用到序列数据。序列数据异常值可以是*位置异常*或*组合异常*。

1. 位置异常

在基于位置的异常检测中，特定位置的值由一个模型预测，它被用来确定模型中的*离群点*并预测异常点的*位置*。在通常情况下，用马尔可夫方法进行预测性异常检测。这类似于在时间序列数据中使用回归模型来发现基于偏差的异常值。与回归模型所不同的是，马尔可夫模型更适合于离散数据。这样的即时时间邻域的*上下文*中的异常点叫作上下文异常点。

2. 组合异常

在组合异常中，由于符号的组合，一个完整的测试序列被认为是异常的。这种情况可能发生，因为这样的组合可能很少出现在序列数据库中，或者它与大多数差不多大小的其他子序列的距离（或相似度）非常大（或非常小）。更复杂的模型（例如隐马尔可夫模型）也可用于根据生成概率对出现频率进行建模。对于更长的测试序列，将小的子序列提取出来用于测试，这些值的组合可以作为整个序列的异常得分的预测结果。这类似于在时间序列数据中确定形状异常。由于异常点是通过从多个数据项得到组合模式来定义的，因此称为**集体异常**。

下面将讨论异常值的不同类型。

15.4.1 位置异常

在前面章节中讨论的连续时间序列数据的情况下，一类重要的异常点是通过观察时间戳上与预期值的重大偏差来设计的。这些方法结合了*预测*和*偏差检测*的问题。类似原理也适用于离散序列数据，其中不同模型的使用可以预测出特定时间戳上的离散位置。当一个位置匹配预测值的概率很低时，就认为这个位置是一个异常位置。例如，考虑一个 RFID 应用，通过从 RFID 标签进行语义提取，事件序列关联着某个超市中的商品项。正常事件序列的一个典型的例子如下：

放上货架，从架上拿走，结账，离开超市。

而在入店行窃的情况下，事件序列可能会出现异常。入店行窃场景下的事件序列的一个例子如下：

放上货架，从架上拿走，离开超市。

显然，序列符号“离开超市”在第二种情况下是异常的。这是因为它不符合该位置的预期（或预测）值。理想情况是用预期值来检测这些异常的位置。这种反常的位置可能出现在序列中的任何地方，不一定如上述例子一样在最后一个元素中。对于位置异常检测的基本问题定义如下。

定义 15.4.1 给定一组 N 个训练序列 $\mathcal{D}=T_1, \cdots, T_N$，以及一个测试序列 $V=a_1, \cdots, a_n$，根据它的预期值，确定测试序列中位置 a_i 是否异常。

在一些文献中没有明确地对训练序列和测试序列进行区分，这是因为当一个序列很长的时候，它是可以同时用于模型构建和异常分析的。

通常情况下，时间领域中的位置 a_i 只能通过 a_i 之前的位置来预测，而在其他领域中，如生物数据，在前后两个方向上都可能是相关的。下面的讨论将假定在时间场景下，泛化到位置场景（如生物数据）可以直接检查位置两边的窗口。

正如连续流的回归建模采用历史小窗口一样，离散序列预测也使用符号小窗口。假定一个位置的预测值取决于短时历史。这就是离散序列的短时记忆性，并且它通常在各种不同的时间应用领域都成立。

定义 15.4.2（短时记忆性） 给定符号序列 $V=a_1, \cdots, a_i, \cdots$，认为当 k 很小时，概率 $P(a_i|a_1, \cdots, a_{i-1})$ 的值非常接近于 $P(a_i|a_{i-k}, \cdots, a_{i-1})$。

估计出 $P(a_i \mid a_{i-k}, \cdots, a_{i-1})$ 值之后，测试序列中的该位置可以标记为异常位置，其条件是它在从训练序列中得到的模型的基础上的概率非常低。如果一个不同的符号（与测试序列中出现的符号不同）具有非常高的预测概率，则该位置可标记为异常。

本小节将讨论利用马尔可夫模型进行位置异常检测。该模型利用序列的短时记忆性，将序列明确地建模为马尔可夫链中的一组状态。这些模型使用字母表 Σ 上定义的马尔可夫链中的转换来表示序列生成过程。这是一种特殊的有限状态自动机，其中所述状态是由所生成的序列的短时历史来定义的。这些模型对应于表示关于系统事件的不同内存的一组状态 A。例如，在一阶马尔可夫模型中，每个状态代表序列中产生的字母表 Σ 的最后一个符号。在 k 阶马尔可夫模型中，每个状态对应于序列中最后 k 个符号 $a_{n-k}, \cdots, a_{n-1}$ 的子序列。在该模型中每个转换代表一个事件 a_n，从状态 $a_{n-k}, \cdots, a_{n-1}$ 到状态 $a_{n-k+1}, \cdots, a_n$ 的转换概率由条件概率 $P(a_n \mid a_{n-k}, \cdots, a_{n-1})$ 给出。马尔可夫模型可以描述为，一组表示状态的节点和一组表示事件（从一个状态到另一个状态）的边。边的概率提供对应事件的条件概率。显然，模型的阶表示建模过程中字符串段的记忆长度。一阶模型保留的记忆量最少。

为了理解马尔可夫模型的工作原理，我们回顾之前用 RFID 标签跟踪数据项的例子。一个项所执行的动作可以看作字母表 $\Sigma=\{P, R, C, E\}$ 上绘制的序列。每个符号的语义如图 15-4 所示。k 阶马尔可夫模型的一个状态对应于字母表 $\Sigma=\{P, R, C, E\}$ 上绘制的序列的前 k 个动作符号。不同状态间转换的例子如图 15-4 所示，该图包括两个一阶和二阶模型以及边的转换概率。通常这些都是由训练数据估计得到的。对应于入店行窃的异常转换也在两个模型中被标记出来了。值得注意的是，在每一种情况下实际的入店行窃事件的对应转换概率是非常低的。这是一个特别简单的例子，一个事件的记忆就足以代表一个项的状态。这不是普遍情况。比如，可以考虑网络日志的情况，其中马尔可夫模型对应于用户访问的网页序列。在这样的情况下，访问下一个网页的概率分布不仅取决于最后一个网页的访问，还取决于用户之前的访问。

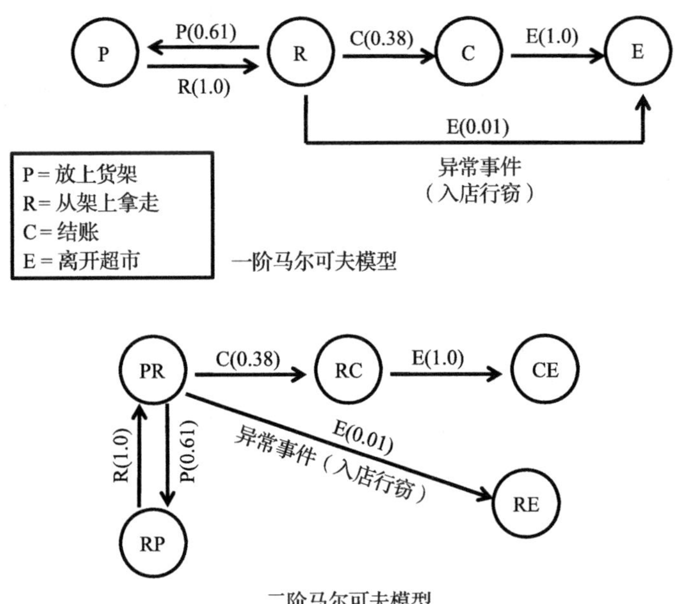

图 15-4　基于 RFID 的入店行窃异常事件的马尔可夫模型

观察图 15-4 可得，二阶模型中的状态数量比一阶模型中多。这不是巧合。一个 k 阶模型可能有多达 $|\Sigma|^k$ 个状态，尽管这是一个上限。许多对应于这些状态的子序列可能不发生在训练数据中，或在特定的应用中可能是无效的。例如，在图 15-4 的示例中 PP 状态是无效的，因为同样的商品不能顺序地在货架上放置两次而一次也没有从架上移除。至少在理论上，更高阶的模型能更精确地表示复杂的系统。然而，选择较高阶的模型会降低效率，还会导致过拟合。

15.4.1.1　效率问题：概率后缀树

从前面的章节中显而易见的是，马尔可夫和基于规则的模型是等效的，后者是前者的一个简单且容易理解的启发式近似模型。然而，两种模型都面临的挑战是，长度为 k 的可能祖先的数量可以多达 $|\Sigma|^k$。这会使方法变慢，因为确定概率 $P(a_i \mid a_{i-k}, \cdots, a_{i-1})$ 需要查找测试子序列 $a_{i-k}, \cdots, a_{i-1}$。不仅计算这些值，甚至回溯查找之前预先算出的值（如果组织不当的话），在开销上都是昂贵的。*概率后缀树* PST 提供了一种高效方法来检索这些预先算出的值。概率后缀树不仅适用于异常检测，还适用于聚类和分类。比如，15.3.4.1 节中讨论的 CLUSEQ 算法就使用 PST 来检索预存储的概率值。

对于给定数据库，后缀树是存储所有子序列的经典数据结构。对于给定的序列数据库，概率后缀树是一般化的数据结构，存储生成下一个符号的条件概率。对于 k 阶马尔可夫模型，最大为 k 的后缀树深度将存储所有所需的条件概率值，包括所有低阶马尔可夫模型的条件。因此，这个数据结构包含了可变阶马尔可夫模型所需的所有信息。一个关键的挑战是，在这样的后缀树中节点的数量可达到 $\sum_{i=0}^{k}|\Sigma|^i$，这个问题需要与选择性剪枝一起解决。

概率后缀树是代表序列的不同后缀的层次数据结构。深度为 k 的树的节点表示长度为 k 的后缀，用长度为 k 的序列来标记。节点 $a_{i-k}, \cdots, a_i$ 的父节点对应于序列 $a_{i-k+1}, \cdots, a_i$。后者是通过去掉前者的第一个符号来获得的。每条边标记需要除去的符号，以得到父节点上的序列。因此，树中的路径对应于相同序列的后缀。每个节点还维护一个概率向量 Σ，它对应于从 $\Sigma=\{\sigma_1, \cdots, \sigma_{|\Sigma|}\}$ 产生任何符号的条件概率。因此，对于序列 $a_{i-k}, \cdots, a_i$ 的对应节点和每个 $j\in\{1, \cdots, |\Sigma|\}$，维护 $P(\sigma_j \mid a_{i-k}, \cdots, a_i)$ 的值。如前所述，它对应于在观察到 $a_{i-k}, \cdots, a_i$ 之后立即出现 σ_j 的条件概率。它提供了生成概率，这对于确定位置异常至关重要。注意，这个生成概率对于其他算法（如本章前面介绍的 CLUSEQ 算法）也非常有用。

符号集 $\Sigma=\{X, Y\}$ 上的后缀树的例子如图 15-5 所示。每个节点上的两个可能的符号生成概率分别对应于符号 X 和 Y，被放在相应节点旁边。显然，深度为 k 的概率后缀树编码了 k 阶马尔可夫模型的所有转换概率。因此，这种方法可用于高阶马尔可夫模型。

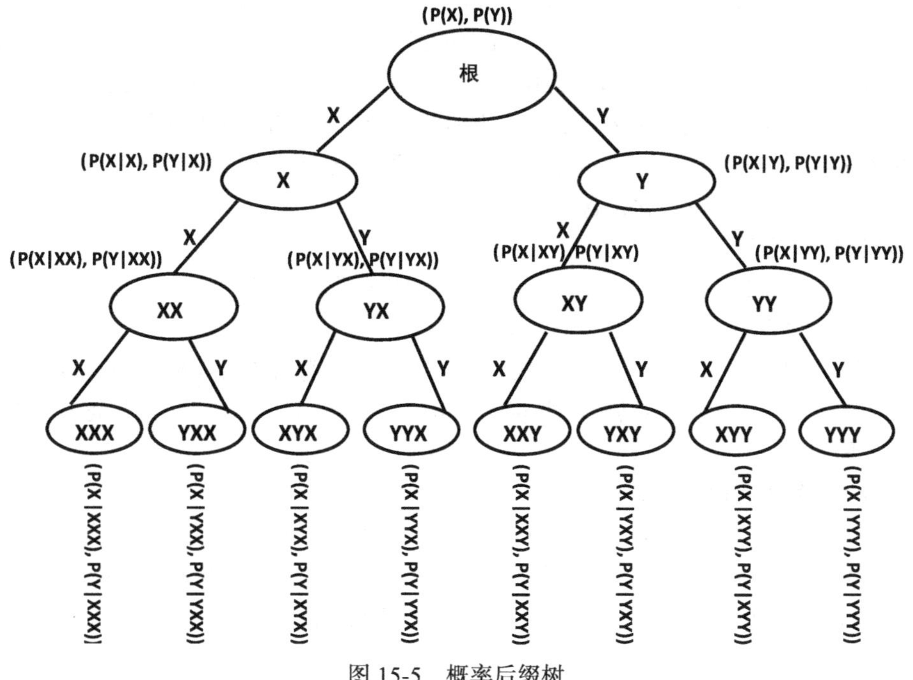

图 15-5 概率后缀树

通过显著修剪概率后缀树可以提高其紧凑性。例如，可以考虑修剪原始数据中对应于非常低的计数的后缀。此外，低生成概率的节点也可以考虑修剪。序列 $a_1, \cdots, a_n$ 的生成概率近似如下：

$$P(a_1,\cdots,a_n)=P(a_1)\cdot P(a_2\mid a_1)\cdots P(a_n\mid a_1,\cdots,a_{n-1}) \tag{15.6}$$

对于阶数 $k<n$ 的马尔可夫模型，上述等式中的 $P(a_r \mid a_1, \cdots, a_{r-1})$ 的值可用 $P(a_r \mid a_{r-k}, \cdots, a_{r-1})$ 来估计。为了创建 k 阶或更低阶的马尔可夫模型，不必保持树深度大于 k 的部分。

对于序列 $a_1, \cdots, a_i, \cdots, a_n$，想要检测位置 a_i 是不是异常，需要确定 $P(a_i|a_1, \cdots, a_{i-1})$。有可能后缀 $a_1, \cdots, a_{i-1}$ 没有出现在后缀树中，因为它可能被修剪掉了。在这种情况下，用短时记忆性来确定最长的后缀 $a_j, \cdots, a_{i-1}$，相应的概率可以由 $P(a_i \mid a_j, \cdots, a_{i-1})$ 来估计。因此，概率后缀树提供了一种高效的方法来存储和检索相关概率。含有非零的概率估计 $P(a_i \mid a_j, \cdots, a_{i-1})$ 的后缀树的最长路径的长度还提供了这个事件序列的稀有程度。在后缀树中前面只有很

短路径的位置更可能是异常值。因此，从后缀树中可以有多种方式来定义异常值的分数：

1）在一棵（经过剪枝的）后缀树中，如果只有很短的路径长度对应于位置 a_i 及其前面的历史，则该位置更可能是异常值。

2）对于后缀树中位置 a_i 的长度从 1 到 r 的所有路径，可以基于不同阶的模型使用组合分数。在某些情况下，组合分数可能只使用那些低阶模型的分数。在一般情况下，使用低阶分数更可取，因为它们通常在训练数据中有更稳健的呈现。

15.4.2 组合异常

在组合异常中，目标是确定序列中符号的异常组合。考虑一个设置，训练序列集和测试序列是一起给定的。想基于训练序列中的"正常"模式确定测试序列是否异常。在很多情况下，测试序列可能很长。因此，全序列的符号组合相对于训练序列可能是唯一的。这意味着，很难在全序列的基础上表征"正常"序列。因此，从训练序列和测试序列中提取出来一些小窗口用于比较。在通常情况下，从序列中提取的窗口会有重叠的部分，当然也不排除使用完全非重叠的窗口的情况。这些窗口称为**比较单元**。异常得分是相对于这些比较单元而定义的，人们基于该分数来探测序列中的异常窗口。下面的讨论将集中在如何确定这样的异常窗口上。

一些符号和定义被用来对训练数据库、测试序列和比较单元进行区分。

1）$\mathcal{D}$ 表示训练数据库，它包含 $T_1, \cdots, T_N$ 的序列。

2）测试序列用 V 表示。

3）比较单元由 $U_1, \cdots, U_r$ 表示。通常，每个 U_i 单元由序列 V 的小的、连续的窗口派生得到。在领域相关的场景下，$U_1, \cdots, U_r$ 也可以由用户直接提供。

模型可以是基于距离的、基于频率的，也可以是基于隐马尔可夫模型的。每一种情况将在以后的章节中讨论。因为隐马尔可夫模型是可以用于不同问题（例如，聚类、分类和异常检测）的一般架构，所以将在接下来的几个小节中分别讨论。

15.4.2.1 基于距离的模型

在基于距离的模型中，用训练序列的等宽窗口来计算比较单元的绝对距离（或相似度）。训练序列中第 k 个最近邻窗口的距离被用来作为异常得分。在序列数据的情况下，许多邻近度函数是相似度函数，而不是距离函数。在前者的情况下，较高的值表示较大的邻近度。用于计算序列对之间的相似度的一些常用方法如下。

1. 简单匹配系数

这是最简单的一种函数，用于确定两个相同长度的序列之间的匹配点的数目。这也相当于序列对之间的汉明距离。

2. 标准化的最长公共子序列

最长公共子序列可以视为两个有序集之间的余弦距离的序列模拟。令 T_1 和 T_2 为两个序列，T_1 和 T_2 之间（非标准化的）最长公共子序列的长度用 $L(T_1, T_2)$ 表示。非标准化的最长公共子序列可以使用 3.4.2 节中的方法进行计算。然后，标准化的最长公共子序列的值 $NL(T_1, T_2)$ 通过标准化 $L(T_1, T_2)$ 来计算得出。底层序列的长度计算类似于无序集合之间的余弦计算。

$$NL(T_1, T_2) = \frac{L(T_1, T_2)}{\sqrt{|T_1|} \cdot \sqrt{|T_2|}} \tag{15.7}$$

这种方法的优点是，它可以匹配不同长度的两个序列。其缺点是速度较慢。

3. 编辑距离

编辑距离是用于序列匹配最常用的相似度函数之一。这种相似度函数在第 3 章中已有讨论。这种函数通过一个序列转换到另外一个序列的最小编辑数目来度量两个序列之间的距离。编辑距离的计算代价很大。

4. 基于压缩的相异度

该度量基于信息理论的原理。设 W 是训练数据的一个窗口，$W \oplus U_i$ 代表 W 和 U_i 的连接字符串。令 $DL(S) < |S|$ 为应用标准压缩算法后的任意字符串 S 的描述长度。基于压缩的相异度 $CD(M, U_i)$ 的定义如下：

$$CD(W,U_i)=\frac{DL(W\oplus U_i)}{DL(W)+DL(U_i)} \tag{15.8}$$

这个度量值总是位于 0 到 1 的范围内，并且较低值能够更好地表明相似度。直观上，当两个序列非常相似时，合并生成的序列的描述长度要远小于原序列描述长度的总和。而当两个序列完全不同时，合并生成的序列的描述长度与原序列描述长度的总和基本一致。

为了计算训练序列 T_1 到 T_N 上的比较单元 U_i 的异常得分，首先从 T_1 到 T_N 中提取相当于比较单元大小的等宽窗口，然后将 k 邻近距离作为该窗口的异常得分。可能会得到一个异常窗口，或者多个不同窗口的分数可能被整合为一个异常分数。

15.4.2.2 基于频率的模型

基于频率的模型通常用于用户指定的特定领域的比较单元。在这种情况下，比较单元的相对频率需要在训练序列和测试序列中进行度量，并确定其“出奇”的程度。

当用户指定比较单元后，确定异常得分的一个自然的方法是度量训练和测试模式中比较单元 U_j 的频率。例如，当一个序列中包含一个黑客企图时，比如登录和尝试密码事件的序列，相比于训练序列，该序列在测试序列中会有更高的频率。这种用户提供相关比较单元的模式为领域外的人分析应用提供了非常有用的领域知识。

$f(T, U_j)$ 代表比较单元 U_j 在序列 T 中出现的次数。因为 $f(T, U_j)$ 的频率依赖于序列 T 的长度，所以归一化的频率 $\hat{f}(T,U_j)$ 可以通过将频率除以该序列的长度来获得。

$$\hat{f}(T,U_j)=\frac{f(T,U_j)}{|T|}$$

然后，相对于测试序列 V，训练序列 T_i 的异常得分 $A(T_i, V, U_j)$ 是通过从测试序列中减去训练序列的相对频率来得到的，其定义如下：

$$A(T_i,V,U_j)=\hat{f}(V,U_j)-\hat{f}(T_i,U_j)$$

这些分数的平均值的绝对值是在数据库 $\mathcal{D}=T_1, \cdots, T_N$ 中的所有序列上计算得到的。这代表最终异常得分。

这种方法的一个有用输出是用户指定的认为最反常的比较单元的特定子集。它提供了一些分析反馈来说明为什么一个特定的测试序列应该被认为是异常的。一种叫作 TARZAN 的方法使用后缀树来有效地确定测试序列和训练序列的比较中所有的异常子序列。关于该方法读者可以参考文献注释。

15.5 隐马尔可夫模型

隐马尔可夫模型（HMM）是一种概率模型，它通过马尔可夫链中的状态转移概率来生成序列。HMM可以用于聚类、分类和异常检测，因此，该模型在序列分析中被广泛应用。例如，15.3.4.2节中的聚类分析使用HMM作为子程序。为了促进理解，本小节使用HMM进行异常检测。15.6.5节将介绍使用HMM进行分类。

那么HMM和本章前面介绍的马尔可夫链技术有何不同呢？在马尔可夫链中，每个状态的定义根据是序列的最后 k 个元素。由于状态是根据长度为 k 的最新序列组合来定义的，因此对于用户来说，每个状态是直接可见的。因此，根据特定输入字符串的状态和序列位置之间的对应关系，马尔可夫模型的生成行为都是*确定的*。

在隐马尔可夫模型中，系统的真实状态是*隐藏的*，对用户并不直接可见。用户只能观察到一个离散的序列，该序列是由真实状态产生的符号结果。通常，生成的符号序列对应于特定应用的序列数据。在许多情况下，分析师在建模阶段尽管还不能充分理解确切的状态序列，但是会根据对系统行为的理解来定义状态。这就是这种模型称为“隐”模型的原因。

HMM中的每个状态会以*特定的发射概率*关联一组符号，记作 Σ。即状态 j 会以概率 $\theta^j(\sigma_i)$ 产生符号 $\sigma_i \in \Sigma$。相应地，HMM中的转移序列对应于*观察到的数据序列*。HMM可以看成第6章中的混合模型，只是不同的组件之间不再是独立关系，而是序列关联关系。因此，每个状态类似于第6章的多维混合模型中的一个组件。而模型产生的每个符号则类似于多维混合模型所产生的一个数据点。此外，和多维混合模型不同的是，连续生成的数据项之间不再是相互独立的关系。这是由于生成连续数据的“隐状态”之间存在相应的概率转换关系。和多维混合模型不同，HMM的出发点是分析存在时序关系的数据。

为了更好地理解HMM，这里给出一个使用HMM进行异常检测的例子。考虑如下场景：一群学生注册了一门课程，通过完成每周的作业，产生一个分数序列。将评分符号集记作 $\Sigma=\{A, B\}$。*分析师设定的模型如下*：班级里的学生有“*勤奋*”(doer)和“*懒惰*”(slacker)两个状态，在各个状态下有相应的得分概率。“勤奋”状态的学生有时可能会变“懒惰”，反之亦然。这表示系统中的两个状态。将每周的家庭作业分发给每个学生，并得到评分集 Σ 中的一个符号作为分数。从而为每个学生生成一个分数*序列*，这是分析师*能够观察到的*唯一结果。学生的状态仅仅是分析师为了解释分数序列而创建的*模型*，状态本身是不可见的。如果模型本身并不能反映真实的生成过程，则该模型学习的质量会受到影响，理解这一点很重要。

假设“*勤奋*”状态下的学生更有可能得A，80%的概率得A，20%的概率得B。而在“*懒惰*”状态下，80%的概率得B，20%的概率得A。虽然这里明确给出了这些概率，但仅仅是为了解释，需要从观察得到的分数序列中*学习*这些参数，即它们并非*先验*参数。在任何给定时间，分析师并不知道任何学生的确切状态。事实上，这些分数是唯一能够*观察*得到的输出。因此，从分析师的角度来看，这是个*隐*马尔可夫模型，即从*未知*的状态序列（代表学生状态转移）生成分数序列。而确切的状态转移序列只能从观察到的那些序列中*学习*得到。

图15-6描述了上述隐马尔可夫模型。模型包含两个状态，即“*勤奋*”和“*懒惰*”，表示学生在某个星期内的状态。学生可能每周都会发生状态变化，虽然这个可能性很小。假设“*勤奋*”和“*懒惰*”状态的先验分布由一组初始状态概率控制，该分布是在开始课程时对学生的先验知识。图15-6给出了一些典型的分数序列和对应的罕见级别。例如，序列“AAABAAAABAAAA”很可能是经常处于“*勤奋*”状态的学生的成绩，序列“BBBBABBBABBBB”则很可能是“*懒惰*”者的成绩。和第一个序列相比，第二个序列则较少出现，因为人群中总是“*勤奋*”的学生居多[⊖]。序列“AAABAAABBABBB”则表示一

⊖ 这里有个假设，即初始的状态概率与使用图15-6中的转移概率所构建模型的稳定状态时的行为大致相同。

个“勤奋”的学生最终变得“懒惰”。这种情况更加罕见，因为从“勤奋”状态变成“懒惰”状态的概率极低。序列“ABABABABABABA”非常异常，因为这和模型中“勤奋”和“懒惰”的行为模式不符。相应地，这一序列拟合模型的概率很低。

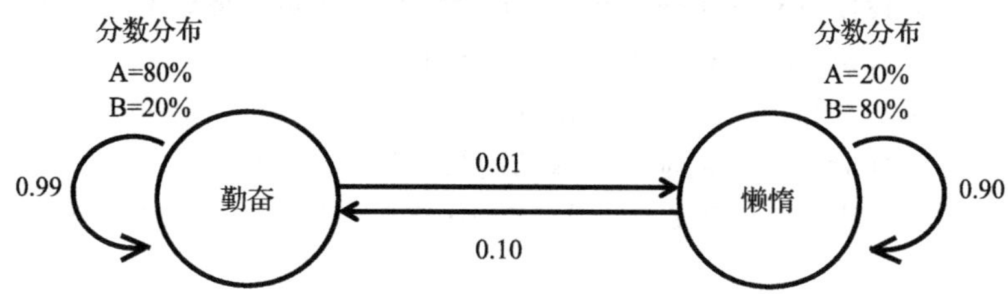

几个学生分数序列的例子

AAABAAAABAAAA	勤奋(很普遍)
BBBBABBBABBBB	懒惰（不普遍）
AAABAAABBABBB	勤奋变成懒惰（非常罕见）
ABABABABABABA	不可预测（极其罕见）

图 15-6　利用隐马尔可夫模型生成分数序列

在马尔可夫模型中，可以利用大量的状态对更加复杂的场景进行编码。可以使用状态描述不同的生成情景，以实现对领域知识的编码。对于之前的例子，考虑如下情景：“勤奋”的学生有时候松懈一小段时间，之后恢复平时状态。或者是，“懒惰”者有时候奋发图强，变成“勤奋”的学生。这些小插曲会造成序列的局部部分和其余序列完全不同。可以使用4状态马尔可夫模型描述这些场景，如图15-7所示。状态数量越多，模型能够描述的情景越复杂。当然，需要更多的训练数据来学习（大量）的参数，否则会产生过拟合问题。对于小数据集，对转移概率和发射概率的估计不够准确。

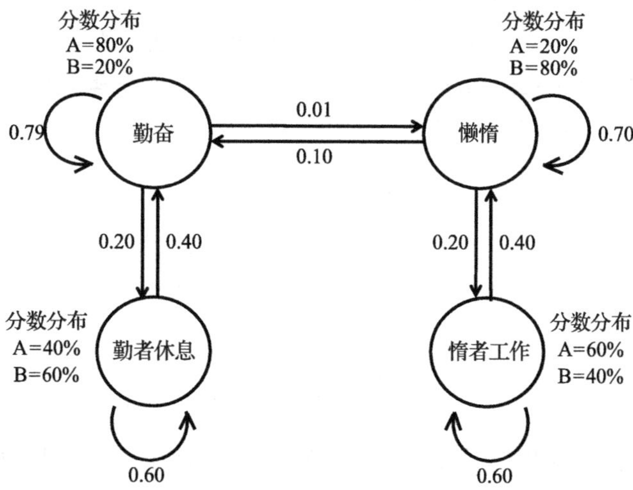

图 15-7　将图 15-6 中的模型增加两个状态从而得到表达能力更强的序列模型

15.5.1　HMM 的正式定义

本小节正式给出隐马尔可夫模型的定义和训练方法。假设隐马尔可夫模型包含 n 个状

态，记作 $\{s_1, \cdots, s_n\}$。这些状态之间的转移会生成可以观测到的符号序列，将生成的符号集记作 $\Sigma=\{\sigma_1, \cdots, \sigma_{|\Sigma|}\}$。对状态的每次访问（包括自转移），会根据特定的概率分布[⊖]从符号集 Σ 中生成一个符号，该概率分布称为符号发射分布。将从状态 s_j 生成符号 σ_i 的概率 $P(\sigma_i|s_j)$ 记作 $\theta^j(\sigma_i)$。状态 s_i 转移为 s_j 的概率记作 p_{ij}。n 个状态的初始状态概率记作 $\pi_1, \cdots, \pi_n$。可以使用网络 $G=(M, A)$ 来表示模型的拓扑结构，其中 M 为状态集 $\{s_1, \cdots, s_n\}$，A 为可能的状态转移集合。通常来看，模型的架构来自对领域的理解，集合 A 并不是完整的网络。在领域知识不充分的情况下，集合 A 可以对应于完整的网络，包括自转移。

HMM 模型的训练目的是从训练数据库 $\{T_1, \cdots, T_n\}$ 中学习初始状态的概率、转换概率以及符号发射概率。

建立和使用隐马尔可夫模型时通常使用三种方法。

- **训练**：给定一组训练序列 $T_1, \cdots, T_N$，估计模型参数——初始概率、转换概率以及用期望最大化算法得到的符号发射概率。鲍姆韦尔奇算法的目的就是如此。
- **评估**：给定一个测试序列 V（或者比较单元 U_i），确定它符合 HMM 的概率。这被用来确定异常得分。使用前向递归算法来计算异常得分。
- **说明**：给定一个测试序列 V，确定生成这个测试序列最可能的状态序列。这对理解为什么认为一个序列是异常的（在异常检测中）或者属于一个特定的类（在数据分类中）很有帮助。其思想是状态对应于底层系统的一个直观理解。在图 15-6 的例子中，这对了解一个观测序列的异常状态很有帮助，因为可以描绘一个学生在“勤奋”和“懒惰”之间的不正常波动。它为理解一个系统的状态提供了内涵知识。最有可能的状态序列用 Viterbi 算法计算得到。

由于训练过程的描述依赖于评估方法的技术思路，因此调整介绍的自然顺序，在最后才介绍训练算法。评估和说明技术将假设诸如转移概率等模型参数已经在训练阶段获得。

15.5.2　评估：计算观察序列的拟合概率

一个用于确定一个序列 $V = a_1, \cdots, a_m$ 的拟合概率的方法是枚举 HMM 中所有 n^m 个可能的状态序列（路径）。基于观察到的序列、符号生成概率和转换概率来计算每个状态序列的概率。这些值的和即为拟合概率。然而，这样的方法显然是不切实际的，因为它需要指数级的时间复杂度。

减少计算量的一种方法是在计算前 r 个符号（和第 r 个状态的固定值）时递归地使用前 $(r-1)$ 个观察符号（和第 $(r-1)$ 个状态的固定值）的拟合概率来进行计算。具体地，令 $\alpha_r(V, s_j)$ 为模型生成序列 V 的前 r 个符号的概率，s_j 是序列中最后一个状态。递归运算的递推式如下：

$$\alpha_r(V,s_j)=\sum_{i=1}^{n}\alpha_{r-1}(V,s_i)\cdot p_{ij}\cdot\theta^j(a_r)$$

这种方法递归地对不同的 n 个倒数第二个节点 s_i 所对应的 n 条路径的概率求和。上述递推式迭代地应用于 $r=1, \cdots, m$。第一个符号（$r=1$）的概率为 $\alpha_1(V,s_j)=\pi_j\cdot\theta^j(a_1)$，作为递归的初始值。这种方法需要 $O(n^2\cdot m)$ 的时间复杂度。总概率可通过将所有可能状态 s_j 的 $\alpha_m(V,s_j)$ 值相加来计算得到，最终拟合 $F(V)$ 计算如下：

⊖　隐马尔可夫模型也可以用来生成连续时间序列，但在时间序列分析中不常用。

$$F(V)=\sum_{j=1}^{n}\alpha_m(V,s_j)$$

此算法也称作**前向算法**。需要注意的是，拟合概率可直接应用于许多问题，比如分类和异常检测，这取决于 HMM 的构造过程是有监督的还是无监督的。通过为每个类构建单独的 HMM 可以为测试序列找到更好的拟合类。拟合概率在诸如数据聚类、分类和异常检测等问题中非常有用。在数据聚类和分类中，拟合概率通过创建一组特定的 HMM 来模拟一个序列属于一个簇或类的概率。在异常检测中，可以找出那些与全局 HMM 不拟合的序列作为异常。

15.5.3 说明：确定观察序列的最优状态序列

许多数据挖掘问题的目的之一是针对为什么序列只拟合数据中的一部分（比如类或者簇），或者对整个数据集都不拟合（比如异常）的情况提供一种解释。（隐藏的）生成状态的序列通常为观测序列提供了一种直观的解释，所以有时候对观测序列确定*最优的*（即最有可能的）*状态序列*十分有用。Viterbi 算法提供了一个有效的方法来确定最优状态序列（路径）。

确定测试序列 $V=a_1, \cdots, a_m$ 的最优状态路径的一种方法是计算 HMM 中所有 n^m 种可能的状态序列（路径），并基于观测序列、符号生成概率以及转换概率计算出每个路径为真实状态序列的概率。这些概率中的最大值所对应的路径即为最优路径。需要注意的是，这是一个类似于拟合概率的问题，只是它需要确定*最大*拟合概率，而不是所有拟合概率之*和*。相应地，可以使用之前类似的递归方法来确定最优状态序列。

任何最优状态路径的子路径必然也是产生对应符号子序列的最佳路径。针对这种性质，最优化选择问题通常能使用动态规划的算法。对于生成前 r 个符号的最优状态路径（假设第 r 个状态固定为 j）可以递归地结合前 $(r-1)$ 个可观测符号所对应的最优状态路径与不同的倒数第二个状态计算得出。具体地，令 $\delta_r(V,s_j)$ 为生成前 r 个符号并且最后状态为 s_j 的最佳状态序列所对应的概率，其递推式如下：

$$\delta_r(V,s_j)=MAX_{i=1}^{n}\delta_{r-1}(V,s_i)\cdot p_{ij}\cdot\theta^j(a_r)$$

该方法递归计算 n 条不同路径的概率，每条路径对应于不同的倒数第二个节点，最后取概率最大的路径。此方法被递归应用于 $r=1,\cdots,m$。初始的第一个概率值为 $\delta_1(V,s_j)=\pi_j\cdot\theta^j(a_1)$。这种方法需要 $O(n^2\cdot m)$ 的时间复杂度。最终的最优路径通过枚举所有可能状态 s_j 所对应的 $\delta_m(V,s_j)$ 的最大值来计算得出。这种方法本质上是一种动态规划算法。在学生分数异常的例子中，Viterbi 算法会发现“*勤奋*”和“*懒惰*”状态之间的波动是异常行为的起因。在聚类应用中，“*勤奋*”状态的持续出现将说明勤奋学生的簇。

15.5.4 训练：鲍姆韦尔奇算法

隐马尔可夫模型（HMM）的参数学习是非常困难的，没有任何已知的算法能够保证全局最优。然而，在多数情况下还是有很多高效的方法供我们选择，鲍姆韦尔奇（Baum-Welch）算法就是其中一种，它又名**前向后向算法**，使用 EM 算法近似生成 HMM。首先，我们讨论使用单个序列 $T=a_1, \cdots, a_m$ 来学习模型；随后，再将其直观地推广到 N 个序列 $T_1, \cdots, T_N$ 的情况。

令 $\alpha_r(T, s_j)$ 为前向概率，它代表在长度为 m 的序列 T 中前 r 个符号由模型产生的概率；序列中的最后一个符号为 s_j。令 $\beta_r(T, s_j)$ 为后向概率，它代表序列在第 r 个符号之后（不包括位置 r）的那部分由模型产生的条件概率，其条件为在位置 r 上的状态是 s_j。因此，前向和后向概率的定义不是对称的。概率模型中的前向和后向概率能通过 15.5.2 节中提供的估算方法去近似地计算。后向概率的主要区别在于是从序列的最后开始计算的。此外，另一个区别是递归算式中概率值 $\beta_{|T|}(T, s_j)$ 的初始值为 1。描述 EM 算法还需要定义两种附加的概率量。

- $\psi_r(T, s_i, s_j)$：序列 T 的第 r 位对应于状态 s_i 且第 $(r+1)$ 位对应于状态 s_j 的概率。
- $\gamma_r(T, s_i)$：序列 T 的第 r 位对应于状态 s_i 的概率。

EM 算法开始时要随机初始化所有的模型参数，然后用模型参数迭代计算 $(\alpha(\cdot), \beta(\cdot), \psi(\cdot), \gamma(\cdot))$ 概率，反过来再计算出模型参数。具体来说，EM 迭代计算步骤如下：

- **（E 步骤）**依据模型参数的当前估计值 $(\pi(\cdot), \theta(\cdot), p, \cdots)$ 去估计 $(\alpha(\cdot), \beta(\cdot), \psi(\cdot), \gamma(\cdot))$。
- **（M 步骤）**依据当前的概率估计值 $(\alpha(\cdot), \beta(\cdot), \psi(\cdot), \gamma(\cdot))$ 去估计模型参数 $(\pi(\cdot), \theta(\cdot), p, \cdots)$。

接下来就需要解释上面这些估计是怎么做的。在前向和后向的执行过程中分别得到 $\alpha(\cdot)$ 和 $\beta(\cdot)$ 的值，前向过程已经在评估那一节里描述过了，而后向过程与前向类似，不同点在于后向过程从序列后面开始计算。$\psi_r(T, s_i, s_j)$ 的值等于 $\alpha_r(T, s_i) \cdot p_{ij} \cdot \theta^j(a_{r+1}) \cdot \beta_{r+1}(T, s_j)$，因为序列产生的过程能分为三个部分，它们对应于第 r 位及之前的部分、第 $(r+1)$ 个符号的生成以及之后的部分。将不同 $[i, j]$ 对上的和标准化为 1 后，$\psi_r(T, s_i, s_j)$ 的评估值就可以视为标准化的概率向量了。通过计算 $\psi_r(T, s_i, s_j)$ 的值（固定 i，变化 j）的总和来得到 $\gamma_r(T, s_i)$ 的估计值。这就完成了 E 步骤的全部步骤。

M 步骤通过迭代计算出参数，也非常直接。定义一个二元函数 $I(a_r, \sigma_k)$，当两个参数值 a_r 和 σ_k 一样时函数取值为 1，其他情况则取值为 0，其评估能表示为：

$$\pi(j) = \gamma_1(T, s_j),\ p_{ij} = \frac{\sum_{r=1}^{m-1} \psi_r(T, s_i, s_j)}{\sum_{r=1}^{m-1} \gamma_r(T, s_i)}$$

$$\theta^i(\sigma_k) = \frac{\sum_{r=1}^{m} I(a_r, \sigma_k) \cdot \gamma_r(T, s_i)}{\sum_{r=1}^{m} \gamma_r(T, s_i)}$$

基于最大期望准则能精确地算出这些估计量，读者可以参考文献 [327]。这就完成了整个 M 步骤。

和在所有 EM 算法中一样，使用迭代计算最后达到收敛。这个方法可以很容易推广到 N 个序列。其基本思想是将上述步骤应用在每个序列上，并且在每一步中计算模型参数的均值。

15.5.5 应用

隐马尔可夫模型可以应用于很多序列挖掘问题，例如聚类、分类、异常检测等。在聚类中的应用已经在 15.3.4.2 节中提到，在后面 15.6.5 节中将探讨分类方面的问题。本小节将关注异常检测问题。

理论上，一旦通过序列数据库 $\mathcal{D}=T_1, \cdots, T_N$ 构建出训练模型，就可以直接用该模型计算出测试序列 V 的异常得分。但是，随着测试序列长度的增大，模型的鲁棒性会减小。因此，一般会使用比较单元（从序列中提取或者由领域专家指定）来计算序列窗口的异常得分。多窗口的异常得分能用一个简单函数进行组合，诸如直接使用序列中异常窗口的数量。

一些方法使用了维特比（Viterbi）算法在测试序列中挖掘最优状态序列。在一些领域中，研究（隐藏的）状态序列要比观察符号序列更容易发现异常，而且，拥有较低转移概率的那部分状态序列会指示出符号序列的异常位置。其不足之处在于往往最优状态序列生成符号序列的概率仍旧非常低。因此，使用估计的状态序列做异常检测往往并不能反映出数据中的真实异常。维特比算法的实际效用在于通过那些直观上可以理解的序列状态而不是通过异常得分的量化来对异常行为提供一种解释。

15.6 序列分类

假设有 N 个序列，用 $S_1, \cdots, S_N$ 表示，它们可用于构建学习模型。每个序列都有一个 $\{1, \cdots, k\}$ 中的标签，这些训练数据可用于构造一个能够预测未知测试序列的标签的模型。由于时间序列和离散序列的时间特性，许多的建模技术（比如最近邻分类器、基于规则的方法和基于图的方法）都是这两种数据类型常用的方法。

15.6.1 最近邻分类器

最近邻分类器对于不同的数据类型都有很广泛的应用，这当然也包括离散序列数据。10.8 节描述了多维数据的最近邻分类器。对于离散序列数据，主要的区别是在用于最近邻分类的相似度函数上。3.4.1 节和 3.4.2 节讨论了用于离散序列的相似度函数。它的基本方法与在多维数据中相同。对于任意的测试实例，它能够确定训练数据中的 k 个最近邻居。将这 k 个最近邻中主要的标签当作与这个测试实例相关的一个标签。k 的最优值可以用 Leave-One-Out 交叉验证方法确定。该方法的效果对于距离函数的选择十分敏感。主要的问题在于，序列中的噪声部分会影响全局相似度函数。一个常见的方法是使用基于关键字的相似度，从字符串中提取 n-gram 来构建向量空间上的表示。最近邻分类器或者其他分类器能够用这些表示来进行构造。

15.6.2 基于图的方法

这个方法是一个半监督的算法，因为它结合了训练样例和测试实例中的知识来进行分类。此外，这个方法是直推式的，因为一般来说不可能构造出测试实例的无样本（out-of-sample）分类器。训练和测试实例必须同时进行指定。11.6.3 节介绍了用于半监督分类的相似图的使用。基于图的方法可作为一般化的半监督式的元算法，来用于任何数据类型。基本的方法就是从训练和测试实例中构造一个相似图 $G=(V, A)$，V 中的每个节点都对应于一个训练或测试实例。G 中标记的节点对应于训练数据中的实例，而未标记的节点对应于测试数据中的实例。V 中的每个节点与它的 k 个最近邻居有一条无向边，记录在 A 中。相似度可以使用 3.4.1 节和 3.4.2 节中的任意一个距离函数来计算。在所得的网络中，一部分节点有标记，剩下的节点无标记。N 中指定标签的节点被用于预测那些未知的节点标签。这个问题称为**协同分类**。19.4 节将讨论协同分类的多种方法。这些节点的派生标签会被映射回数据对象。如同最近邻分类一样，这个方法的有效性在于它对用于构造图的距离函数的选择非常敏感。

15.6.3 基于规则的方法

序列分类的一个主要挑战就是序列中的很多部分是有噪声的，这些噪声与类标签不是很相关。在一些情况下，两个符号组成的短模式可能与分类相关；而在其他情况下，许多符号组成的长模式可用于判别分类。在某些情况下，判别模式甚至可能不是连续出现的。这个问题在 14.7.2.1 节介绍时间序列分类器时进行了讨论。然而，离散序列可以利用二元化转换成二元时间序列。这些二元时间序列可转换成多维小波表示。我们在 2.2.2.6 节中进行了详细描述，在此为了完整性再描述一次。

第一步是将离散序列转换成一组（二元）时间序列，其中时间序列的数量等于不同符号的数量。第二步是使用小波变换将每个时间序列映射到一个多维向量。最后，不同序列的特征可以组合建立一个单一的多维记录。在这个多维表示上进行基于规则的分类。

为了将一个序列转换为二元时间序列，可以创建二元字符串，其中每个位置的值表示在该位置上是否存在一个特定符号。例如，考虑由四个符号组成的核苷酸序列：

ACACACTGTGACTG

该序列可转换成下面一组四个二元时间序列，分别对应于符号 A、C、T 和 G。

10101000001000
01010100000100
00000010100010
00000001010001

可以应用小波变换到每个序列来创建多维的特征集合。将四个不同序列中的特征连接在一起可创建出一个单一的多维数值记录。如此获得了多维表示之后，任何基于规则的分类器都可以使用。因此，数据分类的总体方法如下：

1）对 N 个序列中的每一个生成小波表示，如上所述创建 N 个多维数值表示。

2）离散化小波表示来创建时间序列小波变换的类别表示。因此，每个类别属性值表示小波系数的数值范围。

3）使用 10.4 节中描述的任意基于规则的分类器来生成一组规则。左侧的模式代表不同粒度的模式，是通过左侧的小波系数的组合来定义的。

规则集合生成之后，它首先将测试序列转换为相同的基于小波的多维数值表示，随后可以对任意的测试序列进行分类。这种表示与所有被激发的规则一起被用于分类操作。这种方法在 10.4 节中进行了讨论。不难看出，这种方法是时间序列的基于规则分类的离散版本，如 14.7.2.1 节所述。

15.6.4 内核 SVM

内核 SVM 可以构造基于训练实例和测试实例之间内核相似性的分类器。正如 10.6.4 节所讨论的，内核 SVM 只需要知道任意两个对象间的内核相似特征向量 $K(Y_i, Y_j)$，而不需要知道记录的特征值。在这种情况下，这些数据对象都是字符串。不同类型的内核在字符串分类应用中很流行。

15.6.4.1 词袋内核函数

在词袋的内核中，将字符串作为一袋字母，每个字母的频率等于该类型字母在字符串内的出现次数。可以将其看成这个字符串的向量空间。注意，一个文本文件可以看成一个字符数为文件长度的字符串，因此，变换 $\Phi(\cdot)$ 可以看成几乎等同于整个文本文件的向量空间的转换。如果 $\overline{V(Y_i)}$ 是一个字符串的向量空间表示，那么内核相似度就等于相应的向量空间表示的点积。

$$\Phi(Y_i) = \overline{V(Y_i)}$$
$$K(Y_i, Y_j) = \Phi(Y_i) \cdot \Phi(Y_j) = \overline{V(Y_i) \cdot V(Y_j)}$$

这种内核的主要劣势在于丢失了字母间的位置信息。对于字母表很大的数据该方法非常有效。比如文本文件，其字母表（即词典）大小一般为几十万字。然而，对于较小规模的字母表来说，这些丢失的信息在构造分类器时就显得非常关键。

15.6.4.2 谱内核函数

词袋的内核没有考虑字符串中的顺序信息，谱内核通过从字符串中提取 k 聚体（k-mer）来构建向量空间表示，从而解决了这一问题。最简单的谱内核从所有字符串中提取 k 聚体，并用它们来生成向量空间表示。例如，对于字符串 ATGCGATGG（构造于字母表 $\Sigma=\{A, C, T, G\}$ 之上），$k=3$ 的谱表示如下：

ATG(2), TGC(1), GCG(1), CGA(1), GAT(1), TGG(1)

括号中的值对应于向量空间表示中的频率，这对应于用来定义内核相似度的特征映射 $\Phi(\cdot)$。可以通过在内核中引入一个*失配的邻居*来对谱内核做增强。不是仅仅将抽取出的 k 聚体加入特征映射，而是把所有与该 k 聚体 m 失配（即编辑距离为 m）的 k 聚体都加入其中。比如，在失配级别 $m=1$ 的情况下，下面的 k 聚体将会被添加到每一个 ATG 实例的特征映射中：

CTG, GTG, TTG, ACG, AAG, AGG, ATC, ATA, ATT

对 k 聚体中的每个元素重复这个过程，每个邻域元素都会被加入特征映射中。点积操作将在扩展的特征映射上执行。添加失配特征的理由在于可以提高相似度计算的抗噪声能力。词袋内核可以看成 $k=1$ 且没有考虑失配的一种特殊谱内核。使用字典序树或后缀树可以很有效地计算谱内核。在文献注释中提供了这种高效计算方法的文献指引。谱内核的优势在于它可以提供一种与直观相符的方式来计算两个字符串的相似度，并且两个字符串的长度可以相差很多。

15.6.4.3 加权度内核

前两种内核函数直接定义了特征映射 $\Phi(\cdot)$，很大程度上忽略了不同 k 聚体间的顺序信息。加权度内核直接定义 $K(Y_i, Y_j)$，而不是显式地定义特征映射 $\Phi(\cdot)$。这种做法深得内核函数的精髓。考虑两个长度均为 n 的字符串 Y_i 和 Y_j，令 $KMER(Y_i, r, k)$ 代表从 Y_i 中 r 位置开始提取的 k 聚体。加权度内核计算的相似度为指定最大长度的、在两个字符串对应位置完全匹配的 k 聚体的数量。因此不同于谱内核，加权度内核使用不同长度的 k 聚体，同时对值为 s 的长度的贡献使用 β_s 进行加权。换句话说，加权度内核定义如下：

$$K(Y_i, Y_j) = \sum_{s=1}^{k} \beta_s \sum_{r=1}^{n-s+1} I(KMER(Y_i, r, s) = KMER(Y_j, r, s)) \tag{15.9}$$

在这里，$I(\cdot)$ 是一个二元指示函数，匹配时返回 1，失配时返回 0。相对于谱内核来说，加权度内核的一个缺点是它要求字符串 Y_i 和 Y_j 长度相同。可以通过允许在匹配过程中进行偏移来在一定程度上解决该问题。相关文献指引可在本章文献注释中找到。

15.6.5　概率方法：隐马尔可夫模型

隐马尔可夫模型是序列分析中的一种重要分析方法。在 15.3.4.2 节和 15.5 节中，我们已经介绍了如何在聚类和异常检测中使用隐马尔可夫模型，在本小节中将利用隐马尔可夫模型进行序列分类。事实上，隐马尔可夫模型的主要应用就是解决分类问题。隐马尔可夫模型在生物计算领域很受欢迎，经常用于对蛋白质做分类。

使用隐马尔可夫模型进行分类的基本方法是，为每一类数据创建一个单独的隐马尔可夫模型。因此，假设有 k 个分类，相应地，会创建 k 个不同的隐马尔可夫模型。用 15.5.4 节中介绍的鲍姆韦尔奇算法来训练每一个隐马尔可夫模型。对给定的测试序列，用 15.5.2 中描述的算法来对 k 个模型中的每一个进行测试序列的拟合。其中最匹配的类可以认为是相关类。综上所述，使用隐马尔可夫模型进行训练和测试的全过程如下：

1）（训练）对 k 个类中的每一个使用 15.5.4 节中描述的鲍姆韦尔奇算法来构建一个单独的隐马尔可夫模型。

2）（测试）对给定的序列 Y，使用 15.5.2 节中描述的评估过程来计算 k 个不同的隐马尔可夫模型的拟合概率，从中选出对测试序列的拟合概率最高的隐马尔可夫模型所对应的分类。

这种基本方法有许多变种，可用来在不同的效率和效果之间进行权衡。本章文献注释包含其中一些方法的文献指引。

15.7　小结

离散序列挖掘和时间序列数据挖掘密切相关，就如同类别型数据挖掘和数值型数据挖掘密切相关一样。因此，这两个领域的许多算法也是非常相似的。在计算生物学中 DNA 序列可编码为一个字符串，离散序列挖掘就起源于此。

序列的模式挖掘问题是发现序列数据库中的高频序列。高频序列挖掘中的 GSP 算法基于 Apriori 方法。因为这两个问题之间的紧密联系，所以大多数高频模式挖掘可以概括地认为是离散序列挖掘的一种相对简单的情况。

只要能够对序列定义出一个高效的相似度函数，许多多维聚类的方法就能够应用于序列聚类。比如 k-medoids 方法、分层方法和基于图的方法。一个有趣的思路是把序列转换成 k-gram 的集合。对这种表示可以使用文本聚类算法。此外，我们还介绍了一系列的特殊算法，如 CLUSEQ。基于概率的方法使用多个隐马尔可夫模型的混合来进行序列聚类。

序列数据的异常分析和时间序列数据的异常分析相似。位置异常一般使用马尔可夫模型基于概率来判定。组合异常可以由基于距离或频率的方法或隐马尔可夫模型来得到。隐马尔可夫模型是一种非常普遍的序列分析工具，经常在各种类型的数据挖掘中使用。隐马尔可夫模型可以认为是复合模型，这种模型中的每一个状态是由前面的状态决定的。

多维分类问题中的很多技术能够用于离散序列分类。包括最近邻方法、基于图的方法、基于规则的方法、隐马尔可夫模型和内核 SVM。人们设计出了很多字符串内核用于更高效的序列分类。

15.8 文献注释

计算生物学领域对序列挖掘问题研究得非常深入。Gusfield 的经典书籍 [244] 介绍了计算生物学中的序列挖掘算法。这本书还包含一篇极好的综述，该综述概括了字符串、树、图的绝大多数其他重要的相似性度量。这本书详细地讨论了字符串索引。[283,432] 讨论了针对时间序列相似度的转换规则，这些规则能够用于创建针对连续时间序列的类似编辑距离的度量方法。针对字符串编辑距离的算法见 [438]。[141] 讨论了通过什么方法能够使 L_p 范数和编辑距离结合起来。在 [77, 92, 270, 280] 中能够找到最长公共子序列（LCS）问题的算法，而 [92] 是一个针对这些算法的综述。许多其他的时间序列和序列的相似性度量方法可参考 [32]。在本书第 3 章中详细介绍了时间序列和离散序列的相似性度量，更早的介绍则在 Gunopulos 和 Das 所编写的教程 [241] 中。在计算生物学领域，BLAST 系统 [73] 是最流行的匹配工具之一。

序列的模式挖掘最早是 [59] 提出的。该文献介绍了 GSP 算法，GSP 算法是 Apriori 算法的一个简单变体。大多数高频模式挖掘问题能够扩展为序列的模式挖掘，因为这两者之间存在联系。在第 4 章中讨论了大多数高频模式挖掘的算法。Savasere 等人提出的垂直数据结构 [446] 被一般化地推广为 SPADE[535]，同时，FP-growth 算法也被推广为 PrefixSpan[421]。TreeProjection 算法也被一般化地推广来解决序列挖掘问题 [243]。PrefixSpan 方法和基于 TreeProjection 的方法都是将数据库投影和候选搜索空间与枚举树的探索相结合来进行的。本章的描述是这两个相关工作 [243, 421] 的简要介绍。基于约束的序列查找算法在 [224,346] 中有所讨论。[392] 是最近的一篇关于序列模式挖掘的综述。

序列数据聚类问题有着广泛的研究。[32] 是一篇关于生物学领域的数据聚类的综述。[523] 讨论了 CLUSEQ 算法的细节，同样也讨论了 CLUSEQ 算法中使用的概率后缀树。最早的基于高频序列的聚类方法在 [242] 中有所介绍。用于高频序列挖掘的 CONTOUR 方法见 [505]，这种方法结合了高频序列挖掘和微聚类来对序列进行聚类。隐马尔可夫模型在离散序列聚类中的使用在 [474] 中有所讨论。

大量的研究工作专注于基于时间的异常检测，以及针对离散序列的异常检测。[237] 是一篇关于基于时间的异常检测的综述。[5] 包含了一些基于时间的异常点和离散序列异常点的检测工作。[132] 是另一篇关于离散序列异常检测的综述。两个著名的使用马尔可夫技术来查找位置异常点的技术见 [387, 525]。组合异常检测通常使用窗口技术，这种技术主要比较从序列中提取出的用于分析的单元 [211, 274]。基于信息论的压缩的相似度理论见 [311]。用来确定比较单元的出奇程度的基于频率的方法在 [310] 中有所讨论。该文献中讨论的 TARZAN 算法使用后缀树来实现高效计算。[327] 是一篇关于隐马尔可夫模型的一般综述。

序列分类问题的详情请查阅综述文献 [33, 516]。序列分类的小波方法请查阅 [51]。[85] 描述了 SVM 分类中各种不同的字符串内核。[327] 讨论了字符串分类中隐马尔可夫模型的使用。

15.9 练习题

1. 给定字母表 Σ={A, B, C, D} 上定义的序列 ABCDDCBA 和序列 CCCCDDDD。分别计算长度为 1 的所有 *k* 聚体（*k*-mer）的向量空间，和长度为 2 的 *k* 聚体的向量空间。
2. 实现序列模式挖掘的 GSP 算法。

3. 思考序列模式挖掘问题的一种特殊情况，假设元素都是单一项。讨论GSP算法和基于候选树结构的算法的不同之处。
4. 探讨 k-medoids 算法和基于图的方法如何推广到任意数据类型的聚类。
5. 本章介绍了几种字符串内核用于SVM分类。你是否可以利用字符串内核来实现其他数据挖掘应用？
6. 讨论在序列数据中探索异常位置的马尔可夫模型和在时间序列数据中探索异常点的自回归模型的异同。
7. 用GSP算法写一段在集合中判定所有最高频率的子序列的计算机程序。实现一个程序，用这些子序列以向量空间表示的形式来表达序列数据库中的序列。基于该向量空间表示实现一个 k-means 算法。
8. 使用一阶马尔可夫模型，编写一段计算机程序来判断异常位置。
9. 考虑离散序列ACGTACGTACGTACGTATGT。构建一个一阶马尔可夫模型并判断异常位置。哪些位置可判定为异常？
10. 回顾第9题中的离散序列，判断所有长度为2的子序列是否异常。使用基于频率的方法，针对子序列分配组合异常分数。哪些子序列应当视作组合异常？
11. 回顾第9题中的离散序列，写一段计算机程序来学习隐马尔可夫模型的状态转换概率和符号发射概率。
12. 分别应用词袋内核和序列长度为2的谱内核来计算第1题中给定的两个序列之间的内核相似度。
13. 当字母表大小为 $|\Sigma|$ 时，最多有多少个最大长度为 k 的可能的序列模式？对比频繁模式挖掘，哪个数量更多？
14. 假设一个运动员在跑道上的速度在概率上受到当日天气（冷、热或适中）的影响。按照运动员的速度，将其分类为快（F）、慢（S）和平均（A）。某个特定日期的天气概况基于前几日天气的情况，假设你有运动员的字符串形式的连续几天的速度序列（比如FSFAAF），在没有任何有关这几天天气信息的情况下构建一个隐马尔可夫模型来解释运动员的表现。

第 16 章

Data Mining: The Textbook

空间数据挖掘

"时间和空间是我们的思考模式，而不是我们的生存环境。"

——Albert Einstein

16.1 引言

空间数据源于对地理数据进行挖掘的应用。许多和气象数据、地球科学、图像分析以及车辆数据有关的应用本质上都是空间性的。在许多情况下，空间数据同时间数据相集成，构成的数据称为**时空数据**。一些空间数据的应用案例如下。

1. 气象数据

包括重要天气特征的量化数据，例如温度和气压，它们通常都是在不同的地理位置上度量的。可以通过分析这些基础数据来发现其中隐含的有趣事件。

2. 移动对象

移动对象通常都会形成轨迹。通过分析这类轨迹可以获知许多事情，如特征趋势或者物体的异常运动轨迹。

3. 地球科学数据

不同空间位置上的土地覆盖类型可以表示为行为属性。这些模式中含有的不规整现象提供了人类活动所导致的不规则环境趋势的信息，例如土地荒漠化和其他异常的植被化趋势。

4. 疾病暴发数据

在收集有关疾病暴发数据时，人们经常使用空间位置信息（如邮政编码和国家）对数据进行标注。分析这类数据趋势可以提供关于疾病暴发因果关系的有用信息。

5. 医疗诊断

核磁共振成像（MRI）和正电子成像术（PET）都是二维或三维的空间数据。探测局部区域的异常数据有助于发现疾病，例如脑瘤、阿尔茨海默病以及多发性硬化症。总之，任何形式的图像数据都可以认为是空间数据。对这些数据的形状进行分析在许多应用中都是非常重要的。

6. 个人资料数据

个人资料数据的属性（行为属性，例如年龄、性别、人种和薪水）可以和空间属性（上下文属性）合并，提供关于人口分布模式的有用信息。这类信息对于许多市场定位的应用是有价值的。

大多数空间数据的形式可以归类为有上下文的数据类型，其中所有的属性被划分为上下文属性及行为属性。

- **上下文属性**：代表数据在度量时的上下文的属性。换句话说，上下文属性提供度量行为属性的参照点。在多数情况下，上下文属性包括数据点的空间坐标。在某些情况下，上下文属性可以是一个逻辑位置，例如一幢大楼或者一个省市。在时空数据中，上下文属性也可以包括时间。例如，在度量海平面温度的应用中，使用了许多存在于特定位置的传感器，这时的上下文属性则同时包括传感器的位置和度量发生的时间。

- **行为属性**：代表对象在参照点上的行为值。例如，在前面提过的度量海平面温度的应用中，行为属性包括温度属性。

在多数形式的空间数据中，空间属性是上下文属性，时间属性可能也是。一个例外是轨迹数据，其中空间属性是行为属性，而时间属性则是唯一的上下文属性。事实上，轨迹数据可以等同于多变量时序数据，这种等价性在16.3节中进行了详细讨论。

本章分别研究了将空间属性作为上下文属性和作为行为属性的案例。后一种案例通常对应于轨迹数据，其中的上下文属性是时间属性。因此，轨迹数据是一种时空数据。在其他形式的时空数据中，空间和时间属性都是上下文属性。

本章内容的组织结构如下：16.2节讨论上下文属性是空间属性时的数据挖掘技术的应用，并研究了几个重要问题，如模式挖掘、聚类、异常检测和分类；16.3节讨论挖掘轨迹数据的算法；16.4节给出本章小结。

16.2 上下文空间属性的挖掘

在各种形式的气象数据中，许多行为属性（如温度、压力和湿度）都是在不同的空间位置上度量的。在这类情况中，空间属性是上下文的。例如，在一个关于海平面温度的轮廓图中，不同深浅颜色的区域代表不同表面温度的海洋部分，它们对应于不同空间位置上的行为属性值。

另一个例子是图像数据，其中图像的密度通过像素来度量。这类数据经常被用于刻画诊断图像。一个认知正常的健康人和一个阿尔茨海默病人的PET扫描图像见图16-1。在这种情况下，像素值代表行为属性，而这些像素的空间位置则是上下文属性。空间数据中的行为属性可以通过不同的方式呈现，这需要根据具体的应用领域来确定：

1）对于某些类型的空间数据（例如图像），需要分析从数据中抽取的特定形状的轮廓。例如，在图16-2中，可以抽取并分析昆虫的轮廓。

2）对于其他类型的空间数据（例如气象应用），行为属性可能是抽象的量化数据（例如温度），因此可以分析抽象数量的变化趋势。在这类情况中，空间数据需要作为上下文数据类型，其含有多个与空间坐标相对应的参考点。这种问题的分析往往是复杂的。

选择具体的数据挖掘方法往往需要依据其应用场合。上述两种类型的数据也经常被转换为其他数据类型（例如时间序列数据或多维数据）来进行分析。

16.2.1 形状到时间序列的转换

在许多空间数据集（例如图像）中，数据被限定在一个特殊的形状中。分析这类形状是困难的，因为形状在大小和方向上都有变化。分析空间数据的一个常用技术就是将形状转换为其他更便于分析的格式。特别是，形状的轮廓经常被转换为时间序列以进行进一步分析。例如，很难直接处理图16-2中昆虫的形状轮廓，但是将其转换为时间序列并创建一个更易处理的表示形式却是可能的。

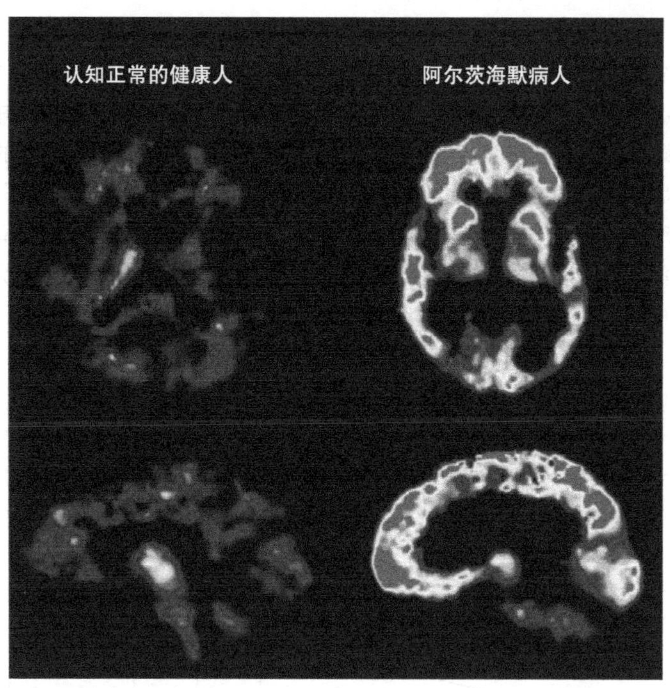

图 16-1　认知正常的健康人和阿尔茨海默病人的大脑 PET 扫描图（图片由美国国家老龄化研究所 / 美国国立卫生研究院提供）

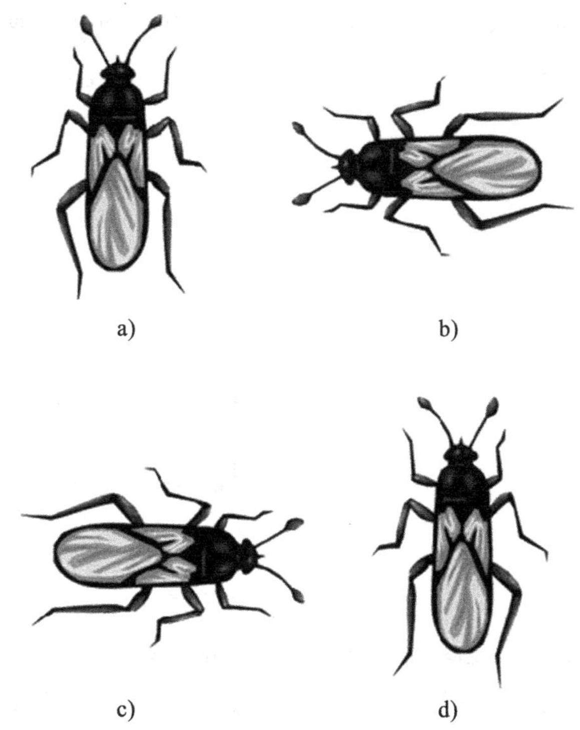

图 16-2　形状匹配中的旋转和镜面反射

一个常见的方法是使用质心到形状边界的距离，并按照时钟方向扫描和计算一系列实数值。这就产生了一个实数时间序列，称为**质心距离签名**（centroid distance signature）。这种转换可以将形状挖掘问题映射为时间序列挖掘问题。而后者在其所属的领域更易进行分析。例如，考虑图 16-3a 所示的椭圆形状。如果使用时间序列表示质心距离，并使用 360 个等夹角的轮廓点对距离进行采样，就得到如图 16-3b 所示的数据。注意，这里的上下文属性是度数，但是也可以假定它代表一个时间戳。这有助于使用所有针对时间序列分析的强大的数据挖掘技术。在本例中，采样点起始于椭圆的主轴，如果采样点始于一个不同的位置，或者形状本身有一个旋转角度，那么将导致时间序列的轮换。这一点很重要，因为一个形状的精确方向可能事先并不知道，例如，图 16-2b 和图 16-2c 中的形状都是从图 16-2a 中的形状旋转得到的。而图 16-2d 中的形状是图 16-2a 中形状的镜面反射。旋转造成时间序列的轮换，镜面反射则导致序列的倒序。

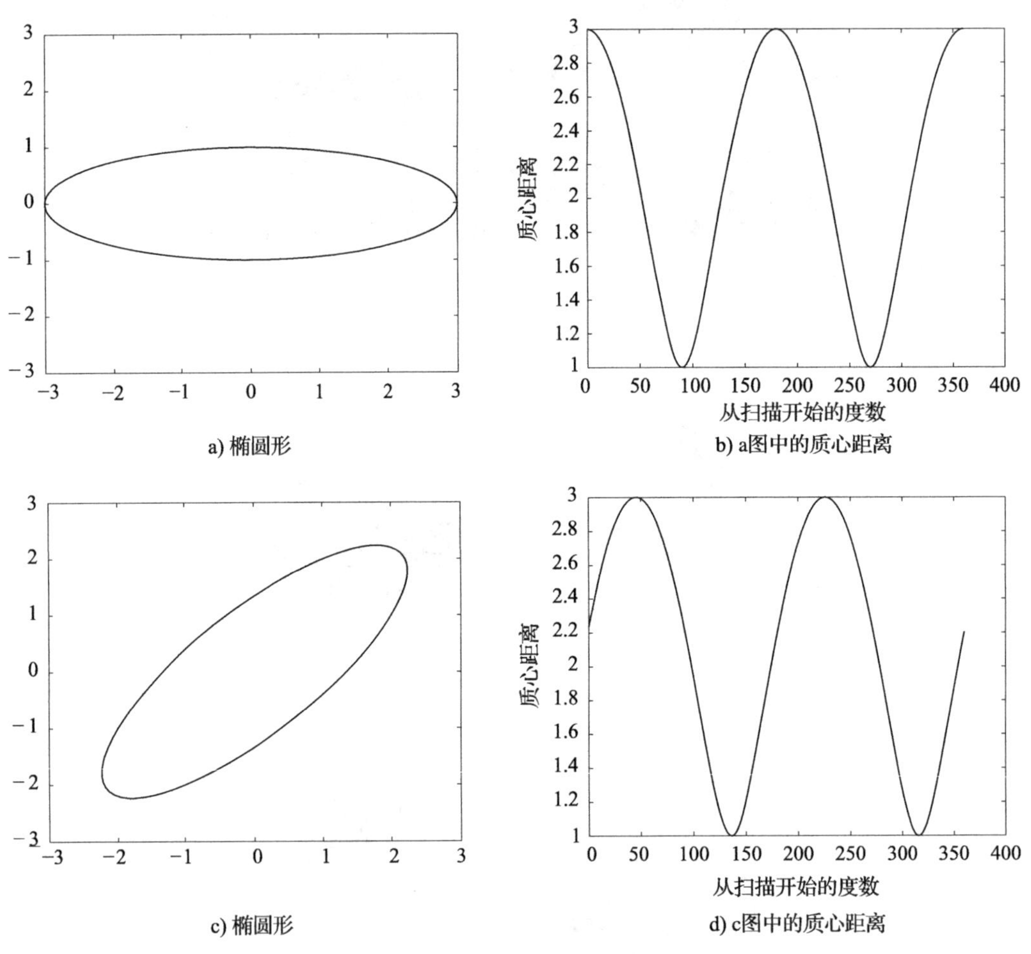

a) 椭圆形　b) a图中的质心距离

c) 椭圆形　d) c图中的质心距离

图 16-3　形状转换为时间序列

图 16-3c 表示将图 16-3a 旋转 45° 得到的形状。相应地，图 16-3d 中的时间序列表示是图 16-3b 中的时间序列表示的一个轮换。类似地，一个形状的镜面图像则对应于一个时间序列的倒序序列。随后将看到，旋转和镜面反射的影响需要在应用的距离或相似度函数中被显式地包含。在抽取时间序列后，根据应用的需要，可以使用不同的方法对该序列进行归一化处理：

- 如果不进行归一化，那么数据挖掘的方法对于隐含对象的绝对大小是敏感的。例如在医疗图像（如 MRI 扫描）领域，所有的空间对象都具有相同的尺度，因为对象的绝对大小很重要。
- 如果所有的时间序列值都同比例地缩减，直到它们取得单位平均值，这种归一方法将便于匹配不同大小的形状，并区别形状中存在的相对方差。例如，两个离心率相差很大的椭圆也可以很好地区分。
- 如果将整个时间序列标准化为平均值为 0、方差为 1 的序列，那么这种方法可以匹配局部相对方差相似但整体形状可能非常不同的形状。例如，这种方法不会很好地区分两个不同离心率的椭圆，但是可以区分在边界上具有不同局部相对方差的两个形状。唯一的例外是以直线形式出现的圆形。另外，在不同拉伸程度的轮廓中，噪声会产生不同程度的影响。例如，对于在边界上具有相似噪声方差但具有不同拉伸程度（离心率）的两个椭圆，其时间序列的整体形状会很相似。但是在被抽取的时间序列中，局部噪声方差将在被拉伸的形状中得到不同的抑制。从形状分析的角度来看，这有时候会产生失真的图像。一个完美的圆形可能由于图像光栅化等的影响而不稳定并具有很大的噪声方差。因此，时间序列分析常用的均值和方差归一化的方法经常会导致不确定的结果。

总之，根据特定应用选择归一化方法是可取的。将形状转换成时间序列的方法可以在许多应用中使用。例如，时间序列中的模体对应于空间形状中频繁出现的轮廓。类似地，相似形状的簇可以通过对时间序列进行聚类来获取。在异常检测和分类中也有类似应用。

16.2.2 使用小波分析的空间数据到多维数据的转换

对于类似气象数据的数据类型，其行为属性在整个空间领域中不断变化，不存在一个有轮廓的形状可供分析。因此，在这种情况下使用形状到时间序列的转换方法并不可行。

小波分析提供了将时间序列数据转换为多维数据的一种方法，并且很受欢迎。空间数据同时间序列数据之间有很多相似之处。时间序列数据有唯一的上下文属性（时间），而行为属性（如温度）则沿着上下文属性较为平缓地变化。相应地，空间数据有两个上下文属性（空间坐标），行为属性（如海平面温度）也会沿着上下文属性较为平缓地变化。由于这种类比性，能够将基于小波的方法通过少量修改扩展到多上下文属性的数据中。

假设空间数据可以通过大小为 $q \times q$ 的二维空间网格数据来表示，且其中的每个单位都包含一个行为属性的实例，如温度。在 2.4.4.1 节关于时间序列案例的讨论中，对时间序列分层次地进行连续除法操作，就相当于在时间序列的连续片段上应用差分。相应的基向量在相关位置上使用 +1 和 –1 值。二维数据的例子完全类似，空间网格数据中的连续区域可以用在连续除法中。这些除法是通过不同的轴线交替进行的。其基向量也是大小为 $q \times q$ 的二维矩阵，并控制着差分操作如何完成。在图 16-4 中，我们给出了一个如何将海平面温度的空间数据集转换为多维数据的例子。这将需要总共 q^2 个小波系数，尽管可以只保留最大的系数用于分析。关于空间小波系数如何产生的详细说明见 2.4.4.1 节。上面的描述适用于含有单个行为属性以及多个上下文属性（空间坐标）的情况。也可以通过对每个行为属性进行单独分解并为每个行为属性创建一个单独的维度集来处理多个行为属性。

类似于时间序列的小波分析，空间数据的小波分析是一种具有可变分辨率的表示方法。不同空间粒度级别的趋势在系数中得以表示。高阶系数代表更大空间区域中的趋势，而低阶系数则代表较小空间中的趋势。因此，这种方法非常强大，并在许多空间应用中都可用。如果上下文的空间数据可以转换为非上下文的多维数据，那么空间小波分析在许多图像聚类和分类的应用中也极其有效。一旦可以做这种转换，那么第 4、11 章中所讨论的几乎所有针对多维数据的处理方法都可以使用。这种方法打开了使用多维数据挖掘方法的大门。

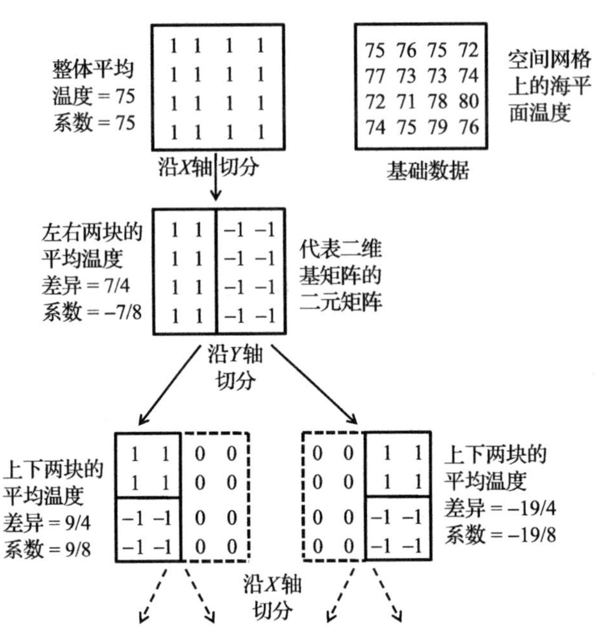

图 16-4　对网格中的空间数据（包含海平面温度）进行小波分解（复制自第 2 章中的图 2-7）

16.2.3　共址空间模式

在这个问题中，上下文属性是空间性的，而行为属性是典型的布尔值，并不具有空间性。非布尔值的行为属性可以通过使用离散化或二元化的类型转换进行处理。共址空间模式挖掘的目标在于发现同一空间地点上的相关特征组合。考虑一个生态数据集，它包括如火源、针叶植被类型和旱灾指示器等行为属性。这些特征的空间模式通常指示了森林火灾的风险因子。因此，在数据挖掘分析中发现这类模式是有用的。在许多情况下，一个令人感兴趣的空间事件（如疾病暴发、植被运动或者气候事件）也可以作为行为属性。发现包含此兴趣指标的有用模式可用于发现事件的因果关系。这个问题也和基于规则的空间分类问题紧密相关，根据得到的模式，可以估计事件发生在之前未见过的测试区域中的可能性。

挖掘过程中的一个挑战是不同的行为属性可能是从不同数据源获取的，因此它们的上下文（空间）属性的值可能并不完全一致，这时一个合适的数据预处理程序是必要的。通过将空间区域合理地划分为多个小区域，可以将数据均质化。对于每个小区域，从原始数据源自发地获取每个行为属性的值。例如，如果布尔属性在某个空间区域特定的时间片段内经常取值为 1，那么就认为其值为 1。上下文（空间）属性可以设置为这个区域的质心。经过这种预处理的数据进而就可用于挖掘了。整个方法如下：

1）对数据进行预处理，在同一组空间地点上创建行为属性的值。

2）对于每个空间地点，创建一个包含布尔值的相应组合的事务。

3）使用任意的频繁模式挖掘算法来发现事务中存在的模式。

4）对于每个发现的模式，将其映射回包含模式的空间区域。如果需要，可以对每个模式相关的空间区域进行聚类并总结。

当某一行为属性表示感兴趣的某个事件（如疾病暴发）时，事务包含值 0 或 1，因此可以按照其值分别对两类情况进行处理，从而发掘出两套模式。这两组模式之间的区别可以提供每个空间区域中具有区别性的因素。这类模式对于未知空间的分类也很有用。该方法和第 10 章中的关联分类器是一样的。

这个模型也可以无缝地处理动态时间数据。这是因为，时间成为空间属性之外的另一个上下文属性。在不同的时间点上，使用上述方法可以发现相应的模式。随着时间变化，这些模式的关键性改变可以提供空间演变的某些解释。

16.2.4 形状聚类

在许多应用中，可能需要在对数据进行分析之前先将相似的形状进行聚类。假设在数据库中有 N 个形状，并需要创建 k 组相似形状。对于很多形状分类的应用来说，这是一个很有用的预处理工作。在这个背景下，将形状转换成时间序列（见 16.2.1 节）是一个合适的方法。14.5 节中讨论的许多针对时间序列的聚类算法都可以有效运用：一旦形状转换成时间序列，k-medoids 算法、层次算法和基于图的方法都特别适用，因为它们仅需要对相应的时间序列设计合理的相似度函数。稍后我们将详细讨论这个问题。基于形状的聚类的主要步骤如下：

1）使用 16.2.1 节中讨论的基于质心的扫描方法，将每个形状转换成时间序列。这将生成一个含有 N 个时间序列的数据库。

2）使用任何一种时间序列聚类算法，比如 14.5 节中讨论的层次算法、k-medoids 算法或者基于图的算法。这将把 N 个时间序列聚类成 k 组。

3）通过将每个时间序列映射到其相应形状，将 k 组时间序列簇映射到 k 组形状簇。

上述聚类方法仅依赖于距离函数的选择。根据所需的错误容忍范围或者失真度，可以使用 3.4.1 节中讨论的任何一个时间序列的度量方法。另外一个重要的问题是根据不同形状的旋转调整距离函数。下面将以欧几里得距离为例进行说明，事实上这种普适性的原则可以应用在任何距离函数上。

从图 16-3 的例子中可以看出，在使用质心距离将形状的轮廓转换成时间序列前，若将形状旋转一个角度，将会导致结果中的时间序列的线性轮换。对于一个长度为 n 的时间序列 $a_1a_2\cdots a_n$，i 个单位的轮换将产生序列 $a_{i+1}a_{i+2}\cdots a_na_1a_2\cdots a_i$。定义旋转不变欧几里得距离 $RIDist(T_1, T_2)$ 是时间序列 $T_1=a_1a_2\cdots a_n$ 和 $T_2=b_1b_2\cdots b_n$ 所有轮换序列之间的最小距离，或者说是时间序列 $T_2=b_1b_2\cdots b_n$ 和 $T_1=a_1a_2\cdots a_n$ 所有轮换序列之间的最小距离。因此，旋转不变距离可以表述如下：

$$RIDist(T_1,T_2)=\min_{i=1}^{n}\sum_{j=1}^{n}(a_j-b_{1+(j+i)\bmod n})^2$$

总之，如果将时间序列 T_2 的 i 个单位的轮换记为 T_2^i，并使用 $Dist(T_1, T_2)$ 表示两个时间序列之间的距离，则旋转不变距离也可以表示如下：

$$RIDist(T_1,T_2)=\min_{i=1}^{n} Dist(T_1,T_2^i) \tag{16.1}$$

注意，倒序的时间序列对应于形状的镜面反射。因此，如果在距离函数中包括倒序序列

(及它的轮换序列)，则具有镜面反射不变性的距离函数也可以使用上述方法定义。这样的计算复杂度是原来的 2 倍。具体的距离函数实际上是根据应用的需求来选择的，并且应用需求同时决定了是否需要包含旋转和镜面反射。

16.2.5 异常检测

在空间数据的场景下，异常可以是点异常或者形状异常。在时间序列数据和离散序列中也会遇到这两种异常。对于空间数据的情况，这两种异常的定义如下。

1. 点异常

这类异常定义在单独的空间对象上，它具有空间和行为属性。例如，一个天气地图是一个空间对象，包括空间位置和在这些空间位置上的环境度量数据（行为属性）。行为属性的剧烈变换如果违背了空间连续性，就提供了有用的信息。例如，考虑一个度量海平面温度和气压的气象应用，在非常小的局部区域出现的不常见的海平面高温可能是地下火山活动热点的结果。类似地，在非常小的局部区域出现的不常见的海平面低温或者高压则提示了飓风或者龙卷风的信息。在所有这些情况中，感兴趣的属性都违背了空间连续性。在相关的气象应用中每天都要跟踪这类属性。图 16-5 显示了空间数据的一个点异常。

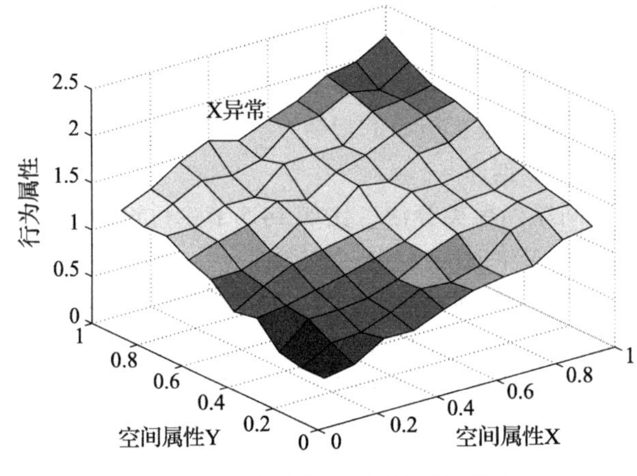

图 16-5 空间数据的点异常示例

2. 形状异常

不同应用对于这类异常的设置是非常不同的。这类异常经常定义在多种形状构成的数据库中。例如，可以从不同图像中抽取形状，在这种情况下不常见的形状需要报告为异常。

本章将研究以上两种异常定义。

16.2.5.1 点异常

基于近邻的算法经常用于发现点异常。在这些算法中，数据点周围空间的剧烈变动可用于识别异常。因此，第一步是定义空间邻域。将单个数据点在空间邻域中的所有行为属性值组合起来，并创建一个行为属性的期望值。这个期望值进而用于计算数据点的实际值和期望值之间的偏差。该偏差提供了一个异常分数。空间数据中点异常的定义类似于时间序列数据。

直观上，行为属性值在一个很小的空间局部区域内产生的剧烈变化是很不寻常的。例如，这种方法将探测到很小区域内存在的剧烈温度变化。邻域可以由下面多种方法定义。

- **多维邻域**：在这种情况下，使用数据点之间的多维距离来定义邻域。在上下文属性定义为坐标时适用这种方法。
- **基于图的邻域**：在这种情况下，邻域通过空间对象之间的连接关系来定义。这类邻域在空间对象不和坐标精确对应的情况下更为有用，例如区县和邮政编码。在这种情况下，基于图的表示提供了更一般的建模工具。

下面，我们将讨论多维方法和基于图的方法。

多维方法

传统的多维方法也可用于探测空间数据中的异常，但是这类方法无法区分上下文属性和行为属性，所以它们在空间数据的异常检测方面不是最优的。上下文属性与行为属性必须有不同的处理，最基本的想法是将 k 近邻异常检测方法修改为空间数据适用的方法。

数据的空间邻域是通过在空间（上下文）属性上使用多维距离来定义的。因此，将上下文属性用于确定 k 个最近邻。行为属性的平均值提供了一个期望值。使用期望值和真实值之间的差距来预测异常。很多距离函数可以用于确定多维空间数据点的接近程度。距离函数的选择是重要的，因为它决定了用于计算行为属性偏差的邻域的选择。对于一个给定的空间对象 o，将其行为属性值记为 $f(o)$，令 $o_1, \cdots, o_k$ 为它的 k 个最近邻。很多方法可用于计算对象 o 的预测值 $g(o)$。最直接的方法是取其平均值：

$$g(o)=\sum_{i=1}^{k} f(o_i)/k$$

另外，$g(o)$ 也可计算为 $f(o_i)$ 的中值，从而减小极端值对平均值的影响。因此，对于每个数据对象 o，$f(o)-g(o)$ 的值代表了实际值相对于预测值的偏差。偏差中出现的极端值可以使用各种单变量极值分析方法来计算，见第 8 章中的讨论。其结果极值则记为异常。

基于图的方法

在基于图的方法中，使用图来表示空间区域，使用图节点之间的连接关系来建模空间邻近性。因此，图的节点是和行为属性相联系的，若相邻节点之间行为属性剧烈变化，则体现了异常。在单独节点不与特定的坐标点相联系、而可能与任意形状的区域相对应时，基于图的方法特别有用。在这种情况下，节点之间的连接关系与不同区域之间的邻近关系相对应。基于图的方法更广义地定义了空间关系，因为语义关系可以用于定义邻域。例如，如果两个对象位于相同的语义位置，则它们可以用一条边来连接，如建筑、餐厅或者办公室。在许多应用中，可以基于邻近关系的程度对边进行加权。例如，考虑一个疾病暴发的应用，其中空间对象和区县位置相对应。在这种情况下，空间对象之间的边的权重可以同它们所在区域之间共同边界的长度相对应。多维数据是一个特殊的例子，其边与基于距离的邻近程度相关。因此，图的表示方法允许对上下文属性进行更一般的解释。

令 $\mathcal{S}$ 为图中节点 i 的近邻集合。那么，综合（空间）近邻的行为属性值，空间连续性的概念可用于创建一个预测值。节点 i 和它的近邻之间的边的强度可用于计算 k 个最近邻的行为属性的加权平均值或者中位数，并将其作为预测值。对于一个给定的空间对象 o，用 $f(o)$ 代表其行为属性值，根据关系图，令 $o_1, \cdots, o_k$ 代表与其有边相连的 k 个最近邻。将边（o, o_i）的权重记为 $w(o, o_i)$，那么基于连接的加权平均值可用于计算对象 o 的预测值 $g(o)$：

$$g(o)=\frac{\sum_{i=1}^{k} w(o,o_i)\cdot f(o_i)}{\sum_{i=1}^{k} w(o,o_i)}$$

另外，近邻值的加权中位数可以用于预测。由于行为属性的真实值是已知的，因此可以对预测值和真实值之间的偏差进行建模。在多维方法中，$f(o)-g(o)$ 的值代表了偏差。极值分析可以用于分析这些偏差并且确定空间异常。这个过程同多维情况是相同的。标准偏差大的节点可认为是异常的。

16.2.5.2 形状异常

如果根据 16.2.1 节中的方法将空间数据转换为时间序列，那么形状异常相对于空间数据来说是容易确定的。在完成数据转换后，使用一个 k 近邻的异常探测子可对时间序列进行处理。对象同第 k 个最近邻之间的距离可视为异常分数。在计算异常分数时，需要注意以下几点。

1）需要改动距离函数使之可以解释形状匹配的旋转不变性。通过比较时间序列的所有轮换序列可以做到这一点。旋转不变距离可用公式 16.1 来计算。

2）在一些应用中，镜面反射不变性也需要考虑。这时，所有的轮换序列同其倒序序列都需要在比较中加以考虑，进而在这个加强的序列数据库中确定异常。

尽管使用 k 近邻这种简单方法可以确定异常，但它可以通过剪枝法来加速。基本的想法类似于第 14 章中讨论的 Hotsax 方法，使用嵌套循环结构维护前 n 个异常值。外层循环负责选择候选对象，内层循环则计算这些候选对象的 k 近邻。当 k 近邻值小于目前找到的第 n 个异常值时，可以提前结束内循环。为了取得最佳运行效率，外层循环中候选对象的计算和内层循环中的计算需要合理地进行安排。

可以通过下面的方法进行这种安排：结合使用 SAX 表示法和 LSH- 哈希法来创建候选对象的簇。在外层循环中，首先检查那些映射到少数元素的簇的候选对象，以便在算法的早期执行过程中发现高质量的异常。这将有利于更好地剪枝。文献注释中包含了在形状异常检测中创建基于 SAX 的簇的细节的文献指引。

16.2.6 形状分类

假设有 N 个标记过的形状用作训练集，要求构建训练模型来进行测试实例的分类，其中测试实例的标记是未知的。空间数据到时间序列数据的转换方法对于基于距离的分类算法来说是一个有用的工具。而在聚类和异常检测的情况中，处理的第一步就是将形状转换成时间序列。这将把问题转换为时间序列的分类问题。在 14.7 节中讨论了许多针对时间序列分类的方法。它们同这里的形状分类问题的主要区别在于这里需要考虑形状的旋转不变性。将形状转换成时间序列之后，可以使用 14.7 节中提出的任何基于距离的方法。这是因为使用公式 16.1 可以将基于距离的方法改进为旋转不变的方法。两个主要的基于距离的时间序列分类方法是最近邻方法和基于图的协同分类方法。最近邻方法更为直观，下面我们花一些篇幅讨论基于图的方法。

基于图的方法属于直推式方法，因为需要在训练时就使用测试用例。当大量测试用例和训练数据都可用时，可以使用接下来将要介绍的方法。若不满足上述条件，则使用不同的方法更为合适。基于图的协同分类方法可以描述如下：

1）使用 16.2.1 节中介绍的质心扫描方法，将训练集和测试集中的形状转换成时间序列。

2）使用 3.4.1 节中的任意距离函数建立形状的邻近图。如果需要，可以使用公式 16.1 提供的具有旋转不变性的距离函数。将每个形状表示为一个节点，节点同它的 k 个最近邻之间用边相连。有标记的形状对应为有标记的节点。使用 19.4 节中讨论的协同分类方法，将标签分配给未标记的节点（测试用例的形状）。

在一些情况中，特定的应用可能不需要考虑旋转不变性。这时，距离计算的效率将变得更高。

16.3 轨迹挖掘

轨迹数据存在于大量的空间应用中。设备（如移动电话）的爆炸性增长，使得大规模的轨迹数据得以获取并保存。轨迹数据的分析可以提供给我们很多知识，如共址模式（colocation pattern）挖掘、聚类以及异常检测。轨迹数据同本章中讨论的其他形式的空间数据在以下方面是有区别的：

1）本章中到目前为止所论述的空间数据应用，其空间属性都是上下文属性，而其他类型的属性（如气象应用中的温度）是行为属性。而在轨迹数据中，空间属性是行为属性。

2）轨迹数据中唯一的上下文属性是时间。因此，轨迹数据可以认为是时空数据。尽管前面章节中讨论的场景也可以在上下文属性中包括时间，但是其空间属性却不是行为属性。例如，虽然随时间追踪海平面的温度数据，但空间和时间属性都是上下文属性。

轨迹分析经常通过下面两种方式进行。

1. 在线分析

在在线分析中，需要对轨迹数据进行实时分析，特定时间内的轨迹模式才是最相关的。

2. 基于形状的分析

在基于形状的分析方法中，移除时间变量。例如，两个相似的轨迹尽管是在不同时间段内形成的，也可以相互比较从而得到有意义的结论。例如，轨迹聚类需要基于它们的形状，而不是它们运动的同步性。

这两种针对轨迹数据的分析方法和时间序列数据是类似的。这一点并不意外，因为轨迹数据是时间序列数据的一种形式。

16.3.1 轨迹数据和多变量时间序列的等价性

轨迹数据是多变量时间序列数据的一种形式。对于二维轨迹，空间位置的 X 坐标和 Y 坐标构成了多变量序列的两个部分。同理，三维轨迹将构成三变量序列。

正是由于多变量时间序列和轨迹数据的等价性，可以将其中任意一种数据转换为另外一种，这将有助于使用对方领域内的方法。例如，轨迹挖掘方法可为非空间性的应用利用。特别是，任何 n 维多变量时间序列都可以转换为轨迹数据。在多变量时间数据中，一般使用各种不同的传感器同时度量不同的行为属性。在英特尔伯克利研究院的数据集 [556] 中，同时包括英特尔伯克利实验室中的不同的行为属性，如温度、压力和电压。例如，在相同时间段内温度和电压传感器的示数分别见图 16-6a 和图 16-6b。

通过消除公共时间属性，对两个行为属性进行可视化或者创建一个包括时间和另外两个行为属性的三维轨迹数据，都是可能的。在图 16-6c 和图 16-6d 中分别显示了这两类轨迹数据。最一般的轨迹情况见图 16-6d。这幅图显示了所有三个属性的变化情况。一般来说，一个含有 n 个行为属性的多变量时间序列可以映射为一个 $(n+1)$ 维的轨迹。多数的轨迹分析方法都是在二维或者三维的假设下设计的，尽管它们在需要的时候也可以扩展到 n 维的情况。

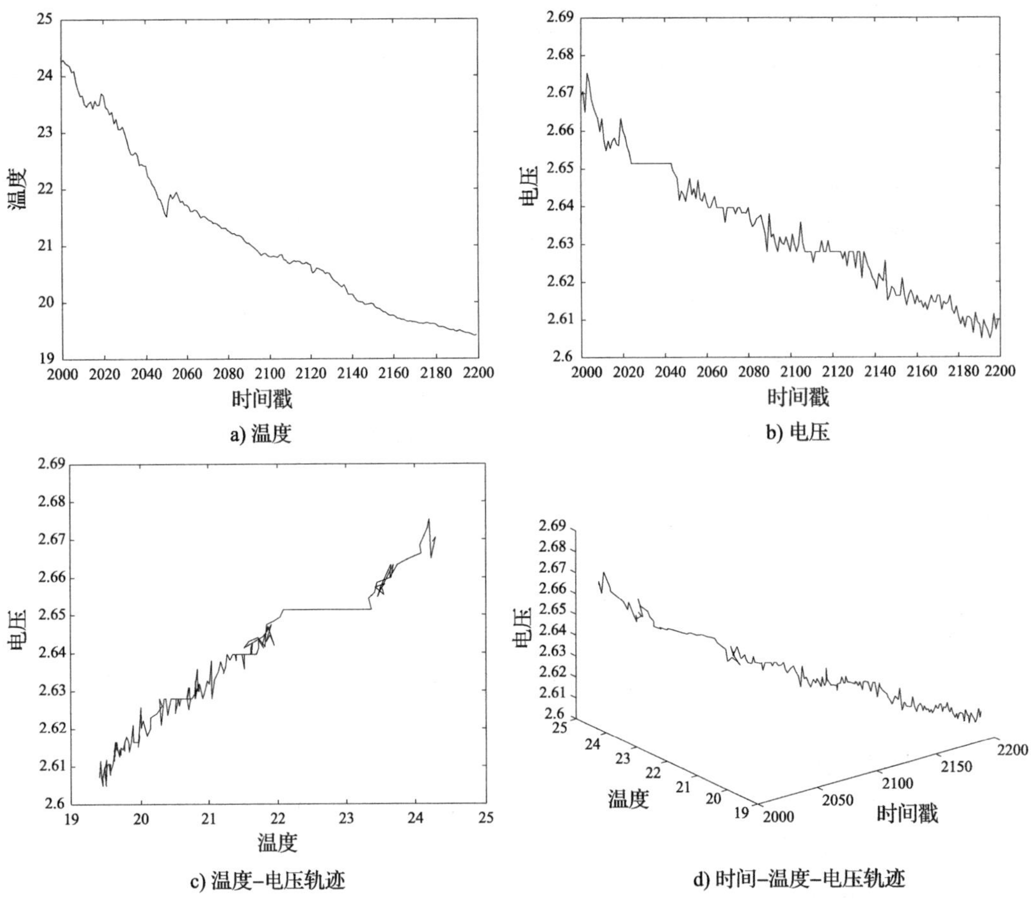

图 16-6 多变量时间序列映射到轨迹数据

16.3.2 将轨迹转换为多维数据

由于轨迹和多变量时间序列的等价性，轨迹也可以转换为多维数据。这可以通过在轨迹的时间序列表示中使用小波变换来进行。时间序列的小波变换在 2.4.4.1 节中进行了详细描述。在这种情况下，时间序列是多变量的，拥有两个行为属性。这些行为属性的小波表示需要独立地进行抽取。换句话说，将 X 坐标上的时间序列转换成一个小波表示，在 Y 坐标上也要进行这种转换。这将导致两个多维表示，一个对应于 X 坐标，一个对应于 Y 坐标。将这两种表示的维度叠加起来，创建一个针对整个轨迹的单一的多维表示。如果需要，可以仅保留较大的小波系数，从而降低维度。将轨迹数据转换为多维数据是一个有效的方法，这样就可以在轨迹分析中使用大量的多维数据的处理方法。

16.3.3 轨迹模式挖掘

轨迹模式挖掘问题存在很多不同的形式。这是因为轨迹数据本身的复杂性使得定义“模式”有不同的方法。在下面的小节中，我们将探索几种较常见的轨迹模式挖掘的定义。这些定义绝对没有穷举所有的轨迹模式挖掘定义，但是却足以说明轨迹分析中许多最重要的方面。

16.3.3.1 频繁轨迹路径

针对轨迹数据的一个关键性问题是确定频繁序列路径。为了在轨迹集合中确定频繁序列路径，首先需要把多维轨迹（含有数值坐标）转换为一维的离散序列。一旦完成这种转换，就可以使用任意一种序列模式挖掘算法。

将多维轨迹转换为离散序列的最有效方法是使用基于网格的离散化方法。在图 16-7a 中，显示了一条轨迹，并有一个 4×4 的网格来代表相应的数据空间。网格沿着一个维度划分为 A、B、C、D、E 区域，沿着另一个维度划分为 P、Q、R、S、T 区域。若联合使用这两个维度上的区域代表字符，就可以将这个网格区域用小的方形区域进行细分。例如，方形小区域 AP 代表维度区域 A 和维度区域 P 的交叉部分。因此，每个方形区域都有一个唯一的（离散的）标识符，并且轨迹可以用其所贯穿的区域的标识符所构成的序列来表示。图 16-7b 中有阴影的区域表示图 16-7a 中轨迹所经过的路径。其相应的一维序列模式可以表示如下：

EP, DQ, CQ, BQ, BR, CS, BT

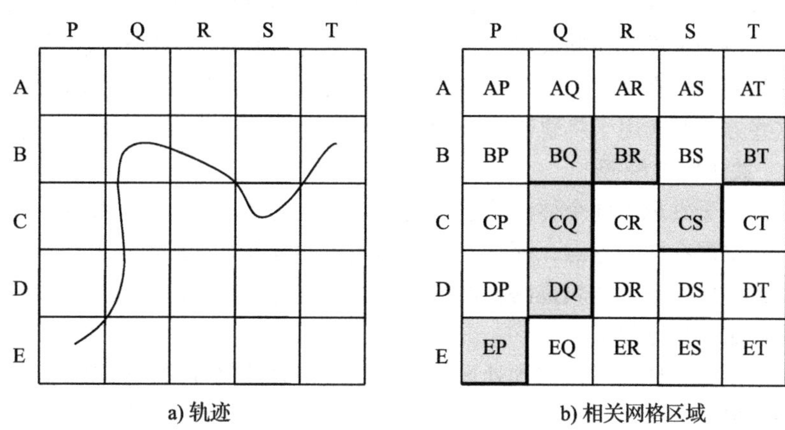

图 16-7 基于网格的轨迹离散化

这种转换方法称为**瓷砖变换**（spatial tile transformation）。原则上，可以通过限制每个小方形区域内运动物体通过的最小时间，来进一步完善离散化，本小节并不详细讨论这个问题。考虑一个含有 N 个不同轨迹的数据库。可以使用下面两个步骤来确定这些轨迹的频繁序列路径：

1）使用基于网格的离散化方法，将这 N 个轨迹全部转换成离散序列。

2）应用 15.2 节中介绍的序列模式挖掘算法，确定离散序列数据中存在的频繁序列模式。

通过在序列模式挖掘过程中引入不同类型的约束条件，例如时间间隔约束，就能使之对轨迹数据进行约束。这种基于转换的方法拥有一个优势：它可以利用各种强有力的序列模式挖掘算法及其变种。序列模式挖掘在处理有约束问题方面具有大量的成果可供利用。

这种方法另外一个有趣的方面是它可以通过修改来处理运动模式在相同时间段内出现的问题。发生运动的时间段可以离散化为 m 个小时间段，用 1, …, m 来表示。例如，其时间间隔可以是 [8 点，9 点]，[9 点，10 点]，[10 点，11 点] 等。因此，对于任意时间段，网格的标识符也用相应的时间段标识符来标注。如果在一个时间段内，轨迹在某个区域至少存在了事前约定的最小长度的时间，则将这个时间段的标识符标注于该网格区域。这将导致在形

如 < 网格标识符 >：< 时间标识符 > 的一组新的离散符号上定义模式。在图 16-7a 的轨迹中，后缀时间段标识符的序列有可能记为如下形式：

EP:1, EP:2, DQ:2, DQ:3, DQ:4, CQ:5, BQ:5, BR:5, CS:6, CS:7, BT:7

这种转换方式称为**时空瓷砖变换**。注意，这个序列比图 16-7b 中的序列要长，因为轨迹有可能在同一个网格区域内消耗比单位时间间隔更长的时间。这样，就从 N 个不同的轨迹中抽取了一个含有 N 个不同序列的数据集。序列模式挖掘就可以在这个新的数据表示上进行应用。由于增加的时间标识符，模式挖掘得到的结果将对应于同步的运动模式。因此，这种序列模式挖掘方法对于发掘相似形状或者同步运动模式具有很大的灵活性。另外，由于序列模式挖掘不要求频繁序列模式中的相邻符号在原始序列中是连续的，因此它可以在挖掘过程中忽略存在于轨迹中的噪声段。另外，通过使用不同的有约束的序列模式挖掘方法，可以发现不同类型的有约束的轨迹模式。

这种方法的一个缺点是其离散化的粒度有可能影响结果的质量。通过在空间区域上使用多粒度离散方法有可能解决这个问题。将轨迹数据转换为符号表示的另外一种方法是在对象位置的不同时间快照上进行空间聚类。每个对象在不同时间快照上所对应的簇标识符可以用于构建它的序列表示。在文献注释中包含几个用于对轨迹进行转换和模式发现的算法的文献指引。许多这些方法都应用了将轨迹转换为标识符序列来进行更有效的模式挖掘的思想。

16.3.3.2　共址模式挖掘

共址模式被用于发现不同个体的轨迹之间的社交性关系。其基本思想是：如果多个个体经常在同一时间出现在同一地点，那么它们之间很可能具有某种联系。共址模式挖掘试着去发现个体的模式，而不是空间轨迹路径的模式。由于这种分析方法的互补性，使用序列数据库的垂直表示方法是很方便的。

和频繁轨迹模式一样，可以在预处理阶段使用网格离散化方法。然而在这里，我们使用一种多少有些不同的（垂直）表示方法来处理不同个体在不同时间在网格区域中的位置。对于每个网格区域和时间段，需要确定一个个体标识符（或者轨迹标识符）的列表。因此，对于网格区域“EP”和时间段“5”，如果使用“3”“9”和“11”来表示当前个体，那么可以构造下面的映射：

$$\text{EP: } 5 \Rightarrow \{3, 9, 11\}$$

注意，这是一个*无序集合*。集合中的个体对应于二元组 (空间，时间)，因此是无序的。对于个体数至少是两个的映射，可以构建其所有的 (空间，时间) 对。这可以看作序列数据库的一种*垂直表示*。

第 4 章中讨论的任何一种频繁模式挖掘算法，都可以应用到这个垂直表示的数据库集合中。频繁模式对应于*共址*个体的频繁集合。这些个体经常具有某种社交关系。

16.3.4　轨迹聚类

接下来，我们将详细讨论不同种类的轨迹聚类算法。轨迹聚类算法和轨迹模式挖掘算法之间有着天然的联系，因为两个问题是紧密相关的。轨迹聚类方法有两类。

1）第一类方法使用传统的聚类算法：构造轨迹间的距离函数。一旦设计了距离函数，许多不同的算法（例如 k-medoids 算法或者基于图的算法）就可以使用。

2）第二类方法使用数据转换和离散化，将轨迹数据转换为符号构成的离散序列。不同类型的转换方法（如片段抽取或者基于网格的离散化方法）都可以应用于轨迹。经过转换，可以对抽取的符号序列使用模式挖掘算法。

另外，许多自组织方法（Ad hoc method）可用于轨迹聚类。本小节仅关注系统化的方法。在文献注释中含有关于自组织方法的文献指引。

16.3.4.1 计算轨迹间的相似度

轨迹聚类的一个关键点是计算不同轨迹之间的相似度。乍一看，相似度函数计算对于同时含有空间和时间成分的轨迹分析来说是很困难的。然而，在实践中，轨迹之间的相似度计算同时间序列数据并没有很大区别。如 16.3 节开始时所讨论的，轨迹数据同多变量时间序列数据是等价的。在第 3 章中讨论了用于单变量时间序列数据的几种动态规划算法。这些方法也可扩展到多变量的情况。下面，我们将讨论如何扩展动态时间规整算法。类似的方法可用于对其他动态规划算法进行扩展。建议读者参考 3.4.1.3 节来获取有关动态时间规整算法的细节。

首先，我们简要回顾单变量时间序列距离的内容。令 $DTW(i, j)$ 代表单变量时间序列 $\overline{X}=(x_1,\cdots,x_m)$ 的前 i 个元素和单变量时间序列 $\overline{Y}=(y_1,\cdots,y_n)$ 的前 j 个元素的最佳距离。下面，我们递归地定义 $DTW(i, j)$：

$$DTW(i,j)=distance(x_i,y_j)+\min\begin{cases}DTW(i,j-1) & \text{重复 } x_i\\ DTW(i-1,j) & \text{重复 } y_i\\ DTW(i-1,j-1) & \text{都不重复}\end{cases} \tag{16.2}$$

在二维轨迹中，每条轨迹都有一个相应的多变量时间序列。第一个轨迹的两个坐标序列为 $\overline{X_1}=(x1_1,\cdots,x1_m)$ 和 $\overline{X_2}=(x2_1,\cdots,x2_m)$。第二个轨迹的两个坐标为 $\overline{Y_1}=(y1_1,\cdots,y1_n)$ 和 $\overline{Y_2}=(y2_1,\cdots,y2_n)$。令 $\overline{X_i}=(x1_i,x2_i)$ 代表第一个轨迹在第 i 个时间戳上的位置，令 $\overline{Y_j}=(y1_j,y2_j)$ 代表第二个轨迹在第 j 个时间戳上的位置。那么，它与单变量时间序列数据的唯一不同之处就是在递归中将一维距离替换成二维距离。因此，可以修改 DTW 递归式如下：

$$MDTW(i,j)=distance(\overline{X_i},\overline{Y_j})+\min\begin{cases}MDTW(i,j-1) & \text{重复 } \overline{X_i}\\ MDTW(i-1,j) & \text{重复 } \overline{Y_j}\\ MDTW(i-1,j-1) & \text{都不重复}\end{cases} \tag{16.3}$$

注意，多维 DTW 递归与其单变量形式几乎是一致的，除了现在 $distance(\overline{X_i},\overline{Y_j})$ 表示空间坐标之间的多维距离。例如，可以使用欧几里得距离。这种扩展的简单性是因为时间规整同时间序列的维度没有任何关系。时间序列中的所有维度都可以用相同的方式进行规整。因此，递归式中的一维距离可以用多维距离来替代。应该指出，对于计算时间序列之间的距离，这种普适性的原则可以应用于大多数动态规划算法。

16.3.4.2 基于相似度的聚类方法

许多传统的聚类方法（例如 *k*-medoids 算法和基于图的算法）都基于数据对象之间的相似度。因此，一旦定义了相似度函数，这类方法可以不加任何改动直接应用于各种数据类型。应当指出，在不同的数据领域这类方法非常流行，例如时间序列数据和离散序列数据。第 14～15 章分别说明了这类方法如何应用于时间序列数据和离散序列数据。本章使用的方法同上述章节中描述的方法相似，除了使用多变量时间序列的相似度。如果想在多维数据中应用这些方法，读者可以参考第 6 章来获取 *k*-medoids 和基于图的算法的基本知识。使用基于相似度的方法的主要问题在于它们仅在序列长度较短时非常有效。由于长序列许多部分的数据存在噪声，计算对象之间的相似度会变得愈发困难。因此，选择合适的相似度函数变得尤为重要。在3.4.1节中讨论的某些相似度函数可以处理这种含有噪声片段的数据。然而，这些方法对于多变量时间序列和轨迹数据的有效性高度取决于数据。总之，这些相似度函数最适合于短轨迹。

16.3.4.3 将轨迹聚类看作序列聚类问题

与轨迹频繁模式挖掘相同，轨迹聚类可以通过使用基于网格的离散化方法来完成。这里使用一个三步骤的方法。首先使用网格的离散化方法将轨迹转换为离散序列。一旦完成这种转换，可以使用第15章中的任意一种序列聚类方法。整个聚类方法可以描述如下：

1）使用16.3.3.1节中讨论的基于网格的离散化方法，将N个轨迹转换成N个离散序列。

2）使用15.3节中讨论的任意一种序列聚类方法，为序列创建簇。

3）将序列簇映射回最初的轨迹，形成轨迹簇。

如16.3.3.1节中讨论的那样，可以通过网格标识符（空间瓷砖变换），或者联合使用网格标识符和时间段标识符（时空瓷砖变换）来创建基于网格的序列。在第一种情况中，得到的簇对应于空间中距离较近的轨迹，但在时间上却没有要求。在第二种情况下，簇中的轨迹在空间上较接近，并且发生在相同时间。换句话说，这种簇反映了同时一起进行相似运动的对象。

同基于相似度的方法相比，序列聚类的一个优点是序列聚类方法多数可以在过程中忽略不相关的序列片段。这是因为许多序列聚类方法（例如基于子序列的聚类（见15.3.3节））在聚类过程中允许噪声片段的存在。这一点十分重要，因为长序列经常有更长的公共部分，但是在这部分中却有可能存在某些小片段或者区域是不相似的。如果使相似度函数也能够兼容这些不能匹配的区域，算法将不会那么高效，因为相似度函数将轨迹作为整体来计算它们之间的距离。

16.3.5 轨迹异常检测

假设有N个不同的轨迹，轨迹检测的目标是确定异常轨迹，即那些同大部分数据趋势有很大不同的轨迹。与其他所有数据类型一样，轨迹的异常检测同轨迹聚类问题紧密相关。具体来说，两个问题都利用了数据对象之间相似性的概念。在数据聚类的问题中，人们可以使用基于相似度的方法或者数据转换的方法来进行异常检测。

16.3.5.1 基于距离的方法

通过设计轨迹之间的距离函数，可以为基于距离的轨迹异常检测方法提供前提。具体来说，一旦定义了距离函数，k最近邻方法或者其他任何基于距离的方法都可以轻松地扩展到轨迹数据。例如，人们可以使用多维时间序列规整的距离函数计算一个轨迹到其他$N-1$个轨迹的距离。第k个最近邻的距离可以用于确定异常阈值。其他基于距离的方法（例如LOF）也可扩展用于轨迹数据，因为这类方法仅需要计算距离值，而对具体的数据类型不关心。与聚类一样，基于距离的方法的主要缺点在于它们仅对于短轨迹非常有效，但是对于长轨迹的效果却不甚理想。这是因为长轨迹经常含有噪声片段，使得某一段本来相似的轨迹并不能在距离函数中得到反映。

16.3.5.2 基于序列的方法

16.3.3.1节讨论了空间和时空的瓷砖变换，它可以用于将轨迹异常检测问题转换为序列异常检测问题。使用这种方法的优点是，针对序列异常检测，已经有很多现成的方法可用。而在其他问题（例如轨迹模式挖掘和聚类）中，这种方法包括三个步骤：

1）使用16.3.3.1节中讨论的空间瓷砖变换或者时空瓷砖变换，将N个轨迹分别转换为序列数据。

2）使用15.4节中讨论的任意一种序列异常检测方法，确定异常序列。

3）将异常序列映射到异常轨迹。

通过改变上述步骤中所使用的某些子程序，这种方法可以发现类型丰富的异常数据。一些变体的例子如下：

- 在第一步的序列变换中，使用空间瓷砖变换或者时空瓷砖变换。当使用空间瓷砖时，仅根据轨迹形状来确定异常，并不需要轨迹同时一起进行运动。从以应用为中心的角度来说，考虑出租车的轨迹数据，如果能够确定一辆出租车在任意时间段同其他出租车有相似的路径就很好，因此这种应用可以使用空间瓷砖方法。时空瓷砖可以跟踪在线数据的趋势。例如，对于一群追踪的动物，如果某一动物偏离了群落，则将其报告为一个异常。
- 对于序列的异常检测，其类型是很丰富的。例如，序列异常检测可以检测位置异常或者组合异常。这点在15.4节中进行了详细讨论。转换后序列中存在的空间异常映射到轨迹则是对象位置的异常。例如，可以检测到一辆出租车在某个路口进行了一次不常见的转弯。另外，组合异常可以映射到轨迹中不寻常的片段。

因此，基于序列的转换对于检测类型丰富的异常极其有用。它可以基于全时段或者某一具体时段上物体的运动模式来确定异常。它也可以发现存在于轨迹任何部分中的小的异常。

16.3.6 轨迹分类

在这个问题中，假设有N个有标记的轨迹数据作为训练集。使用该训练集建立一个轨迹的训练模型。在测试轨迹不含标记的情况下，使用该训练模型确定其所属的标记。由于分类问题可以看作有监督的聚类问题，因此轨迹分类所使用的方法同轨迹聚类相似。同聚类方法类似，轨迹分类可以使用基于距离的方法或者基于序列的方法。

16.3.6.1 基于距离的方法

某些分类方法（如最近邻方法和基于图的协同分类方法）仅仅依靠数据对象之间的距离这一概念。如果定义了数据对象的距离，这类分类方法不关心其要处理的数据类型。

k近邻方法的工作方式如下。首先确定一个测试用例的前k个最近邻。k个最近邻中最主要的标签可以作为测试用例的相关标签。时间序列距离函数的任何多变量扩展版本（如多维DTW）都可以在计算过程中使用。

在基于图的方法中，首先需要建立一个k近邻图。由于在图中同时包括有标记和未标记的对象，因此这是一个半监督的方法。在11.6.3节中介绍了基于图的方法的基本知识。图中的每个节点都对应于一条轨迹。如果j是节点i的k个最近邻之一，则用一条从i到j的无向边来表示。注意，图中只有一部分的对象是有标记的。我们的目标则是使用有标记节点来推测图中那些未标记节点的标签。在19.4节中讨论了这种协同分类问题。一旦通过协同分类方法确定了未标记节点的标签，就可以将其映射回最初的数据对象。这种方法使用于同时包括训练数据和测试数据的情况。

16.3.6.2 基于序列的方法

在基于序列的方法中，首先使用空间瓷砖变换或者时空瓷砖变换将轨迹转换为序列。一旦完成这种转换，就可以使用第15章中讨论的序列分类法进行处理。因此，整体的方法可以描述如下：

1）使用16.3.3.1节中讨论的空间瓷砖变换或者时空瓷砖变换将 N 条轨迹转换成 N 个序列。

2）使用15.6节中讨论的任意一种序列分类方法，确定序列的标签。

3）将序列标签映射回轨迹标签。

空间瓷砖变换和时空瓷砖变换在分类过程中容纳不同空间或者时间特征的能力是不同的。如果使用空间瓷砖变换，分类结果则是时间不敏感的，不同时间段上形成的轨迹可以根据它们的形状一起进行建模。而对于时空瓷砖变换，则只能对同一时间段的轨迹进行分类。换句话说，轨迹的训练集和测试集都需要从同一时间段抽取。在这种情况下，分类模型不仅对于轨迹形状是敏感的，对于运动发生的时间也是敏感的。因此，即使所有的轨迹都具有相同的形状，由于时间性的不同造成其运动速度的差别，其标记也可能不同。建模方式的具体选择需要根据具体应用来确定。

16.4 小结

空间数据在大量应用中都很常见，例如气象数据、轨迹分析和疾病暴发数据。这种数据几乎总是含上下文数据类型的，其属性分为行为属性和上下文属性。空间属性可能是行为属性或上下文属性。不同类型的数据需要不同类型的处理方法。

例如在气象数据中，空间属性是上下文属性，其他类型的属性（如温度、湿度）在不同的空间地点上进行度量。另一个例子是图像数据，不同位置的像素值可用于推测图像的性质。对于基于形状的空间数据，基于质心的扫描算法是一种重要的将形状转换为时间序列数据的方法。另外一种重要的方法是空间小波变换，它将空间数据转换为多维表示。这些转换方法对于几乎所有的数据挖掘问题很重要，例如聚类、异常检测和分类。

在轨迹数据中，空间属性是行为属性，仅有的上下文属性是时间。轨迹数据可以看作多变量时间序列数据。因此，时间序列距离函数可以扩展到轨迹数据中。这是有用的，因为许多数据挖掘算法都只依赖于距离函数。通过使用基于瓷砖的变换方法，轨迹数据可以转换为序列数据。这类方法非常有用，因为序列挖掘领域有很多有效的数据挖掘方法。

16.5 文献注释

人们已经在地理数据挖掘以及知识发现领域[388]广泛地研究了空间数据挖掘问题。关于空间数据库的详细讨论见[461]。检索和索引问题是空间数据最早的应用之一[443]。形状数据挖掘的质心扫描方法见[547]。含有非空间性行为属性的共址空间模式发现见[463]。这种方法已经成功应用于很多数据挖掘问题，如聚类、分类和异常检测。

关于空间数据异常检测的讨论见[5]，这本书中包含了专门的一章讨论这个问题。人们设计了许多针对空间数据和时空数据的异常检测方法[145, 146, 147, 254, 287, 326, 369, 459, 460, 462]。异常形状检测的算法由[510]提出。

基于瓷砖的轨迹模式挖掘方法由[375]提出。轨迹数据的模式挖掘同聚类问题是紧密相关的。[352]讨论了挖掘特定时段轨迹行为模式的方法。移动对象的聚类问题见Swarms[351]、

Flocks[86] 和 Convoys[290]。其中 Swarms 算法采用了最宽松的定义，并允许噪声段存在于数据中。在社交性检测应用中从轨迹数据识别实时群体的算法由 [429] 提出。将长轨迹分割成短轨迹并用于基于形状的聚类的算法由 [338] 提出。移动数据轨迹的异常检测见 [117]。Top-Eye 算法是一种用于检测移动对象轨迹的前 k 个异常的算法，由 [226] 提出。用于发现基于形状的轨迹异常的 TRAOD 算法见 [337]。基于区域和轨迹聚类的分类方法在 [339] 中提出。

16.6 练习题

1. 讨论如何将空间小波推广到含有 k 个上下文属性的数据中。
2. 使用小波变换，实现根据空间数据构造多维表示的算法。
3. 描述将形状转换为多维表示的方法。
4. 实现将形状转换为时间序列数据的算法。
5. 假设有 N 个位于某一空间网格区域的、按时间顺序获取的、不同的海平面温度的时间快照。想要识别某些重大事件发生的区域和时间。描述使用空间小波来发现这些区域和时间的方法。
6. 假设第 5 题中的快照不是时间上连续的。请问如何使用空间小波识别那些同其他快照有很大区别的快照？如何识别同其他区域不同的区域？
7. 假设使用基于瓷砖变换的方法来发现频繁轨迹模式。讨论不同的基于约束的序列模式挖掘算法是如何映射到不同的基于约束的轨迹模式上的。
8. 提出一种基于时间快照的聚类方法，来将轨迹转换为标识符序列。讨论它同基于瓷砖变换方法相比的优缺点。
9. 实现将轨迹转换为标识符序列的瓷砖变换方法的不同变种。
10. 讨论如何使用小波来完成针对轨迹的不同的数据挖掘任务。

图数据挖掘

“在信息传输中结构比内容更重要。”

——Abbie Hoffman

17.1 引言

在许多应用领域，比如生物信息学、化学、半结构化数据和生物数据，图大量存在。在这类领域中，图的许多重要性质与其结构有关。因此，图挖掘算法可以用于分析图的领域相关的性质。在实际应用中，大多数的图属于以下两种类型：

1）在一些应用中，如化学和生物数据，存在由许多小规模的图组成的数据库。图的每个节点都带有标签，标签对于节点来说可能是唯一的也可能是不唯一的，这取决于具体的应用场景。

2）在诸如 Web 和社交网络这类的应用领域中，可以将整个数据网络看作一个大图。例如，Web 的每个网页（通过 URL 标识）可以看作一个节点，而所有的网页组成了一个规模非常大的图。图中的边则对应于网页之间的超链接。

这两种类型的图数据在本质上是不同的。Web 和社交网络应用将分别在第 18 和 19 章中进行阐述。本章将集中讨论第一种情况，即存在许多小规模图的数据库的情形。一个图数据库因此可以定义如下。

定义 17.1.1（图数据库） 一个图数据库 $\mathcal{D}$ 是 n 个不同的无向图的集合。无向图表示为 $G_1=(N_1, A_1),\cdots,G_n=(N_n, A_n)$，第 i 个图中的节点集合用 N_i 来表示，而第 i 个图中的边集则用 A_i 来表示。每个节点 $p\in N_i$ 都带有一个标签，记为 $l(p)$。

节点标签可以在同一个图中重复出现。比如每个图 G_i 对应于一种化合物，那么节点的标签则是一种化学元素符号。由于同样元素的原子出现多次，这种图也就包括重复的标签了。图中的重复标签给图匹配和距离计算带来了很多挑战。

下面列举图数据挖掘的一些关键性的应用：

- 化学和生物学数据可以通过节点对应于原子、边对应于原子键的方式来表示为图。可以通过对边进行加权来反映不同原子键的强度。图 17-1 显示了化合物及其对应的图。图 17-1a 显示的是化合物对乙酰氨基酚（一种著名的止疼药）。其相应的图表示在图 17-1b 中，这个图包括节点标签和边的权重。在许多图挖掘的应用中，使用单位权重来对边的权重进行简化。
- XML 数据可以表示为属性关系图。结构化记录中的不同属性之间的关系可以用边来表示。
- 几乎所有数据类型都可以表示为实体关系图。将传统的关系型数据库的记录表示成实体关系图，就为关系数据挖掘提供了一个新思路。

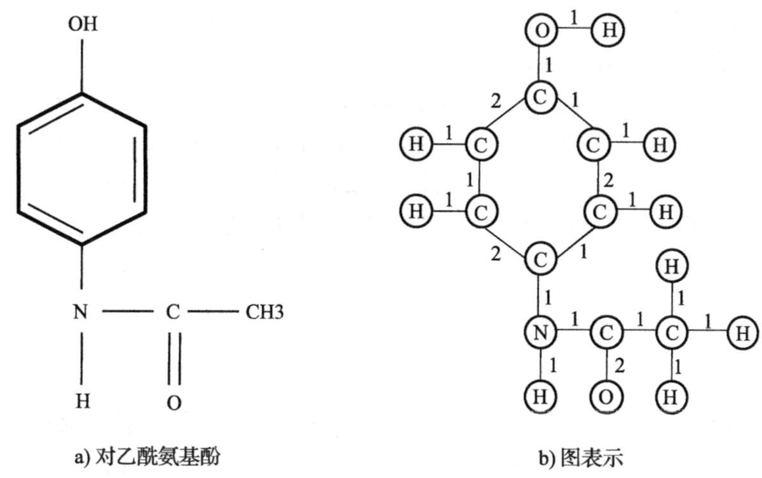

图 17-1 一种化合物（对乙酰氨基酚）及其相关的图表示

图数据可以对对象间的抽象关系进行建模，因此十分强大。然而，图表示的灵活性带来了更高的计算复杂性。

1）图缺少多维数据表示的“扁平性”，甚至也不能表示上下文数据（例如时间序列）。后者使用传统模型和方法更容易进行处理。

2）节点间标签的重复使得在计算图之间的相似度时需要考虑图的同构性问题。这个问题是 NP 难的，因此给相似度计算和图匹配带来了计算方面的挑战。

第二个问题尤为重要，因为匹配和距离计算这两个问题对于图挖掘的应用来说是基础性的问题。例如，在频繁子图挖掘的应用中，一个重要的子问题是子图匹配问题。

本章内容的组织结构如下：17.2 节将处理图匹配和距离计算问题；17.3 节将讨论针对距离计算的图转换方法，该小节中一个重要的部分是预处理的方法论，比如拓扑描述量和内核方法，它们经常用于距离计算；17.4 节将处理图的模式挖掘问题；图的聚类问题在 17.5 节中加以讨论；图的分类问题则在 17.6 节中加以叙述；最后，17.7 节给出本章小结。

17.2 图匹配和距离计算

在图数据领域中，匹配和距离计算问题是紧密相关的。当两个图节点的标签之间可以建立一一映射，并且对应节点之间的边也能够匹配时，我们认为这两个图是匹配的。这两个图之间的距离是 0。因此，两个图之间的距离计算问题至少是和图匹配问题一样难的。图匹配也可以称为图同构。

需要指出的是，图挖掘问题的术语“匹配”可以在两种截然不同的语境下使用，这有可能在某些时候让读者感到困扰。例如，同一个图中利用边进行配对的节点可以称为匹配。在本章中，除非特别说明，我们的关注重点不是节点的匹配问题，而是两个图之间的匹配。这个问题也称为**图同构**问题。

定义 17.2.1（图匹配和图同构） 两个图 $G_1=(N_1, A_1)$ 和 $G_2=(N_2, A_2)$ 同构的条件是，当且仅当它们的节点集合 N_1 和 N_2 之间存在一一对应关系，并且满足如下性质：

1）若 $i \in N_1$ 和 $j \in N_2$ 是对应节点对，它们的标签是一致的。

$$l(i)=l(j)$$

2）令 $[i_1, i_2]$ 是图 G_1 中的节点对，$[j_1, j_2]$ 是图 G_2 中对应的节点对。那么 G_1 中边（i_1, i_2）存在的充分必要条件是在 G_2 中存在边（j_1, j_2）。

节点标签的重复给图匹配的计算带来了挑战。例如，考虑两个甲烷分子，如图 17-2 所示。尽管两个分子中唯一的碳原子只有一种方式进行匹配，但氧原子却可以有 4!=24 种不同的匹配方式。两种可能的匹配结果分别见图 17-2a 和图 17-2b。一般地，标签重复度越高，则可能的匹配结果就越多。两个图之间可能的匹配结果同图的大小呈指数关系。对于含有 n 个节点的两个图，其可能的匹配有 $n!$ 之多。这将使得两个图之间的匹配计算变得非常昂贵。

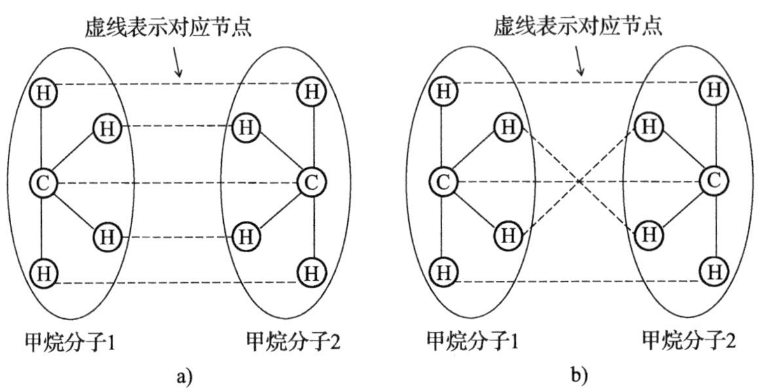

图 17-2　代表甲烷分子的图的两种可能的匹配

引理 17.2.1　确定两个图之间是否存在匹配的问题是 NP 难的。

在文献注释中包括了其 NP 难证明的文献指引。当两个图的规模非常大时，精确的匹配经常是不存在的。然而，可能存在近似匹配。近似程度可以使用距离函数进行量化。因此，相对于图匹配问题，图之间距离函数的计算是一个更一般的问题，所以至少有与图匹配同样的难度。我们将在下一节中详细讨论这个问题。

另一个相关的问题是子图匹配。与精确的图匹配问题不同的是，在子图匹配中查询图需要显式地同数据图区分开来。

定义 17.2.2（节点的导出子图）　$G=(N, A)$ 的节点导出子图是一个满足下述性质的图 $G_s=(N_s, A_s)$：

1）$N_s \subseteq N$

2）$A_s = A \cap (N_s \times N_s)$

换句话说，对于原图 G 中的边，如果它们的节点在子集 $N_s \subseteq N$ 中，那么这样的边全部都包括在子图 G_s 中。

一个图的同构子图可以通过节点导出子图来定义。查询图 G_q 是数据图 G 的同构子图的条件是，它是 G 的一个节点导出子图的精确同构图。

定义 17.2.3（子图匹配和同构图）　当且仅当满足下述条件时，查询图 $G_q=(N_q, A_q)$ 是数据图 $G=(N, A)$ 的一个同构子图：

1）N_q 中的每个节点应该同 N 中唯一一个带有同样标签的节点相匹配，但 N 中的节点不都需要有匹配。对于每个节点 $i \in N_q$，必须存在一个唯一的匹配节点 $j \in N$，使得它们的标签相同。

$$l(i)=l(j)$$

2）令 $[i_1, i_2]$ 是 G_q 中的一个节点对，$[j_1, j_2]$ 是 G 中与其相对应（根据节点匹配）的节点对。那么，边 (i_1, i_2) 存在于 G_q 中的充分必要条件是边 (j_1, j_2) 存在于 G 中。

本小节中的同构子图的定义假设数据图的节点导出子图的所有边都存在于查询图中。在某些应用中，例如频繁子图挖掘，则使用一个更为一般的概念：可考虑节点导出子图的边的任意一个子集作为同构子图。这种更一般的情况可以通过对本节讨论的算法进行较小的改动来处理。注意，上述定义允许子图 G_q（或 G）是不连通的。但是，对于实际应用，人们通常只对连通子图有兴趣。两种可能的子图匹配见图 17-3。在图中也显示了其中一个图作为另一个图的子图的两种情况。精确匹配问题是子图匹配问题的一种特殊情况，因此子图匹配也是 NP 难的。

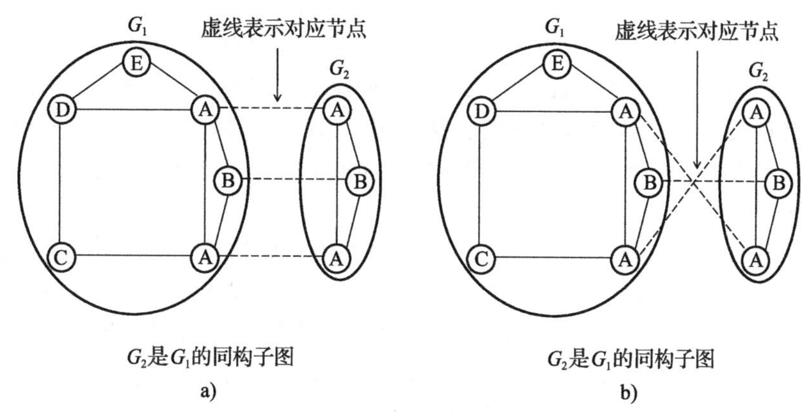

图 17-3　两种可能的同构子图

引理 17.2.2　子图匹配问题是 NP 难的。

子图匹配在应用中经常作为一个子程序，例如在频繁模式挖掘中。尽管子图匹配问题相对于精确匹配是一个更一般的问题，但它还可以进一步地一般化，以在两个图之间寻找最大公共子图（MCG）。这是因为两个图之间的 MCG 至多同较小的图一致，此时小图是大图的一个子图。两个图的 MCG 或者说最大公共同构图可以定义如下。

定义 17.2.4（最大公共子图）　两个图 $G_1=(N_1, A_1)$ 和 $G_2=(N_2, A_2)$ 的 MCG 表示为 $G_0=(N_0, A_0)$，它是两个图公共的同构子图，并且在满足这样条件的图中节点集合 N_0 从节点数来看是最大的。

由于 MCG 问题是图同构问题的泛化，因此它也是 NP 难的。在本小节中，我们将阐述用于发现同构子图的算法，和求最大公共子图的算法。进而，我们会讨论这些算法与图的距离计算之间的关系。可以设计同构子图算法来确定查询图和数据图之间所有的与构子图，也可以设计一个快速算法来确定是否存在这样一个同构。

17.2.1　同构子图问题的 Ullman 算法

Ullman 算法被用于确定查询图和数据图之间所有可能的同构子图。它也可以通过在程序执行早期使用终止判断条件，确定查询图是否是数据图的一个同构子图。有意思的是，之后的图匹配算法大部分是 Ullman 算法的改进算法。因此，本小节将首先介绍 Ullman 算法的最简单版本。接下来，我们将在单独一小节中介绍基本算法的变体和改进算法。尽管同构子图的定义允许查询图（或者数据图）是不连通的，但将其默认为连通图在实际中更有意义，并且计算起来更加方便。通常，可以对算法进行微小的修改，使之适应连通和不连通的两种情况（见练习题 14）。

假设查询图用 $G_q=(N_q, A_q)$ 来表示，数据图用 $G=(N, A)$ 来表示。Ullman 算法的第一步是将两个图中所有标签相同的节点对匹配起来。对于每个匹配的节点对，算法使用递归查找程序，每次扩充一个节点：每次递归调用将 G_q 和 G 之间的匹配子图扩充一个节点。因此，递归调用的一个参数是由当前的节点匹配对组成的集合 $\mathcal{M}$。$\mathcal{M}$ 中的每个元素（节点匹配对）都是 G_q 和 G 之间匹配的节点对。因此，当在两个图之间有一个含有 m 个节点的子图得以匹配时，集合 $\mathcal{M}$ 中所含的 m 个匹配节点对如下所示：

$$\mathcal{M}=\{(i_1^q, i_1), (i_2^q, i_2), \cdots, (i_m^q, i_m)\}$$

这里，假设节点 i_r^q 属于查询图 G_q，而节点 i_r 属于数据图 G。在最顶层的递归调用中，匹配集合 $\mathcal{M}$ 被初始化为空集。$\mathcal{M}$ 中元素的个数同递归调用的深度相等。当子图不能进一步匹配新的节点对或者 G_q 已经完全匹配时，递归调用返回。返回时，向上报告匹配集 $\mathcal{M}$，进而在上级递归中选择下一个分支继续进行匹配。如果不需要确定所有可能的匹配，则程序可以在某一点终止。

Ullman 算法的简化版本如图 17-4 所示。算法具有递归结构，并探索了两个图所有可能的匹配空间。算法的输入为查询图 G_q 和数据图 G。在这个递归程序中一个额外的参数 $\mathcal{M}$ 是一个包括当前所有匹配节点对的集合。在最顶层的递归调用中 $\mathcal{M}$ 被设置为空集，但在低层中非空，并且其中元素的个数等于当前的递归深度，这是因为每次递归调用都增加一个匹配节点对。严格地说，如果严格遵守 $\mathcal{M}$ 所对应的匹配，那么就能返回所有子图同构。

```
Algorithm SubgraphMatch (查询图：Gq，数据图：G，当前部分匹配节点对：M)
begin
  if (|M| = |Nq|) then return 成功匹配 M;
  (Case when |M| < |Nq|)
  C = 不在 M 中的 (Gq, G) 的所有标签匹配节点对的集合；
  使用启发式方法修剪 C;（效率优化可选项）
  for 每对 (iq, i)∈C do
    if M ∪ {(iq, i)} 是一个有效的部分匹配
    then SubgraphMatch(Gq, G, M ∪ {(iq, i)});
  endfor
end
```

图 17-4　Ullman 算法的基本模板

递归程序的第一步是检测 $\mathcal{M}$ 的大小是否等于查询图 G_q 中节点的个数。如果是，则报告 $\mathcal{M}$ 为一个成功的子图匹配并且回溯到上一层进行新的探索。否则，算法将继续发现新的匹配节点对，并将其增加到 $\mathcal{M}$ 中。这里存在一个产生匹配候选节点对的步骤。在这个步骤中，所有那些 G_q 和 G 之间标签相同的节点对，如果它们尚未被包括在 $\mathcal{M}$ 中，则可以成为匹配候选节点对集合 $\mathcal{C}$ 中的一员。

由于匹配候选节点对的数量可能很大，因此可以启发式地使用数据图和查询图的某些特定的性质来对其进行剪枝。稍后我们将给出这类启发性方法的一些例子。经过剪枝而产生的

集合 $\mathcal{C}$ 中的元素节点对 $(i_q, i) \in \mathcal{C}$，算法一个一个地检查它们是否可以添加到 $\mathcal{M}$ 中，从而在两个图之间增加一个有效的（局部的）匹配。对于 $\mathcal{M} \cup \{(i_q, i)\}$ 来说，如果它能成为一个有效的局部匹配，那么当 $i_q \in N_q$ 和 G_q 中任意一个已经匹配的节点 j_q 有一条有向边时，i 也必须同 G 中其相应的匹配节点 j 有一条从 i 出发的有向边，反之亦然。如果一个有效的局部匹配存在的话，那么这个程序就可以递归地进行调用，且相应的匹配集合增加为 $\mathcal{M} \cup \{(i_q, i)\}$。在（通过对应的递归调用）遍历完所有这些候选匹配节点对后，算法回溯到上层递归。

不难看出，这个程序对于输入数据规模有指数式的复杂度，并且对于查询图的大小是高度敏感的。这种高复杂度是由于递归的深度同查询图的大小是同一个数量级的，且每层递归的分支个数同匹配的节点对的个数是相同的。显然，除非候选集合的规模可以用有效的候选集合产生方法和剪枝来精确控制，否则该算法将会非常缓慢。

算法的变体和改进

尽管 Ullman 起初提出的是一个基础匹配算法，但这个算法却被当作一个模板来设计许多其他的匹配算法。不同算法的主要区别在于如何通过剪枝对候选匹配对的规模进行限制。使用精心选择的候选配对集合 $\mathcal{C}$ 对于算法的效率来说有十分重要的影响。绝大多数的剪枝方法依赖于一些同构子图关系中两个图都满足的自然限制条件。一些常用的剪枝规则如下。

1. Ullman 算法

这个算法使用一个简单的剪枝规则。对于所有的节点对 (i_q, i)，如果 i 的度数比 i_q 的度数小，那么在剪枝阶段中将其从 $\mathcal{C}$ 中删去。这是因为查询子图中每个匹配节点的度数不能超过它所匹配的数据图中的节点度数。

2. VF2 算法

在 VF2 算法中，对于候选 (i_q, i)，如果 i_q 同 G_q 中的已匹配节点（即 $\mathcal{M}$ 中包含的 G_q 的节点）之间没有边的话，就将其剪枝。同样，在剪枝步骤中也把 i 同数据图 G 中已匹配的节点之间无边的节点对 (i_q, i) 删除。这些剪枝规则假定查询图和数据图是连通的。算法还比较每个节点对 i 和 i_q 的邻居节点的数量，这些邻居节点同 $\mathcal{M}$ 中的节点之间有边但是本身并不包含在 $\mathcal{M}$ 中。数据图中这类节点的数量不能大于查询图中这类节点的数量。最后，比较 i 和 i_q 的那些同 $\mathcal{M}$ 中节点不直接相连的邻居的数量。数据图中这类节点的数量不能小于查询图中这类节点的数量。

3. 顺序优化

剪枝步骤的有效性同向 $\mathcal{M}$ 中增加节点的顺序是相关的。一般来说，当在集合 $\mathcal{C}$ 中搜索不同候选节点对时，应当首先选择查询图中那些含不常见标签的节点。不常见标签在图中只能以少量的方式匹配。对不常见标签的早期探索可以在递归的早期阶段发现更多相关的部分匹配集合 $\mathcal{M}$。这也有助于剪枝的有效性。VF2 的增强版本和 QuickSI 算法将节点的顺序优化和上述的节点剪枝步骤融合了起来。

读者可以在文献注释中寻找这些算法细节的指引。本小节中同构子图的定义假设数据图的节点导出子图的所有边都在查询图中。在某些应用（如频繁子图挖掘）中，则使用一种更宽泛的定义：节点导出子图的边的任意一个子集也被考虑形成同构子图。这种更一般的情况可以通过对基本算法进行少许修改来解决：即对产生候选匹配和验证候选匹配的标准进行合理的放松。

17.2.2　最大公共子图问题

最大公共子图（MCG）问题是同构子图问题的泛化。两个图之间的 MCG 至多等于较小的图，且较小图是较大图的子图。同构子图算法的基本原则可以轻松地移植到 MCG 的同构问题。下面我们将讨论 Ullman 算法是如何扩展到 MCG 问题的。这些方法的主要区别在于剪枝的标准，以及在搜索空间里探索子图时算法需要始终对最大公共子图进行跟踪。

MCG 算法的递归探索过程和同构子图算法的过程是一致的。算法在图 17-5 中进行了说明。两个输入图分别用 $G_1=(N_1, A_1)$ 和 $G_2=(N_2, A_2)$ 来表示。和子图匹配的情况一样，递归探索中的当前匹配结果用集合 $\mathcal{M}$ 表示。对于每个匹配节点对 $(i_1, i_2)\in\mathcal{M}$，假设 i_1 属于 G_1，i_2 属于 G_2。算法的另一个输入参数是当前最佳（最大）的节点对匹配集合 $\mathcal{M}_{best}$。在最初的递归调用中，$\mathcal{M}$ 和 $\mathcal{M}_{best}$ 都被初始化为 null。严格地说，每次递归调用确定了在 $\mathcal{M}$ 中节点对都匹配的条件下，最佳的匹配结果。这就是为何参数在最顶层递归调用中被初始化为 null 的原因。但在低层的调用中，$\mathcal{M}$ 总是非空的。

```
Algorithm MCG（图：G1, G2，当前部分匹配节点对：M，当前最佳匹配：M_best）
begin
  C = 不在 M 中的（Gq, G）的所有标签匹配节点对的集合；
  使用启发式方法修剪 C；（效率优化可选项）
  for 每对（i1, i2）∈ C do
    if M ∪ {(i1, i2)} 是一个有效的部分匹配
      then M_best = MCG(G1, G2, M ∪ {(i1, i2)}, M_best);
    endfor
    if(|M| > |M_best|) then return(M) else return(M_best);
end
```

图 17-5　MCG 算法

和同构子图算法一样，算法递归地探索候选匹配节点对。在 MCG 算法中使用相同的候选扩展和剪枝步骤。但是，同构子图算法中使用的某些剪枝步骤是基于*子图假设*的，因此不能继续使用。例如，在 MCG 算法的 $\mathcal{M}$ 中一个匹配节点对 (i_1, i_2) 不再需要满足某一个图中的节点度数大于或者小于另一个图中其匹配节点的度数这一约束条件。由于在最大公共子图问题中不再受更多限制，因此算法将探索更大的搜索空间。这在直观上是合理的，因为最大公共子图问题相对于同构子图更加一般化。但是，一些优化方法（如仅扩展有边节点和调整优化顺序以便较早处理不常见标签节点等技术）还可以继续使用。

目前为止找到的最大公共子图存储在 $\mathcal{M}_{best}$ 中。在程序最后，算法返回这个值。修改这个算法使之可以确定所有可能的最大公共子图也很容易。主要的区别在于能够动态存储当前所有可以确定的 MCG，而不是只存储其中的一个。

17.2.3　用于距离计算的图匹配方法

图匹配方法和图之间的距离计算是紧密联系的。这是因为如果图的匹配对之间有较大的公共子图，它们也很可能更加相似。计算图距离的第二种方法是使用*编辑距离*。图的编辑距离类似于字符串的*编辑距离*。这两类方法都在本节中进行讨论。

17.2.3.1　基于 MCG 的距离

两个图之间有较大公共子图，是相似的一个信号。存在几种不同的方法将 MCG 转换成距离值。某些距离的定义也称作**度量**，因为它们都是非负的、对称的且满足三角不等关系。

令图 G_1 和 G_2 的 MCG 表示为 $MCS(G_1, G_2)$，其大小为 $|MCS(G_1, G_2)|$，图 G_1 和 G_2 的大小分别用 $|G_1|$ 和 $|G_2|$ 来表示，则可以使用下面的量化函数来定义不同的距离度量。

1. 无归一化的非匹配度量

两个图之间的无归一的非匹配距离度量可以定义如下：

$$U(G_1, G_2) = |G_1| + |G_2| - 2|MCS(G_1, G_2)| \tag{17.1}$$

此式等价于两个图之间没有匹配的节点的数量，因为它从所有节点的数目中减去了匹配节点的数量。这种度量是无归一的，因为距离值依赖于两个图的原始大小。这样做并不合适，因为会使得比较不同大小的图之间的距离变得困难。这种度量在集合中的所有图的大小相仿时较为有效。

2. 并集归一化距离

这种距离度量取值在 (0, 1) 的范围之内，并且可以成为标准度量。归一化距离 $UDist(G_1, G_2)$ 的定义如下：

$$UDist(G_1, G_2) = 1 - \frac{|MCS(G_1, G_2)|}{|G_1| + |G_2| - |MCS(G_1, G_2)|} \tag{17.2}$$

由于分母中包含了两个图的并集的节点数量，因此这种度量称为归一化距离。另一种理解这种度量的方式是，它使用两个图的并集的节点个数归一化了两个图之间未匹配节点的个数 $U(G_1, G_2)$（无归一化度量）：

$$UDist(G_1, G_2) = \frac{G_1\text{和}G_2\text{之间的未匹配节点个数}}{G_1\text{和}G_2\text{的并集规模}}$$

这种度量的优势在于它直观上更容易理解。两个完美匹配的图之间的距离为 0，而两个完全不匹配的图之间的距离为 1。

3. 最大归一化距离

这种距离度量取值的范围也在 (0, 1) 之间。两个图 G_1 和 G_2 之间的最大归一化距离 $MDist(G_1, G_2)$ 定义如下：

$$MDist(G_1, G_2) = 1 - \frac{|MCS(G_1, G_2)|}{\max(|G_1|, |G_2|)} \tag{17.3}$$

和并集归一化距离的主要区别在于分母使用两个图中较大图的大小来进行归一化。这种度量也是一种标准度量，因为它也满足三角不等式。解释这种度量也很容易，两个完全匹配的图之间的距离为 0，两个完全不匹配的图之间的距离为 1。

这三种距离度量都可以有效计算小规模的图之间的距离。但是对于较大规模的图，它们的计算代价将变得十分昂贵，因为需要确定两个图之间的最大公共子图。

17.2.3.2 图的编辑距离

图的编辑距离和第 3 章中讨论的字符串的编辑距离是相似的。主要的区别在于其编辑操作特定于图的领域。编辑距离可以应用于节点、边或者标签上。在图的情形下，可以接受的操作包括：节点插入、节点删除、节点的标签替换、边插入、边删除。注意，删除节点包括自动删除它所有的关联边。每个编辑操作都有一个编辑代价，并且是根据特定应用来定义的。事实上，学习编辑代价这个问题本身就是很棘手的。例如，一种学习编辑代价的方法是使用第 3 章中讨论的有监督的距离函数学习方法。文献注释中包括这类方法的一些指引。

图 G_1 和 G_2 之间两种可能的编辑路径如图 17-6 所示。注意，这两个路径有着不同的代价，这依赖于其编辑步骤的具体组成。例如，如果标签替换的代价相对于边插入和删除操作的代价更高的话，使用位于第一条路径下方的第二条路径可能更有效。对于较大且复杂的图，可能存在指数级数量的编辑路径。两个图之间的编辑距离 $Edit(G_1, G_2)$ 等于将图 G_1 转换成图 G_2 的最小编辑代价。

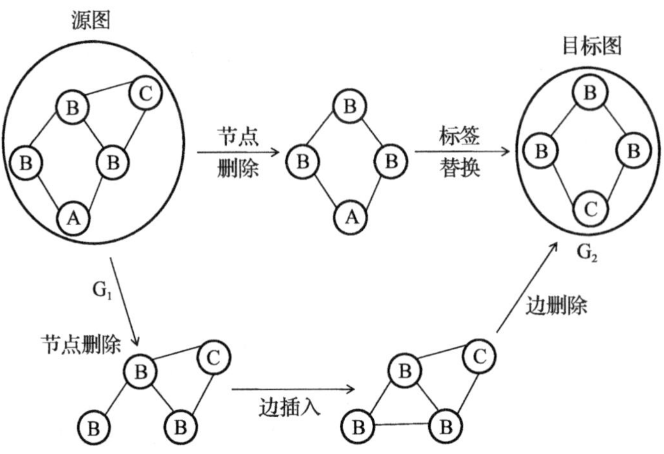

图 17-6　图 G_1 和 G_2 之间的两条可能的编辑路径

定义 17.2.5（图的编辑距离） 图的编辑距离 $Edit(G_1, G_2)$ 是将图 G_1 转换成图 G_2 时所应用的编辑操作的总代价最小的编辑代价。

根据不同的操作代价，编辑距离不一定是对称的。换句话说，$Edit(G_1, G_2)$ 有可能和 $Edit(G_2, G_1)$ 不同。有趣的是，编辑距离同确定所有 MCG 的问题是紧密相关的。事实上，对于某些编辑代价的选择，可以证明编辑距离同基于最大公共子图的距离度量是相等的。这隐含着图之间编辑距离的计算也是 NP 难的。编辑距离可以看作一个有容错的同构图问题，其中的“错误”使用编辑操作的代价来量化。如第 3 章中所讨论的那样，字符串和序列的编辑距离计算可以使用动态规划算法在多项式时间内解决。而在图的例子中，计算更难，因为它是 NP 难问题。

编辑距离计算和 MCG 问题的紧密联系通过它们的算法结构的相似性得到了直接反映。同最大公共子图的问题一样，可以使用递归树搜索程序来计算编辑距离。下面，我们将描述用于计算编辑距离的基本程序。在文献注释中列出了各种增强版本的指引。

编辑距离的一个有趣性质是它可以通过只探索一类特殊的编辑序列来计算最终结果。在这类编辑序列中，任何节点插入操作（连同它们的关联边的插入操作）都在编辑序列的最后进行。因此，编辑距离算法维护了一个将图 G_1 转换成图 G_2 的一个同构子图 G_1' 的编辑序列 $\mathcal{E}$。通过将图 G_2 中未匹配的节点一个一个地添加到 G_1' 中，并增加相应的关联边，构造出 G_2 是可能的。因此，序列 $\mathcal{E}$ 的开始部分不包括任何节点插入操作。换句话说，$\mathcal{E}$ 序列的开始部分可以只包括节点删除、节点标签替换、边插入和边删除的操作。下面给出一个编辑序列的例子：

$$\mathcal{E} = \text{Delete}(i_1), \text{Insert}(i_2, i_5), \text{Label-Substitute}(i_4, A \Rightarrow C), \text{Delete}(i_2, i_6)$$

这个编辑序列中包括一个节点删除操作。接下来增加了一条边 (i_2, i_5)，并将节点 i_4 的标签替换为 C，进而删除边 (i_2, i_6)。将图 G_1 转换成图 G_2 的同构子图 G_1' 的总代价等于 $\mathcal{E}$ 中所有操作的代价，加上把 G_1' 转换成 G_2 所执行的所有节点及其关联边插入的操作代价。

这类方法的正确性依赖于一个条件：永远可以将节点插入操作和其关联边的插入操作安排在其他所有操作之后进行。这个性质的证明基于下面一个事实：最佳编辑序列可以通过将节点（和其关联边）的插入操作安排在最后来得到，只要被插入的节点同其他任何编辑操作（节点及关联边删除或者标签替代）是无关的。也可以很容易地证明如果删除新插入的节点或边，则编辑路径是欠佳的。另外，一个被插入的节点永远不需要标签替换操作，因为在节点插入的时候就可以设置正确的标签。

图 17-7 中展示了整个递归程序。算法的输入分别是源图 G_1 和目标图 G_2。另外，目前需要进行扩充的当前编辑序列 $\mathcal{E}$，以及目前为止最佳（最低代价）的编辑序列 $\mathcal{E}_{best}$ 都是算法的输入参数。这些输入参数对于在递归调用中传递参数是有用的。在顶层的调用中，将 $\mathcal{E}$ 的值初始化为 null，但是在接下来的每次递归调用中，将新的编辑操作增加到它的尾部，并将它作为输入参数传入进一步的调用中。参数 $\mathcal{E}_{best}$ 的值在顶层调用中被初始化为一个简单的编辑操作序列，即先删除 G_1 的所有节点，之后再增加 G_2 的所有节点和边。

```
Algorithm EditDistance（图：G1, G2, 当前部分编辑序列：ℰ，当前最佳编辑序列：ℰbest）
begin
  if（G1 是 G2 的同构子图）then begin
    对 ℰ 加入插入操作，使得 G1 转换为 G2;
    return (ℰ);
  end;
  C = 除了节点插入外的对 G1 的所有编辑操作的集合；
  使用启发式方法修剪 C;（效率优化可选项）
  for 每个编辑操作 e∈C do
  begin
    对 G1 进行操作 e，得到 G1'；
    将操作 e 添加到 ℰ 中，得到 ℰ'；
    ℰcurrent = EditDistance(G1', G2, ℰ', ℰbest)；
    if (Cost(ℰcurrent) < Cost (ℰbest)) then ℰbest = ℰcurrent ；
  endfor
  return (ℰbest);
end
```

图 17-7　图编辑距离算法

递归算法首先发现将图 G_1 转换成图 G_2 的同构子图 G_1' 的编辑序列 $\mathcal{E}$。在这个阶段之后，在 $\mathcal{E}$ 的尾部添加节点和边的插入操作使得 G_1' 转换成 G_2。这个步骤是图 17-7 的递归调用中返回条件之前的那一段代码。这个最后的添加步骤所耗费的编辑代价总是被包括在编辑序列 $\mathcal{E}$ 中（为了程序上的方便），并用 $Cost(\mathcal{E})$ 表示。

算法的整体结构类似于图 17-5 所示的 MCG 算法。在每次递归调用中，首先确定 G_1 是否是 G_2 的一个同构子图。如果是，算法将在添加使得 G_1 转换成 G_2 的点和边的插入操作后立即返回当前的编辑集合 $\mathcal{E}$。如果否，算法将继续执行并扩展部分编辑路径 $\mathcal{E}$。如果将某一编辑操作应用于 G_1 之后可以缩小它与 G_2 之间的距离，则将它加入候选操作集合 $\mathcal{C}$ 中。实际上，这些候选操作都是通过算法启发性地确定的，因为确认某个操作对编辑距离的影响几乎同计算编辑距离一样困难。选择候选编辑操作最简单的方法是考虑除节点插入之外的所有操作。这些候选操作可能是节点删除、标签替换和边操作（插入和删除）。对于含有 n 个节点的图，所有的节点操作数目为 $O(n)$，而边操作的数目为 $O(n^2)$。如果可以立刻确定某些操作永远都不可能是最佳操作的一部分，就可以启发式地对候选操作进行剪枝。事实上，某些剪枝步骤对于算法在有限步骤内结束是必需的。一些剪枝步骤如下：

1）如果同一节点对之间的边删除操作已经存在于当前部分编辑序列 $\mathcal{E}$ 中，那么边插入的操作不可能出现在其中。类似地，不能删除先前插入的边。一个最佳编辑路径不可能包括对序列没有影响的操作过程。这种剪枝对于保证算法在有限步骤内结束来说是必需的。

2）如果一个节点的标签替换操作存在于当前部分编辑路径 $\mathcal{E}$ 中，那么不能再替换掉这个节点的标签。重复的标签替换明显是欠佳的。

3）仅当在图 G_2 中一对节点之间至少有一条边时，可以在图 G_1 的具有相同标签的对应节点之间插入一条边。

4）如果将某种候选操作增加到 $\mathcal{E}$ 中会立刻使得 $\mathcal{E}$ 的代价高于 $\mathcal{E}_{best}$，则不应考虑该候选操作。

5）许多其他的顺序优化算法可以用来调整候选编辑的优先级。例如，所有节点删除操作可以安排在标签替换操作之前进行。可以证明，最佳编辑序列总是可以用这种方法来安排。类似地，标签替换操作如果能够使得标签的分布同目标图的标签分布更相近的话则可以优先考虑。一般地，可以对每个操作赋予一个"效用函数"，用启发式方法评估其出现在 ε 中能导致一条好的编辑路径的可能性。根据前面的标准 4，在早期找到好的编辑路径将会使得剪枝更加有效。

不同递归算法之间的主要区别在于使用不同的启发式算法对候选编辑操作进行排序和剪枝。读者可以在本章末尾的文献注释中找到这些方法的文献指引。在对候选操作进行剪枝之后，将其中每个操作应用到 G_1 从而构建图 G_1'。使用 (G_1', G_2) 和增广的编辑序列 $\mathcal{E}'$ 作为参数来递归地调用这个程序。这个程序最后返回前缀是 $\mathcal{E}'$ 的最佳编辑序列 $\mathcal{E}'_{current}$。如果 $\mathcal{E}'_{current}$ 的代价比 $\mathcal{E}'_{best}$ 的代价更小（包括使得两个图完全匹配的后处理中的插入操作），就使用 $\mathcal{E}'_{current}$ 更新 $\mathcal{E}'_{best}$。在程序最后返回 $\mathcal{E}'_{best}$。

程序保证在有限时间内终止，因为 $\mathcal{E}'$ 中节点标签替换和边删除操作的重复性在剪枝阶段就遭排除了。另外，所编辑的图的节点数量保证了单调非增性质，因为除了在最后的处理中 $\mathcal{E}$ 并没有包括任何的节点插入操作。对于含有 n 个节点的图，最多有 $\binom{n}{2}$ 个不重复的边操作（边插入和边删除）以及 $O(n)$ 个节点删除和标签替换操作。因此，递归有一个有限的深度 $O(n^2)$，同时它也等于 $\mathcal{E}$ 的最大长度。这个方法在最坏情况下是指数时间算法。除非图的规模很小，否则编辑距离的计算是很昂贵的。

17.3　基于转换的距离计算

在前面的小节中，距离度量所面临的主要问题是它们对于大规模的图来说在计算上不符合实际需要。许多启发式的和基于内核的方法被用于将图转换到可以使距离计算更加高效的空间中。有趣的是，某些方法得到的结果质量也很高，这得益于它们将注意力集中在图的相关区域进行计算的能力。

17.3.1　基于频繁子结构的转换和距离计算

这种方法直观上来源于使用频繁图数据模式对图的关键属性进行编码。对于很多应用来说，这一点是正确的。例如，图 17-1 中所示的化合物中的苯环，它的出现一般来说将使得化合物具有某种特殊的性质。因此，图的属性经常可以使用它的某些子结构来描述。这个直观的想法启发我们使用频繁子结构来对图进行语义的描述。因此，出现了一种转换方法，它根据图生成一种类似文本的向量空间表示。具体的步骤如下：

1）使用 17.4 节中讨论的频繁子图挖掘方法来发现图中的频繁子图模式。这将得到针对图数据构造的一个“词汇表”。不幸的是，这个词汇表的规模很大，并且许多子图具有冗余性，因为它们彼此很相似。

2）从上面步骤找到的子图中选择一个子图的子集，以减少频繁子图模式的重复性。通过只使用频繁最大子图，或者选择一个子图的子集（其中每个子图同其他子图相比都相差足够大），可以在这个步骤中应用不同算法的变体。对于最终选择的每个频繁子图 S_i，创建一个新的特征 f_i。令 d 代表所有频繁子图（特征）的数量，在接下来要构建的类文本表示中，它就是词汇表的大小。

3）对于每个图 G_i，针对特征 $f_1, \cdots, f_d$ 创建一个向量空间表示。每个图都包含与它所包含的子图相对应的特征。每个特征的频率则是图 G_i 中相应的子图的出现次数。如果仅考虑子图是否出现，而不考虑出现的频率，则可以创建一个二元的向量表示。像第 13 章中所讨论的那样，可以在向量空间表示上使用 tf-idf 归一化方法。

完成这个转换之后，可以使用任何文本相似度函数来计算两个图对象之间的距离。使用这个方法的一个优点是它可以使用传统的文本索引（比如倒排索引）进行配对，从而使得信息抽取更加高效。在文献注释中列出了此类方法的文献指引。

这种更加宽泛的方法也可以用于特征转换，因此文本领域中的任何数据挖掘方法都可以应用于图数据。后面，我们将讨论如何在图挖掘算法（例如聚类）中直接使用这种转换方法。该方法的主要缺点是同构子图在频繁子结构发现中是一个绕不开的子问题。因此，在最坏情况下这个方法具有指数复杂度。然而，可以使用很多近似方法来更高效地获得结果，且不会显著降低精度。

17.3.2 拓扑描述量

拓扑描述量通过使用如维度这样重要的结构化特征来对图进行定量性度量，从而将结构图转换为多维数据。在完成这种转换后，可以使用多维数据挖掘算法。这种方法使得大量的多维数据挖掘算法可以在基于图的应用中使用。而这个方法的缺点在于结构化信息的缺失。不过，拓扑描述量已经被证实在化学领域中可以保留很多图的关键信息，因此经常被使用。一般地，图挖掘中拓扑描述量的使用是高度领域相关的。应当指出，拓扑描述量同上节中的频繁子图方法有很多概念上的相似之处。主要的区别在于这里使用精心挑选的拓扑参数而不是频繁子图，来定义特征空间。

多数拓扑描述量与图结构相关，少数与节点相关。节点相关的描述向量有时也可以将图描述得很好，它也可以用于丰富节点的标签。一些拓扑描述量的常见例子如下。

1. Morgan 指数

这是一个节点相关的指数，它等于节点的第 k 阶的度数。换句话说，描述量同节点在距离 k 之内可以达到的节点的数量相等。它是仅有的几个描述节点的而不是描述整个图的描述量之一。节点相关的描述量通过使用 Morgan 指数在不同节点上的频率直方图，也可以转换成一个与图相关的描述量。

2. Wiener 指数

Wiener 指数等于所有节点对之间成对最短路径距离之和。因此，它需要在不同节点对之间计算全节点对最短路径距离：

$$W(G)=\sum_{i,j\in G} d(i, j) \tag{17.4}$$

已知 Wiener 指数同化合物的化学性质之间具有很多联系。使用这个指数的动机在于它同烷烃分子的沸点紧密相关[511]。随后人们发现，一些分子族的某些性质（如它们的密度、表面张力、粘度和范德华表面积）都与之相关。后来，这个指数也被用于化学领域之外的应用。

3. Hosoya 指数

Hosoya 指数等于图中有效的节点对的匹配数目。注意，这里的"匹配"一词指同一个图中节点与节点之间的匹配，而不是图与图之间的匹配。这个匹配不需要是最大匹配，即使是空匹配也被算作可能的匹配之一。确定 Hosoya 指数是 #P 完全问题，因为在图中可能存在指数级别的匹配个数，尤其当图的密度很大的时候。如图 17-8 中显示的那样，对于一个只有四个节点的完全图（团）Hosoya 指数是 10。Hosoya 指数也称为 Z 指数。

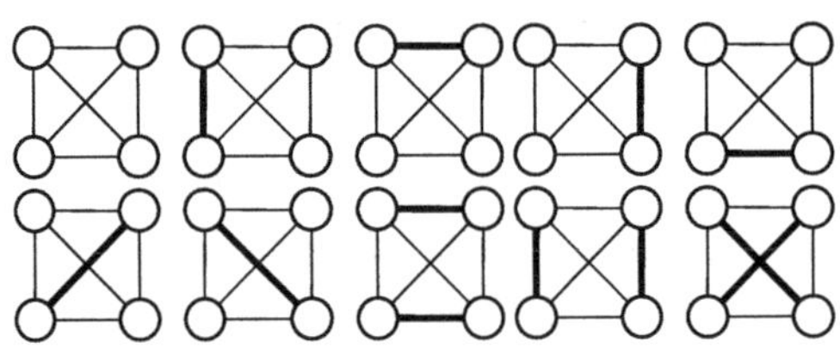

图 17-8　由四个节点组成的团的 Hosoya 指数

4. Estrada 指数

这个指数在度量蛋白质折叠程度的化学应用中非常有用。如果 $\lambda_1,\cdots,\lambda_n$ 是图 G 的邻接矩阵的特征值，那么 Estrada 指数 $E(G)$ 定义如下：

$$E(G)=\sum_{i=1}^{n} \mathrm{e}^{\lambda_i} \tag{17.5}$$

5. 圈的序数（circuit rank）

圈的序数 $C(G)$ 等于需要移除的最少的边的数目以使得图中不存在任何的圈。对于一个有 m 条边、n 个节点和 k 个连通分量的图来说，这个数等于 $(m-n+k)$。圈的序数也称为圈数。圈数这种叫法可以更直接地反映图的连通程度。

6. Randic 指数

Randic 指数等于节点对之间连接强度的总和。如果 v_i 代表节点 i 的度数，那么 Randic 指数 $R(G)$ 定义如下：

$$R(G)=\sum_{i,j\in G} 1/\sqrt{v_i \cdot v_j} \tag{17.6}$$

Randic 指数也称为分子关联指数。这个指数经常用于大型有机化合物，以便衡量它们之间的连接强度。Randic 指数经常同圈的序数 $C(G)$ 联合使用，构成 Balaban 指数 $B(G)$：

$$B(G)=\frac{m \cdot R(G)}{C(G)+1} \tag{17.7}$$

这里，m 代表网络中边的个数。

这里介绍的大多数拓扑结构描述量都在化学领域中经常被使用，因为它们能够捕捉化合物的不同性质。

17.3.3 基于内核的转换和计算

相比于基于 MCG 或者编辑距离的度量方法，基于内核的方法可以更快地进行相似度计算。另外，这些相似度计算方法都可以直接用于 SVM 分类器，这是内核方法在图的分类中广泛使用的重要原因。

在图挖掘的场景中，有几种内核经常被使用。下面我们将讨论一些常见类型。两个图 G_i 和 G_j 之间的内核相似度 $K(G_i, G_j)$ 是使用假想的函数 $\Phi(\cdot)$ 将图转换到新的空间中，然后进行点乘得到的结果：

$$K(G_i, G_j) = \Phi(G_i) \cdot \Phi(G_j) \tag{17.8}$$

实际上，$\Phi(\cdot)$ 的值不是直接定义的，而是由内核相似度函数 $K(\cdot, \cdot)$ 来间接定义的。定义内核相似度的方法有很多种。

17.3.3.1 随机游走内核

在随机游走内核中，主要的想法是比较在两个图中进行随机游走时导出的标签序列的相似度。直观上，如果在节点对之间进行随机游走时创建的标签序列很相似，那么两个图也会很相似。对于计算来说，主要的挑战在于节点对之间可能的随机游走数量是指数级别的。因此，首先在一对节点序列 s_1（来自 G_1）和 s_2（来自 G_2）之间定义一个原始序列内核函数 $k(s_1, s_2)$。最简单的内核是恒等内核：

$$k(s_1, s_2) = I(s_1 = s_2) \tag{17.9}$$

这里，$I(\cdot)$ 是一种指示函数，如果两个序列相同则取值为 1，否则取值为 0。那么总的内核相似度可以定义为，在所有可能的游走方式中，所有原始序列内核函数概率的总和：

$$K(G_1, G_2) = \sum_{s_1, s_2} p(s_1 | G_1) \cdot p(s_2 | G_2) \cdot k(s_1, s_2) \tag{17.10}$$

这里，$p(s_i | G_i)$ 表示图 G_i 中随机游走序列 s_i 的概率。注意，这个内核相似度值在两个图含有同样的标签序列时取值会更大些。计算这些概率时所面临的主要挑战仍然是计算复杂度，因为固定长度的游走方式的个数是指数级别的，并且游走长度可能是 $(1, \infty)$ 之间的任意值。

随机游走内核是使用图 G_1 和图 G_2 的乘积图 G_X 这一概念来计算的。在图 G_1 和图 G_2 中，每对标签匹配的节点对 u_1 和 u_2 都定义一个节点 $[u_1, u_2]$，从而构造出乘积图。当且仅当在图 G_1 和图 G_2 中两个节点之间都有边时，即当且仅当边 (u_1, v_2) 存在于图 G_1 中且边 (u_2, v_2) 存在于图 G_2 中时，我们在节点 $[u_1, u_2]$ 和 $[v_1, v_2]$ 之间增加一条边。乘积图的一个例子见图 17-9。注意，乘积图中的每步游走对应于 G_1 和 G_2 中的两个节点标签匹配序列。这样一来，如果 A 表示乘积图的二元邻接矩阵。那么 A^k 的元素表示在不同节点对之间进行长度为 k 的游走的数量。因此，游走的所有加权数量可以用下面的公式来计算：

$$K(G_1, G_2) = \sum_{i,j} \sum_{k=1}^{\infty} \lambda^k [A^k]_{ij} = \overline{e}^{\mathrm{T}} (I - \lambda A)^{-1} \overline{e} \tag{17.11}$$

这里，$\overline{e}$ 代表一个维度为 $|G_X|$ 的列向量，$\lambda \in (0,1)$ 是一个折扣系数。这个折扣系数应该

总是比 A 最大的特征值的倒数要小，从而保证无穷级数的收敛性。随机游走内核的另一个变体如下：

$$K(G_1, G_2) = \sum_{i,j}\sum_{k=1}^{\infty}\frac{\lambda^k}{k!}[A^k]_{ij} = \overline{e}^{\mathrm{T}}\exp(\lambda A)\overline{e} \tag{17.12}$$

当一个集合中的图的规模差别较大时，公式 17.11 和公式 17.12 的内核函数应当除以 $|G_1|\cdot|G_2|$ 来进行归一化。另外，在随机游走内核的某些概率版本中，向量 $\overline{e}^{\mathrm{T}}$ 和 $\overline{e}$ 使用随机游走在乘积图的不同节点上开始和停止的概率来替代。上面这个计算是较为昂贵的，需要 $O(n^6)$ 的时间。

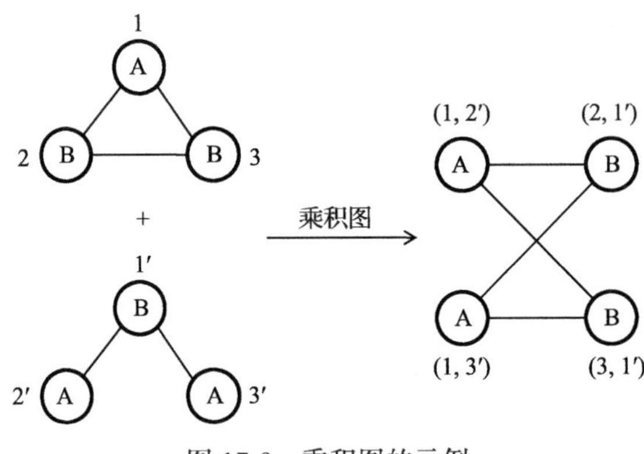

图 17-9　乘积图的示例

17.3.3.2　最短路径内核

在最短路径内核中，在节点对 $[i_1, j_1] \in G_1$ 和 $[i_2, j_2] \in G_2$ 上定义一个初始内核 $k_s(i_1, j_1, i_2, j_2)$。有几种定义内核函数 $k_s(i_1, j_1, i_2, j_2)$ 的方法。一个简单的方法是当距离 $d(i_1, i_2) = d(j_1, j_2)$ 时将其值设为 1，在其他情况下设为 0。

那么，总体的内核相似度等于不同节点四元组的所有初始内核的总和。

$$K(G_1, G_2) = \sum_{i_1, i_2, j_1, j_2} k_s(i_1, i_2, j_1, j_2) \tag{17.13}$$

最短路径内核可以通过在每个图上应用所有节点对的最短路径算法来计算。可以证明，计算这个内核函数的复杂度是 $O(n^4)$。虽然这仍然十分昂贵，但是对于小规模的图来说已经很有用了，比如化合物图。

17.4　图数据的频繁子结构挖掘

频繁子图挖掘对于图挖掘算法来说是一个基本的构建模块。许多聚类、分类和相似性搜索技术使用频繁子结构挖掘作为一个中间环节。这是因为频繁子结构可以对许多应用领域中图的重要性质进行编码。例如，考虑图 17-10 中的酚酸序列，它们表示了一族具有相似性质的有机化合物。这组化合物的许多复杂变形物可以在植物中充当信号分子和防御单元。酚酸的性质是存在两种频繁子结构的直接反映，其子结构分别对应于羧基和酚基。在图 17-10 中显示了这些子结构。子结构与性质的相关性并不仅限于化学领域。这就是频繁子结构经常用于许多图挖掘应用（例如聚类和分类）的中间环节的原因。

OH OH OH
C C C
O O O O O O
H H H
水杨酸 三羟基苯甲酸 四羟基苯甲酸

酚酸数据库

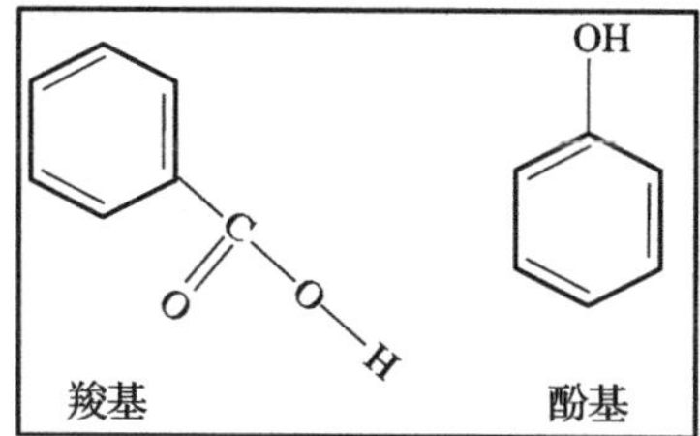

酚酸的频繁子结构

图 17-10 酚酸数据库中的频繁子结构示例

频繁子图的定义同关联模式挖掘中的定义是一致的，只是这里使用子图关系而不是子集关系来对支持率进行计数。许多著名的频繁子结构挖掘算法都是基于第 4 章中讨论的枚举树原理。这类方法最简单的例子是基于 Apriori 算法的方法。在第 4 章的图 4-2 中我们讨论了这个算法。Apriori 算法使用连接方法，从大小为 k 的频繁模式中创建大小为 $(k+1)$ 的候选模式。然而，由于图数据具有更高的复杂度，两个图之间的连接可能不止产生一个结果。例如，候选频繁模式可以通过*节点扩展*或者*边扩展*来产生。而这两种情况的主要区别是如何定义大小为 k 的频繁子结构，以及如何将它们连接在一起来产生大小为 $(k+1)$ 的候选结构。*子图的"大小"可以是指其中节点的个数，或者其中边的条数，这取决于是使用节点扩展还是边扩展*。因此，下面我们将更一般地讨论基于 Apriori 算法的基本方法，并不特指使用节点扩展或者边扩展。进而我们将讨论如何将它们修改为上述两种变形算法。

图 17-11 展示了频繁子图挖掘的整体算法框架。算法的输入是图数据库 $\mathcal{G} = \{G_1, \cdots, G_n\}$ 和最小支持率 *minsup*。基本算法结构同图 4-2 中讨论的 Apriori 算法相似。我们使用层次算法，其中大小为 $(k+1)$ 的候选子图 $\mathcal{C}_{k+1}$ 通过连接大小为 k 的频繁子图集合 $\mathcal{F}_k$ 中的两个图来产生。同之前所讨论的一样，子图的大小可以是节点或者边的数量，这取决于具体算法。为了使得连接可以成功，两个图需要在大小为 $(k-1)$ 的子图上得到匹配，得到的候选子图的大小才能变成 $(k+1)$。因此，连接步骤中最重要的一步是确定两个图是否有一个大小为 $(k-1)$ 的公共子图。可以使用 17.2 节中讨论的匹配算法。在某些应用中，不同节点上的标签完全不同，那么图的同构并不构成一个难题，可以高效地处理该步骤。否则，对于含有很多重复的节点标签的大规模图来说，这个步骤由于同构计算问题会变得很耗时。

在识别出匹配的图对之后，则对它们进行连接，并产生大小为 $(k+1)$ 的候选集合 $\mathcal{C}_{k+1}$。对于连接方法，稍后将根据节点扩展或者边扩展分别进行说明。另外，仍然会使用 Apriori 算法中的剪枝技巧。对于 $\mathcal{C}_{k+1}$ 中的候选者，如果它们的任何 k 子图不存在于 $\mathcal{F}_k$ 中，那么就将它们剪掉。对于剩下的候选子图，在图库 $\mathcal{G}$ 的范围内计算其支持率。17.2 节中讨论的同构子图算法可以用于计算支持率。将 $\mathcal{C}_{k+1}$ 中所有满足最小支持率的候选保留在 $\mathcal{F}_{k+1}$ 中。反复执行这个过程，直到产生一个空集的 $\mathcal{F}_{k+1}$ 为止。这时，算法终止，并且报告频繁子图集合 $\bigcup_{i=1}^{k}\mathcal{F}_i$。下面，我们将讨论根据节点或者边的数量来定义大小为 k 的图的两种不同方法。

```
Algorithm GraphApriori（图数据库：𝒢，最小支持率：minsup）
begin
  𝓕₁ = { 所有频繁单件图 };
  k = 1;
  while 𝓕ₖ 非空 do begin
    通过连接 𝓕ₖ 中包含大小为（k−1）的公共子图的两个图来得到 𝒞ₖ₊₁;
    删除 𝒞ₖ₊₁ 中违反向下闭包规则的子图;
    通过（𝒞ₖ₊₁, 𝒢）上的支持率来确定 𝓕ₖ₊₁，保留 𝒞ₖ₊₁ 中支持率不小于 minsup 的子图;
    k = k + 1;
  end;
  return ( ⋃_{i=1}^{k} 𝓕ᵢ );
end
```

图 17-11　基本的频繁子图挖掘算法与 Apriori 算法相关。读者可以将这段伪代码与第 4 章的图 4-2 中所描述的 Apriori 算法进行比较

17.4.1　基于节点的连接

在基于节点的连接中，$\mathcal{F}_k$ 中频繁子图的大小指的是其中节点的数量 k。$\mathcal{F}_1$ 中大小为 1 的图（单件图）只包含一个节点。它们对应于图数据库 $\mathcal{G}$ 中至少出现在 *minsup* 个图中的有着相同标签的节点。对于 $\mathcal{F}_k$ 中需要连接的两个图，必须有一个含有 $(k-1)$ 个节点的公共匹配子图存在于两个图之中。这个匹配子图也称为**核心**。当对两个含有 $(k-1)$ 个节点的公共子图的 k 子图进行连接而生成一个含有 $(k+1)$ 个节点的候选时，存在一个有歧义的问题：在不匹配的两个节点之间是否存在一条边。根据这个问题的答案将产生两个可能的候选图。图 17-12 显示了产生候选子图的两种可能情况。尽管本章不假设边也具有标签，但是如果是这种情况的话，可能的连接数目就会变得更多了，这是因为对每个边标签都要产生一个不同的候选子图，这将导致很多候选。另外，在两个频繁子图之间有多个大小为 $(k-1)$ 的同构匹配的情况下，可能需要针对每种情况产生一个候选（见练习题 8）。因此，需要在两个图中识别出所有可能的 $(k-1)$ 公共子图，并产生候选。这样就使得候选模式的数量出现爆炸式增长，相比于频繁模式的发现，这种情况对频繁子图的发现的影响更大。

17.4.2　基于边的连接

在基于边的连接中，$\mathcal{F}_k$ 中频繁子图的大小指的是其中边的数目 k。$\mathcal{F}_1$ 中大小为 1 的图（单件图）只包含一条边。它们对应于图数据库 $\mathcal{G}$ 中至少出现在 *minsup* 个图中的特定节点标签之间的边。为了连接 $\mathcal{F}_k$ 中的两个图，需要在这两个图中存在一个含有 $(k-1)$ 条边的匹配子图。连接结果将是一个含有 $(k+1)$ 条边的候选。有趣的是，候选中的节点数量不需要比连接前的图的节点多。在图 17-13 中，显示了使用基于边的连接方法得到的两个可能的候选。注意，其中一个同初始图的节点数量相同。同基于节点的连接一样，在产生候选的过程中需要考虑同构问题。基于边的连接往往产生更少的候选，因此它更加有效。在文献注释中包含关于这类方法的更多内容的文献指引。

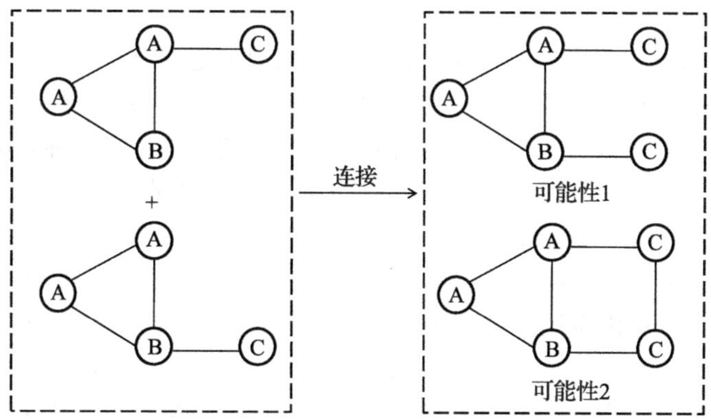

图 17-12 使用两个图的基于节点的连接而产生的候选

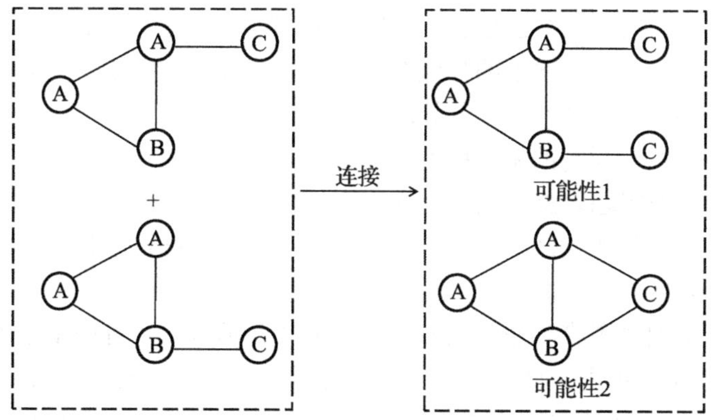

图 17-13 使用两个图的基于边的连接而产生的候选

17.4.3 频繁模式挖掘到图模式挖掘

上述方法同 Apriori 算法之间的相似性简直令人吃惊，基于连接的增长策略可以一般化为类似枚举树的策略。但是，候选树有两种不同的产生方法，分别是根据节点的扩展方法和根据边的扩展方法。另外，由于同构性，树的增长更加复杂。同所有类似于 Apriori 的方法一样，算法 GraphApriori 使用深度优先的候选树产生方法。也可以使用其他的策略，例如深度优先搜索。像第 4 章中所讨论的那样，几乎所有的频繁模式挖掘算法（包括[⊖] Apriori 和 FP-growth）都应该认为是枚举树方法。因此，这些算法的广泛原则可以推广到图的候选树增长。在文献注释中包含了关于这类原则和方法的文献指引。

17.5 图聚类

图聚类问题将含有 n 个图的图数据库（表示为 $\{G_1, \cdots, G_n\}$）划分成几个小组。图聚类方法可以是基于距离的或者是基于频繁子结构的。基于距离的方法对于小规模的图更有效，因为距离可以高效并鲁棒地计算出来。基于频繁子结构的方法对于大规模的图来说更加合适，因为距离计算在这类图中是不实际的。

⊖ 参见 4.4.4.5 节中的讨论。

17.5.1　基于距离的方法

距离函数的设计几乎对于每种复杂的数据类型来说都是十分重要的，因为它可以应用于聚类方法，如 *k*-medoids 和谱方法，这些方法都仅依赖于距离函数的设计。第 13～16 章中讨论的几乎所有的复杂数据类型都使用这种具有一般性的方法论来处理聚类问题。这也是在所有数据领域中距离函数的设计是最基础问题的原因。17.2 节和 17.3 节讨论了图的距离计算方法。在设计好距离函数之后，可以使用下面两种方法：

1）6.3.4 节中介绍的 *k*-medoids 方法使用一种基于代表点的方法，其中使用数据对象同它们最近的代表点之间的距离来完成聚类。方法中使用一个含有 *k* 个代表点的集合，并使用合适的距离函数将数据对象分配给离它们最近的代表点。通过使用爬山法，将代表点同其他数据对象进行交换以提高聚类目标函数的值，从而使代表点集合得到优化。读者可以参考第 6 章详细了解 *k*-medoids 方法。该方法的一个重要性质是，在定义了距离函数之后，所有的计算都不依赖于数据类型。

2）第二个经常使用的方法是谱方法。在这种情况下，用数据库中的原图构建一个大规模的近邻图，后者是一个高层次上的相似图，其中每个节点对应于一个原图，其边的权重等于两个原图之间的相似度。同 6.7 节中所讨论的一样，通过使用基于内核的变换，将距离转换为相似度。每个节点都同它的 *k* 个最近邻之间用无向边连接。因此，图对象的聚类问题就转换为图中的节点聚类问题。这个问题在 6.7 节中进行了简单的讨论，在 19.3 节中将进行详细讨论。任何网络聚类或者社区发现算法都可以用于对节点进行聚类，但最常用的还是谱方法。在确定节点簇之后，将它们映射回图对象簇。

当数据库中单个图的规模都非常大时，上述方法并不可行。有两个原因。大规模图对象之间的距离计算的代价很高。图距离函数（例如基于匹配的方法）的计算复杂度随着图对象的大小呈指数变化。这类方法的有效性随着图规模的增加也下降得十分快。这是因为不同图之间可能仅仅在某些频繁重复的部分很相像。而较罕见的部分对于特定的图来说可能是独一无二的。事实上，两个图之间可能有许多重复的小规模的子结构。因此，基于匹配的距离函数可能无法合适地比较不同图之间的关键特征。像 17.3.1 节中所讨论的一样，一种解决方法是使用基于子结构的距离函数。另一种更直接的方法是使用基于频繁子结构的方法。

17.5.2　基于频繁子结构的方法

这类方法从数据中抽取频繁子图，并利用它们在原图中出现与否的情况来确定簇。一个基本的前提是频繁子图可以作为簇从属关系的指示量，因为它们在特定应用中有显示某些特点的能力。例如，在有机化学的应用中，苯环（如图 17-1a 所示）是频繁出现的子结构，那么它就是化合物某些方面性质的指示量。在 XML 的应用中，一个频繁子结构对应于实体之间重要的结构关系。因此，这些子结构在图中出现与否对于相似度和簇从属关系具有很强的提示作用。有趣的是，频繁模式挖掘算法也在多维聚类中加以使用。一个例子是 CLIQUE 算法（见 7.4.1 节）。

下面，我们将介绍用于图聚类的两种不同方法。第一种是通用转换方法，它可以在图数据领域使用文本聚类方法。第二种是更直接的迭代方法，把图数据的簇直接与其频繁子结构相关联。

17.5.2.1 通用的转换方法

这种方法将图数据库转换到类文本领域，从而可以使用广泛的文本聚类算法。此方法可粗略描述如下：

1）使用 17.4 节中的频繁子图挖掘方法，发现图中的频繁子图模式。选择频繁子图的一个子集以减少不同子图之间的重叠。可以通过使用频繁最大子图，或者选择互相之间重叠不大的图的子集来实现上面的步骤。对于这样找出的每个频繁子图 S_i，创建一个新特征 f_i。令 d 为频繁子图（即特征）的总数量，它也是类文本表示中的“词汇表”大小。

2）对于每个图 G_i，针对特征 $f_1, \cdots, f_d$ 创建一个向量空间表示。每个图包含它所包含的子图所对应的特征。每个特征的频率使用图 G_i 中相应子图的出现次数来表示。若仅考虑子图是否出现，而不考虑出现频率，也可以创建一个二元向量。使用 tf-idf 对向量空间表示进行归一化，见第 13 章。

3）使用 13.3 节中讨论的任何文本聚类算法对新建的文本对象进行聚类，并将结果（文本簇）映射回图对象簇。

这种基于文本的方法经常与许多上下文数据类型一起使用。例如，在 15.3.3 节中讨论了几乎完全相似的用于序列聚类的方法。这是因为对于绝大多数数据类型，可以修改频繁模式挖掘方法并加以使用。应当指出，尽管这里讨论了基于子结构的转换方法，也可以使用许多基于内核的转换方法和拓扑描述量。例如，内核 *k*-means 算法可以同本章讨论的图数据内核方法联合使用。

17.5.2.2 XProj：频繁子图发现的直接聚类方法

XProj 算法名字的起源是，它最初是针对 XML 图提出的，这里的子结构可以视为图的一个投影子（projection）。然而，这种方法并不仅限于 XML 结构，它也可以用于其他任何的图领域，例如化合物图。XProj 算法将子结构的发现用作一个重要的子程序，且不同应用可能使用不同的子结构发现方法，这取决于数据领域。因此，下面是 XProj 算法在图聚类方面的一个通用描述，而子结构发现过程可能以与特定应用相关的方式来编写。由于算法在聚类过程中使用频繁子结构，算法的一个额外输入是最小支持率 *minsup*。另外一个输入是挖掘的频繁子结构的大小 l。固定频繁子结构的大小是因为需要确保相似度计算的鲁棒性。这些都是用户定义的参数，可以通过调节它们来获取更有效的结果。

该算法也可以看作类似于 *k*-medoids 的代表点算法，只是在这里每个代表点是一个频繁子结构的集合，这些代表了每一组中的局部化的子结构集。使用频繁子结构集作为代表点，而不是使用原始图，这对于算法来说很关键。这是因为当图的规模很大时，在图之间无法进行高效的距离计算。另外，频繁子结构存在与否为相似度计算提供了一种更直观的方法。应当指出，与转换方法不同，频繁子结构对于每个簇都是局部的，因此能更好地优化，这是该方法相对于一般的转换方法的主要优点。

假设总共有 k 个这样的频繁子结构集合 $\mathcal{F}_1, \cdots, \mathcal{F}_k$，且图数据库基于这些局部化的代表点被分划为 k 个组。算法对数据库 $\mathcal{G}$ 进行初始化，将其分成任意 k 个簇，表示为 $\mathcal{C}_1, \cdots, \mathcal{C}_k$。可以使用任意一种频繁子结构发现算法来确定每个簇 $\mathcal{C}_i$ 的频繁子结构 $\mathcal{F}_i$。接着，根据 $G_j \in \mathcal{G}$ 与每个代表点集合 $\mathcal{F}_i$ 的相似度，分配 G_j 到一个代表点集合 $\mathcal{F}_i$ 中。稍后我们将讨论相似度计算的细节。这个过程反复迭代，簇 $\mathcal{C}_i$ 产生代表点集合 $\mathcal{F}_i$，随后频繁集合 $\mathcal{F}_i$ 产生簇 $\mathcal{C}_i$。该过程不断重复直到每个图 G_j 相对于其所分配的代表点集合的平均相似度的变化小于用户设定的某个阈值为止。这时，算法认定为收敛并终止。整体算法如图 17-14 所示。

```
Algorithm XProj（图数据库：𝒢，最小支持率：minsup，结构大小：l，簇的数量：k）
begin
  随机初始化簇 𝒞1, ⋯, 𝒞k;
  通过 𝒞1, ⋯, 𝒞k 计算频繁子结构集 ℱ1, ⋯, ℱk;
  repeat
    将每个图 Gj∈𝒢 分配给簇 𝒞i，其中 Gj 与 ℱi 有最大的相似性（∀i∈{1, ⋯, k}）;
    对于每一个 i∈{1, ⋯, k}，从 𝒞i 中计算频繁子结构集 ℱi;
  until 收敛;
end
```

图 17-14　基于频繁子图的聚类算法（高层次描述）

剩下需要说明的就是，图 G_j 和代表点集合 $\mathcal{F}_i$ 之间的相似度是如何计算的。在该相似度的计算中需要使用一个覆盖率的评判标准，即图 G_j 和代表点集合 $\mathcal{F}_i$ 之间的相似度等于 $\mathcal{F}_i$ 中是 G_j 子图的那些频繁子结构相对于 $\mathcal{F}_i$ 中频繁子结构的比例。

一个主要的计算挑战是，确定 $\mathcal{F}_i$ 中频繁子结构的代价可能十分昂贵。另外，$\mathcal{F}_i$ 中的子结构可能相互之间存在高度重叠。为了处理这些问题，XProj 算法提出了很多优化方法。第一种优化是使用频繁子结构挖掘的近似算法，不再去准确地确定频繁子结构，从而降低计算复杂度。第二种优化是在 $\mathcal{F}_i$ 中仅使用长度为 l 的不重叠子结构的子集。这些优化可以在文献注释中找到相关文献指引。

17.6 图分类

假设目前有包含 n 个图 $G_1, \cdots, G_n$ 的集合，其中前 $n_t \leqslant n$ 个图是有标注的，剩下的 $(n-n_t)$ 个图是未标注的。标签取自集合 $\{1, \cdots, k\}$。需要将有标注的图作为训练集，推测未标注的图的标签。

17.6.1 基于距离的方法

当图的规模很小时，基于距离的方法最适用，因为可以高效地进行计算。最近邻方法和协同分类方法是常用的两种基于距离的分类方法。后者是直推式的半监督方法，需要在分类过程中同时使用训练用例和测试用例。这两类方法描述如下。

1. 最近邻方法

对于每个测试用例，确定其 k 个最近邻。在这些邻居中选择最主要的标签作为测试用例的相关标签。多维数据的最近邻方法见 10.8 节中的详细描述。在图数据中，唯一的改变是使用不同的距离函数。

2. 基于图的方法

这是一个半监督方法，详细内容见 11.6.3 节。在基于图的方法中，需要根据训练和测试图集构建一个近邻图。切记不要混淆近邻图和原始图。最初的图对象在近邻图中是作为节点存在的。每个节点同它的 k 个最近邻之间相连。这样就使得近邻图同时包含有标注的和未标注的节点。这是一个协同分类问题，可以使用 19.4 节中的很多算法来解决。协同分类算法可以用于在近邻图中获得未标注节点的标签。进而这些标签可以映射回最初的未标注的图对象。

当图的规模很小时，基于距离的方法一般来说很有效。对于大规模的图，距离计算变得非常昂贵。另外，从准确率的角度来说距离计算也不再有效，因为两个图之间有很多共同的子结构。

17.6.2 基于频繁子结构的方法

基于模式的方法从数据中抽取频繁子图，并且使用它们在不同图中的从属关系来构建分类模型。在聚类中，主要的假设是图中频繁出现的部分同图在特定应用中的某些性质是相关联的。例如，图 17-10 中的酚酸有两个频繁子结构：羧基和酚基。这些子结构使得该族化合物都具有某些重要的性质。除了化学领域，在许多应用中子结构的这种特点都是存在的。像 10.4 节中所讨论的那样，即使是在“扁平的”多维领域中，频繁模式也经常用于基于规则的分类。在聚类的情况下，通用的转换方法或者基于规则的方法都可以使用。

17.6.2.1 通用的转换方法

这种方法与之前讨论聚类时所使用的转换方法相似，但由于分类是有监督问题，因此存在几点不同之处。大致的方法描述如下：

1）应用 17.4 节中讨论的频繁子图挖掘方法，找到图数据中的频繁子图模式。选择子图的一个子集来减少不同子图之间的重叠。例如，使用特征选择算法来最小化冗余同时最大化特征的相关性。这些特征选择算法在 10.2 节中进行了讨论。令 d 为频繁子图（特征）的个数。它也是类文本表示中“词汇表”的大小。

2）对于每个图 G_i，根据所发现的 d 个特征，创建一个向量空间表示。每个图包含它所包含的子图所对应的特征。每个特征的频率等于图 G_i 中对应子图的出现次数。仅考虑子图是否出现而不考虑出现频率，则可以创建一个二元的向量空间表示。使用第 13 章中讨论的 tf-idf 对向量进行归一化。

3）选择 13.5 节中介绍的任意一个文本分类算法，构建分类模型。并对测试用例进行分类。

该方法的框架非常灵活。在完成转换之后，可以使用很多分类方法。它也允许使用不同类型的有监督的特征选择方法，来保证在分类过程中使用最有区分度的结构。

17.6.2.2 XRules：基于规则的方法

XRules 方法是针对 XML 数据提出的，但它可以在任何图数据中使用。这是一种基于规则的方法，它将频繁子结构与不同的类别联系起来。训练包括三个步骤。

1）第一步，确定具有足够支持率和置信度的频繁子结构。每条规则形式如下：

$$F_g \Rightarrow c$$

符号 F_g 表示一个频繁子结构，c 表示一个类别标签。可以使用许多其他的度量方法来量化规则的强度，而不是置信度。例如似然比，或者罕见类型场景下的成本加权置信度。$F_g \Rightarrow c$ 的似然比是标有 c 的样例中对 F_g 的支持率和不标有 c 的样例中对 F_g 的支持率的比值。比 1 大的似然比表示该规则很有可能属于某一特殊类。这些是度量与特定类别的关联程度的方法，在一般的术语中称作**规则强度**。

2）第二步，对规则进行排序和剪枝。这些规则按照强度递减的顺序排列。在这些规则强度上可以使用统计阈值来删减那些低强度的规则。这将得到一个紧凑的有序规则集合 $\mathcal{R}$，可以进一步用于分类。

3）最后一步，设置一个默认的类别，使用它对那些 $\mathcal{R}$ 中任何规则都不覆盖的测试实例进行分类。这个默认类别可以设为那些 $\mathcal{R}$ 中任何规则都没有覆盖的训练样例的主要类别。如果一条规则的左边是一个图的子结构，我们就称这条规则覆盖了该图。若 $\mathcal{R}$ 中的规则覆盖了所有训练样例，就把默认类别设为整个训练数据中最主要的类别。若类别是附有代价的话，则根据代价权重来确定主要类别。

在构建好训练模型之后，就可以使用它对数据进行分类。给定一个测试图 G，确定 G 所命中的规则集合。如果没有命中任何规则，则返回默认类别。令 $\mathcal{R}_c(G)$ 代表 G 所命中的规则集合。注意，这些不同的规则可能不会导出一致的预测。因此，规则预测有冲突时需要合理地进行处理。不同的处理方案如下。

1. 平均强度

确定预测不同类别的规则的平均强度。返回平均强度最高的类别。

2. 最佳规则

根据早前的讨论，确定优先顺序中的首个规则，返回其类别标签。

3. 前 k 个的平均强度

这是上面两种方法的结合。用每个类别的前 k 个规则的平均强度来确定预测的类别标签。

XRules 使用高效的频繁子结构发现方法，并有许多其他针对规则量化的变体。具体请见文献注释。

17.6.3 内核 SVM

内核 SVM 可以使用训练用例和测试用例之间的内核相似度来构建分类器。如 10.6.4 节所讨论的那样，内核 SVM 事实上不需要数据的特征表示，只要有两个图之间基于内核的相似度 $K(G_i, G_j)$ 即可。因此，该方法不需要了解特定的数据类型。不同的图数据内核见本章 17.3.3 节。其中任何一种都可以和 SVM 方法联合使用。可以参考 10.6.4 节了解如何联合使用内核和 SVM 分类器。

17.7 小结

本章研究了图数据的挖掘问题。由于当两个图含有重复的节点标签时匹配困难，因此图数据是一个非常具有挑战性的领域。这也称为同构图问题。图匹配的大多数方法在最坏情况下有指数的时间复杂度。两个图的最大公共子图（MCG）可用于定义图之间的距离。图的编辑距离度量也使用了同 MCG 紧密相关的算法。由于图匹配算法的复杂性，另一种处理方法是将图数据库转换为类似文本的表示形式。一类重要的图之间的距离函数是图的内核函数。它们可用于聚类和分类。

频繁子结构发现算法是图分析的基石，因为它可以在多数图挖掘问题中使用，例如聚类和分类。

类似于 Apriori 的算法可以使用节点增长或者边增长的策略，来产生候选的频繁子结构。多数图数据的聚类和分类算法是基于距离或者频繁子结构的。基于距离的算法包括 k-medoids 和谱算法。对于分类，基于距离的算法包括 k 近邻或者基于图的半监督方法。基于内核的 SVM 也是特殊的基于距离的方法，它在使用 SVM 的同时还要考虑数据对象的相似度。

基于频繁子结构的方法经常用于图聚类和分类。一种通用的方法是将图转换为类似于文本数据的向量空间表示。进而可以在此种表示方法上使用任何文本聚类或分类方法。另一种方法是直接挖掘频繁子结构并将其作为聚类的代表点集合，或者作为规则的前项。XProj 和 XRules 算法都是基于这些原则的。

17.8 文献注释

图匹配算法的综述见 [26]。[164] 提出了针对图匹配的 Ullman 算法。另外两个著名的图匹配算法是 VF2[162] 和 QuickSI[163]。其他近似性匹配方法在 [313, 314, 521] 中讨论。图匹配问题是 NP 难问题的证明见 [221, 164]。使用 MCG 定义距离函数见 [120]。图编辑距离与最大公共子图问题的关系在 [119] 中进行了详细研究。本章中讨论的图的编辑距离算法是 [384] 中算法的简化版本。许多计算图编辑距离的快速算法见 [409]。学习编辑代价的问题见 [408]。Bunke 的综述文章 [26] 也讨论了计算图编辑代价的一些方法。拓扑描述量在药物设计中的应用见 [236]。随机游走内核在 [225,298] 中进行了讨论，最短路径内核见 [103]。[225] 中的工作也提供了针对图内核函数的一般性讨论。[42] 说明了在图挖掘应用中基于频繁子结构的相似度计算提供了具有鲁棒性的结果。

频繁子图挖掘的节点增长策略是由 Inokuchi、Washio 和 Motoda 在 [282] 中提出的。而边增长策略是由 Kuramochi 和 Karypis 在 [331] 中提出的。gSpan 算法的提出见 Yan 和 Han 的 [519]，他们使用深度优先方法来构造图模式的候选树。使用图模式挖掘的垂直表示方法见 [276]。森林中的频繁树挖掘方法见 [536]。关于图聚类和分类的综述见 [26]。XProj 算法的讨论见 [42]，而 XRules 在 [540] 中讨论。基于内核 SVM 的分类方法见 [26] 中 Tsuda 写的图分类一章。

17.9 练习题

1. 考虑两个图，它们是包含偶数 $2n$ 个节点的团。在每个图中，令其中标记为 A 和 B 的节点各占一半，这两个图有多少个同构匹配？
2. 考虑两个图，包含 $2n$ 个节点以及 n 个不同的标签，每个标签出现两次。它们之间的同构匹配数量最大是多少？
3. 实现不含剪枝优化的同构子图的基本算法。尝试匹配随机产生的包含不同节点数目的两个图来测试该算法，其运行时间同图的大小之间有什么样的关系？
4. 对于图 17-1 中的对乙酰氨基酚图像，计算每个节点 1 阶和 2 阶的 Morgan 指数。Morgan 指数同标签（对应于化学元素）之间的变化情况是怎样的？
5. 写出计算本章中所讨论的图的拓扑描述量的程序。
6. 写出在频繁子图发现中执行基于节点的候选子图扩张的算法。如果需要，可以借鉴文献注释中关于本算法的相关文献中的详细描述。
7. 写出在频繁子图发现中执行基于边的候选子图扩张的算法。如果需要，可以借鉴文献注释中关于本算法的相关文献中的详细描述。
8. 说明下面两个图的不同的基于节点的连接方法，并考虑同构性。

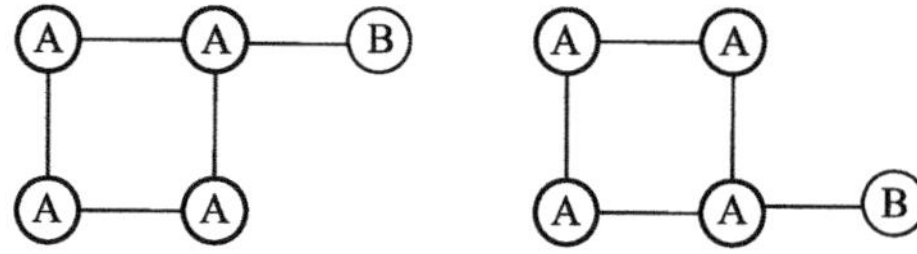

9. 说明练习题 8 中两个图的不同的基于边的连接方法，并考虑同构性。
10. 确定基于节点连接两个图可以产生的最大的候选数量，并考虑同构性。假设这些图的匹配核心是大小为 k 的圈，这将导致什么样的连接？

11. 讨论如何将基于节点的增长策略和基于边的增长策略，以类似于频繁模式挖掘中枚举树的方式，应用于候选树结构。
12. 实现将图数据库构建为类文本表示的程序，可以使用任何减少冗余的特征选择方法。并用该表示实现 *k*-means 聚类方法。
13. 在分类问题中重复练习题 12 的内容。在最终分类步骤中使用第 10 章中描述的朴素贝叶斯分类器和有监督的特征选择方法。
14. 如果查询图是不连通的，需要对同构子图算法做哪些修改？

第 18 章

Data Mining: The Textbook

挖掘 Web 数据

“数据是珍贵的东西，会比系统本身存在得更久。”

——Tim Berners-Lee

18.1 引言

Web 在很多方面表现独特：它的规模、其创造的分布性和不协调性、底层平台的开放性及其应用的多样性，包括电子商务、用户协作和社交网络分析等。这些特性使 Web 拥有了丰富的数据类型，这些数据可以是不同主题的知识来源或用户的个人信息。

除了 Web 文档中的可用内容，Web 的使用将生成大量用户日志或 Web 事务形式的数据。挖掘算法所使用的 Web 数据主要有两种。

1. 网页内容信息

这些信息对应于 Web 文档和用户创建的链接。这些文档通过超链接链接到其他文档。因此，内容信息包含两个部分，这两个部分可用于一起挖掘或单独挖掘。

- **文档数据**：文档数据是从 Web 页面中提取的。第 13 章讨论了一些提取方法。
- **链接数据**：Web 可以看作一个巨大的图，页面对应于节点，链接对应于节点之间的边。链接信息可用在许多方面，如搜索 Web 或确定节点间的相似度。

2. 网页使用数据

该数据于对应 Web 应用的使用所产生的用户活动模式。这些模式可以是各种各样的。

- **Web 交易、评分和用户反馈**：Web 用户经常在网上购买各种类型的东西，或者通过评分的形式来表达自己对特定商品的喜爱程度。在这种情况下，购买行为和评分可用于推断不同用户的偏好。在某些情况下，用户反馈以文本评论的形式提供，称为**意见**。
- **Web 日志**：大部分网站都有 Web 日志，而用户浏览行为以 Web 日志的形式被捕获。这种浏览信息可用于推断用户活动。

不同的数据类型自动定义了 Web 上常见应用的类型。对应于不同的数据类型，应用也分为以内容为中心的应用和以用途为中心的应用。

1. 以内容为中心的应用

Web 上的文档和链接被广泛用于各种应用，如搜索、聚类和分类，具体如下。

- **数据挖掘应用**：Web 文档与不同类型的数据挖掘应用（如聚类和分类）结合使用。Web 门户经常用此类应用帮助组织网页。
- **Web 爬取和资源发现**：Web 是一个巨大的知识源，包含各种主题的文档。然而这种资源广泛地分布在互联网上，需要发现它们并将它们存储在一个单一的地方来挖掘隐含信息。

- **Web 搜索**：Web 搜索的目标是响应用户指定的一组关键字，发现高品质、相关联的文档，其中质量和相关性的概念是由文档的链接和内容结构共同定义的。
- **Web 链接挖掘**：在这些应用中，无论是网页链接的实际结构还是逻辑表示，都可用来挖掘有用信息。例如，社交和信息网络等都是 Web 结构的逻辑表示形式。社交网络是用户的链接网络，而信息网络是用户和对象的链接网络。

2. 以用途为中心的应用

可以挖掘网上用户的活动来做推断。各种用来挖掘用户活动的方式如下。

- **推荐系统**：在这些情况下，对商品的评分或者购买行为可以反映偏好信息，可用来向其他相似用户提出建议。
- **Web 日志分析**：Web 日志对网站所有者来说是一种有用的资源，可以用来确定用户浏览的相关模式。可以利用这些模式来做推断，比如发现异常模式、用户兴趣和最佳网站设计等。

上述许多应用与本书中其他章节有重叠。例如，以内容为中心的数据挖掘应用已在本书的前几章中出现过，特别是第 13 章中的文本数据挖掘。但是，某些方法需要进行修改以适用于具有链接结构的数据。许多链接挖掘的应用在第 19 章中会讨论。因此，本章将重点放在不涉及其他章节内容的应用上。在以内容为中心的应用中，本章将讨论 Web 爬取、搜索和排序。在以用途为中心的应用中，本章将讨论推荐系统和 Web 日志挖掘的应用。

本章内容的组织结构如下：18.2 节讨论 Web 爬虫和资源发现，18.3 节对搜索引擎的索引和查询处理方法进行讨论，排序算法在 18.4 节中提出，推荐系统在 18.5 节中讨论，挖掘 Web 日志的方法在 18.6 节中进行讨论，18.7 节给出本章小结。

18.2 Web 爬取和资源发现

Web 爬虫也称为**蜘蛛**或**机器人**。Web 爬虫产生的主要原因是，Web 资源广泛地分布在全球各个网站上。虽然 Web 浏览器提供了图形化的用户界面来交互地访问这些网页，可是仅靠浏览器，不能挖掘出可利用资源的所有价值。在诸如搜索和知识发现的许多应用中，有必要在一个集中位置下载所有相关网页，以便机器学习算法能有效使用这些资源。

Web 爬虫应用广泛，其中最重要也是最著名的应用就是搜索，搜索应用会将下载的网页进行索引，以响应用户的关键字查询。所有著名的搜索引擎（如 Google 和 Bing）都会使用爬虫定期更新自己服务器上已下载的 Web 资源。这样的程序也称为**通用爬虫**，因为它们的目的是抓取所有的网页而不论其主题或位置如何。Web 爬虫也被用于商业智能，以爬取与特定主题相关的网站，或监测竞争对手的网站并当他们的网站发生变化时对其进行增量爬取。这样的爬虫也称为**偏好爬虫**，因为它们能很快区分不同页面与手头应用的相关性。

18.2.1 基本爬虫算法

采用分布式体系结构和多进程或多线程时，爬虫的设计会相当复杂。下面介绍包含爬虫构造本质的简单的单线程通用爬虫。

在通用描述下，基本爬虫算法的输入是一个统一资源定位符（URL）的种子集 S 和一个选择算法 $\mathcal{A}$。算法 $\mathcal{A}$ 决定从当前网址的前沿列表中抓取的下一个文档。前沿列表中的是从网页中提取的网址，这些都是可以最终由爬虫抓取的候选页面。选择算法 $\mathcal{A}$ 很重要，它规范了爬虫发现资源所使用的基本策略。举例来说，如果算法 $\mathcal{A}$ 从列表的首部选择文件，而新网址被添加到前沿列表的尾部，那么这对应于广度优先算法。

基本爬虫算法如下。首先，将 URL 种子集添加到前沿列表中。在每次迭代中，选择算法 $\mathcal{A}$ 从前沿列表中选择一个 URL 并删除它，然后通过 HTTP 协议获取内容。这与浏览器获取网页的机制一样，主要区别是，现在的抓取由自动化程序自动决策，而不是由用户在 Web 浏览器上手动指定链接。将取出的页面存储在本地库中，并提取其包含的 URL。然后这些 URL 会添加到前沿列表中，条件是之前没有访问过它们。因此，需要用一个哈希表形式的独立数据结构来存储所有访问过的 URL。在爬虫的实际应用中，由于存在 Web 垃圾信息、爬虫陷阱、局部偏好或者受前沿列表实际大小限制的情况，并不是所有未访问的 URL 都会添加到前沿列表中，这些问题将在后面讨论。在将相关 URL 添加到前沿列表中后，下一次迭代将在列表上使用下一个 URL 重复这个过程。当前沿列表为空时，迭代终止。前沿列表为空并不意味着整个 Web 已经都抓取到了。这是因为 Web 不是强连通的，很多网页都无法从随机选择的种子集到达。实际上，诸如搜索引擎等大多数爬虫都是*增量爬虫*，在之前的抓取基础上更新页面，所以通常很容易从之前的抓取结果中识别出未访问过的种子，并根据需要将它们添加到前沿列表中。根据庞大的种子集（如以前抓取的页面库）鲁棒地抓取大多数页面是很有可能的。基本爬虫的算法描述如图 18-1 所示。

```
Algorithm BasicCrawler (种子 URL 集：S，选择算法：A)
begin
  FrontierList=S;
  repeat
    用算法 A 从 FrontierSet 里选择一个 URL X;
    FrontierList=FrontierList − {X};
    抓取 URL X 所指向的文档并将其存入本地库；
    将 X 的抓取文档内所有相关的 URL 都加到 FrontierList 的尾部；
  until 满足终止条件；
end
```

图 18-1　基本的爬虫算法

因此，爬虫是一种图搜索算法，通过分析网页以及提取 URL，发现从节点链出的链接。选择算法 $\mathcal{A}$ 的选择通常会导致爬虫算法的偏差，尤其是在因为资源受限而不能抓取所有相关页面的情况下。举例来说，广度优先的爬虫更可能抓取有很多链接指向它的页面。有趣的是，有时爬虫需要这种偏差，因为任何爬虫都不可能索引整个 Web。因为网页的入度往往与其 PageRank 密切相关（PageRank 是一种衡量网页质量的方法），所以这种偏差不一定是不可取的。爬虫使用算法 $\mathcal{A}$ 定义的各种其他选择策略。

1）大部分通用爬虫都是更新以前的抓取的增量爬虫，需要抓取频繁改变的页面。改变频率可根据以前同一页面的重复抓取情况来估计。诸如新闻门户之类的资源会经常更新。因此，算法 $\mathcal{A}$ 可能会选择经常更新的页面。

2）选择算法 $\mathcal{A}$ 从前沿列表中选择高 PageRank 的网页。将在 18.4.1 节中讨论 PageRank 的计算。

实际上，应用在搜索引擎中的商业爬虫需要综合考虑各方面因素。

18.2.2　偏好爬虫

偏好爬虫只需要抓取满足用户定义标准的页面。该标准可以是各种形式的：页面中出现的关键字、由机器学习算法定义的主题标准，页面位置的地理标准，或不同标准的组合。在一般情况下，用户可以指定任意的谓词，这会成为抓取的依据。在这些情况下，主要变化是抓取期间更新前沿列表的方法。

1）网页需要满足用户指定的标准，以便将其提取的 URL 添加到前沿列表中。

2）在某些情况下，可以检查锚文本以确定该网页与用户所指定的查询的相关性。

3）关注上下文的爬虫可用于学习网页短距离内出现相关页面的可能性，即使网页本身与用户指定的标准不是直接相关的。例如，即使数据挖掘页面可能与“信息检索”的查询不相关，但“数据挖掘”的某个网页更可能指向“信息检索”的网页。这种网页的 URL 可能会添加到前沿列表中。因此，需要设计启发式方法来学习这样的上下文相关性。

算法 $\mathcal{A}$ 可做多种变化。例如，可以让算法 $\mathcal{A}$ 优先选取在 Web 地址里有更多相关锚文本或者相关标记的 URL。如 Web 地址里有“golf”的 URL（http://www.golf.com）相比于没有这个词的 URL，它与“golf”主题可能更相关。文献注释部分包含许多常用于偏好资源发现的启发式方法的文献。

18.2.3 多线程

当爬虫发出一个 URL 请求并等待时，系统是空闲的，爬虫端没有工作，这似乎是一种资源浪费。加快爬取速度的一种方法是利用并发性，使用多线程爬虫程序来更新已访问过的 URL 的共享数据结构和页面存储库。在这种情况下，在更新过程中实现用于锁定或解锁相关数据结构的并发控制机制很重要。并发设计可以显著加快爬取速度，并更有效地利用资源。在大型搜索引擎的实现中，爬虫在地理意义上分布着许多“子爬虫”，每个子爬虫在其地理近邻区域内收集页面。

18.2.4 爬虫陷阱应对方法

爬虫算法总是访问不同网页的主要原因是它维护了一个用来比较的已访问 URL 列表。然而，一些购物网站创建动态 URL，最后访问的页面被添加在用户活动序列的末端，以便服务器记录用户的操作序列用于之后的分析。例如，当用户在 http://www.examplesite.com/page1 中点击了第 2 页的链接时，系统将创建新的动态 URL 为 http://www.examplesite.com/page1/page2。随后访问的页面将继续添加到网址末尾，即使这些页面之前已访问过。一个应对方案是限制 URL 的最大长度。此外，也可限制从特定网站抓取的 URL 的最大数量。

18.2.5 检测近似重复的覆盖

爬虫收集网页的主要问题之一就是，可能会爬取相同页面的多个镜像。这是因为一个网页可能在多个站点上有镜像。因此，近似重复的检测能力至关重要。鉴于此，通常使用覆盖（shingling）方法。

文档中的 k 覆盖（k-shingle）是指文档中连续出现的 k 个单词。一个覆盖也可以看作一个 k-gram。例如，考虑包含以下句子的文档：

Mary had a little lamb, its fleece was white as snow.

这句话的 2 覆盖集是“Mary had”“had a”“a little”“little lamb”“lamb its”“its fleece”“fleece was”“was white”“white as”和“as snow”。注意，从文档中提取的 k 覆

盖数不会超过该文档的长度，1 覆盖只是文档中的单词集合。设 S_1 和 S_2 分别是从文档 D_1 和 D_2 中提取的 k 覆盖。D_1 和 D_2 之间基于覆盖的相似度就是 S_1 和 S_2 之间的 Jaccard 系数。

$$J(S_1, S_2) = \frac{|S_1 \cap S_2|}{|S_1 \cup S_2|} \tag{18.1}$$

通常情况下，k 的取值范围在 5 和 10 之间，这取决于语料库的大小和应用领域。使用 k 覆盖代替单个单词（1 覆盖）来计算 Jaccard 系数的优势是 k 覆盖在不同文档中重复的可能性比较小。大小为 r 的词典有 r^k 个不同覆盖。当 $k \geqslant 5$ 时，两个文档同时出现很多覆盖的概率非常小。因此，如果两个文档有很多相同的 k 覆盖，那它们很有可能是近似的副本。为了节省空间，各个覆盖会映射到 4 字节（32 位）的数值上，可比较这些数值来判断两个覆盖是否相同。这种表示方法也具有更好的效率。

18.3 搜索引擎索引和查询处理

文档抓取后可用于查询处理。搜索索引的构建有两个主要阶段。

1. 离线阶段

在这个阶段中，搜索引擎对抓取的文档进行预处理，提取标记并构建索引来确保有效率的搜索。在这个阶段中也计算每个页面基于质量的排名得分。

2. 在线查询处理

将预处理后的集合用于在线查询处理。访问相关文档并根据它们的查询相关性和质量来排名。

Web 文档的预处理步骤在第 13 章中提到过，包括提取相关标记、删除停用词等。然后，将这些文档转换到向量空间以建立索引。

将文档转换到向量空间后，会在文档集上构造一个倒排索引。倒排索引的结构描述见 5.3.1.2 节。倒排列表匹配文档标识符列表中包含的每个单词标识符。词频也存储在倒排列表的文档标识符中。实现时，很多时候也会存储文档中的单词位置信息。

除了将单词映射到文档的倒排索引之外，还需要一个索引来访问与查询项有关的倒排词列表的存储位置，然后用这些位置来访问倒排列表。因此，还需要*词汇索引*，其中常用的索引方法有哈希和 tri 树等。通常情况下，查询项中的每个单词都用哈希函数来产生相应倒排列表的逻辑地址。

对于给定的单词集，会访问所有相关的倒排列表，并确定这些倒排列表的交集。这个交集可用于确定包含所有或大多数搜索项的 Web 文档标识符。在只对文档是否包含大多数搜索项感兴趣的情况下，可对不同倒排列表的子集取交集以确定最佳匹配。通常情况下，为了加快进程，会构建两个索引。较小索引只在网页标题或*链向该页面*的锚文本上构建。如果能在较小索引中找到足够文档，则不使用较大索引，否则需要访问较大索引。使用较小索引的原因是，网页标题和指向它的锚文本通常对页面内容具有高度代表性。

通常情况下，普通查询可返回数以百万计或更多数量的页面。显然，用户不容易吸收这样大量的查询结果。即使还有其他比较不相关的结果可选，但在搜索结果的单一视图中，一个典型的浏览器界面只向用户展示前几个（如 10 个）结果。因此，搜索引擎查询处理中一个最重要的问题是*排名*（ranking）。前文提到的倒排索引处理提供了基于内容的评分，这个分数可用于排名。虽然商业引擎所使用的精确评分方法是专有的，但我们还是可以知道一些会影响基于内容的得分的因素：

1）根据单词在网页中出现的不同位置（如标题、正文、URL 标记或指向网页的锚文本等），给它赋予不同的权重。通常对出现在标题或指向该页面的锚文本的项给予更高权重。

2）关键字在文档中出现的次数将用于评分。大量出现的显然是更可取的。

3）可将字体大小和颜色上突出的项用于评分。例如，给较大的字体赋予更高的分数。

4）当指定多个关键字时，也会使用它们在文档中的相对位置。例如，如果两个关键字出现在一个网页中相邻的位置时，那么这会增加得分。

然而，基于内容的分数一般不考虑页面的信誉或质量，所以它是不充分的。由于 Web 开发的不协调性和开放性，利用这种机制很重要。毕竟 Web 几乎允许任何人发表任何内容，因此对结果质量的控制很少。用户可能会发布不正确的材料，因为主题知识的贫乏、经济激励或者故意恶意发布误导信息。

另一个问题来自 Web 垃圾信息，网站所有者故意提供误导性内容来使其排名结果更高。商业网站所有者有明显的经济激励，以确保他们的网站排名更高。例如，一个高尔夫设备企业的所有者会想要确保他的网站在“高尔夫”这个词的搜索排名上尽可能高。网站所有者会采用几种策略来使他们的排名结果更高。

1. 内容垃圾

在这种情况下，Web 主机的所有者会在网页中填满重复的关键词，即使这些关键词对用户不可见。这可通过控制文本颜色和页面背景来实现。因此，这个方法是在没有增加可见层的相关性的情况下，最大限度地提高搜索引擎下网页内容的相关性。

2. 障眼法

这是一个更复杂的方法，网站提供给爬虫的内容与提供给用户的内容不一样。因此，网站首先需要确定传入的请求来自爬虫还是来自用户。如果传入的请求来自用户，则提供实际内容（如广告内容）；如果请求来自爬虫，则提供有特定关键字的内容。因此，搜索引擎用于响应用户搜索请求的内容与 Web 用户实际所见的内容有所不同。

很明显，这种垃圾信息将大大降低搜索结果的质量。搜索引擎也有显著的激励措施来提高其结果的质量，以支持它们的付费广告模型，真正的付费广告出现在搜索结果的侧栏上，并显式标明了赞助的链接。搜索引擎不希望将广告（垃圾信息伪装的）作为查询的真正结果，尤其当这种结果会降低用户体验质量时。这导致了搜索引擎和垃圾信息制造者之间的对立关系，前者使用基于信誉的算法来减少垃圾信息的影响。在网站所有者的另一端，一个搜索引擎优化（Search Engine Optimization，SEO）行业试图通过他们所掌握的搜索引擎算法知识来优化搜索结果，无论是通过搜索引擎所使用的一般原则，还是通过搜索结果的反向工程。

对于给定的搜索，几乎总是结果的一小部分包含更多信息或提供更准确的信息。如何确定这种网页？幸运的是，Web 提供了几个自然投票机制来确定网页的信誉。

1. 页面引用机制

这是用来确定网页质量的最常用机制。当一个网页有许多其他网页指向它时，则认为这个页面是高质量的。在逻辑上，可将一次引用看作对网页的一次投票。虽然页面的链进数量可作为质量的粗糙指标，但因为不考虑指向它的网页的质量，所以这种方法不够全面。PageRank 算法提供了更全面的基于引用的投票。

2. 用户反馈或行为分析机制

当用户从搜索结果中选择一个网页时，则证明该页面与用户搜索相关。因此，可以返回其他类似页面或其他类似用户访问的页面。由于有限的用户识别机制，这种方法在搜索上通常很难实现。一些搜索引擎（如 Excite）使用了各种形式的相关反馈。虽然在搜索引擎中很少使用这些机制，但它们在商业推荐系统中是相当重要的。在商业推荐系统的用户浏览过程中，是网站来做推荐而不是搜索引擎。这是因为商业网站有较强的用户识别机制（例如用户注册），支持更强大的算法来推断用户兴趣。

通常，信誉评分由类似 PageRank 的算法确定。如果 *IRScore* 和 *RepScore* 分别是网页基于内容和基于信誉的评分，那么这些评分的函数值可作为最终排名得分：

$$RankSocre = f(IRScore, RepScore) \tag{18.2}$$

函数 $f(\cdot, \cdot)$ 是商业搜索引擎专用的，它始终与 *IRScore* 和 *RepScore* 单调相关。诸如浏览器地理位置等其他各种因素，在排名中也将发挥一定作用。

应当指出，垃圾网站往往会建立大量网页链接来指向同一网页，因此基于引用的评分方法可能会受垃圾网站的影响。此外，有时候对链出网页的锚文本在评分内容部分中的使用会导致可笑的无关搜索结果。例如，几年前，在谷歌搜索引擎中搜索关键字“miserable failure”，返回的最靠前的结果是美国前总统的官方传记。这是因为很多网页都是以一种协调方式构建的，用锚文本“miserable failure”来指向这本传记。这种通过对特定网站构造协调链接来影响搜索结果的做法称为 Googlewashing。这种做法更常用于幽默或讽刺目的，而不是经济动机。

因此，虽然搜索引擎所使用的排名算法不够完美，但多年来已有了明显改善。下节将讨论基于信誉排名得分的计算方法。

18.4 排名算法

PageRank 算法使用 Web 的链接结构来做基于信誉的排名。它只预计算公式 18.2 中的信誉评价部分，因此独立于用户查询。HITS 算法针对具体查询，在超链接环境下，采用了大量有关各种主题上的权威源如何链接到另一个的直观猜想。

18.4.1 PageRank

PageRank 算法使用 Web 中的引用（或链接）结构来对网页重要性进行建模。基本思想是，信誉高的文档更有可能被其他有信誉的网页引用（或链接）。

可用基于 Web 图的随机网络漫游模型来实现这一目标。考虑一个随机漫游者访问 Web 上随机页面的随机链接的情况。任何特定页面的链进数量会明显影响其被访问的长期相对频率。此外，如果一个页面由另外一个长期访问（或有信誉）的页面链接，那么它的长期访问频率会更高。换句话说，PageRank 算法是根据随机漫游者长期访问网页频率所反映的信誉来建模。这种长期频率称为**稳态概率**，这种模型称为**随机游走模型**。

基础的随机网络漫游模型并不是对所有可能的图拓扑结构都表现得很好。一个关键问题是，有些网页可能没有外向链接，这可能导致随机漫游者被困在某个特定节点上。事实上，在这种节点上定义转移概率甚至没有意义，这样的节点称为**死端点**。图 18-2a 的例子说明了死端点。显然，在这种节点上无法定义用于计算 PageRank 的转移过程，所以死端点是不可取的。为了解决这个问题，随机网络漫游模型做了两个修改。第一个修改是为死端节点（网页）添加到所有节点（网页）的链接，包括到自己的自循环链接，其中每条边的转变概率都是 $1/n$。这并不能完全解决该问题，因为死端点也可能定义在节点组上。在这些情况下，图中没有从节点组到其余节点的外向链路，这称为**死端组**或**吸收组**。图 18-2b 说明了一个死端组的例子。

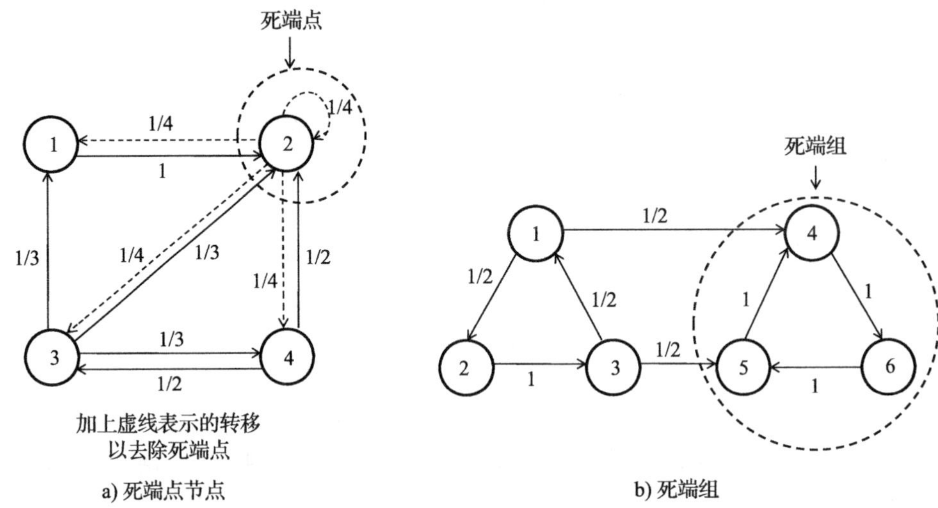

图 18-2 不同死端点情况下 PageRank 计算时所使用的转移概率

因为 Web 不是强连接的，所以死端组在 Web 图中很常见。在这种情况下，对单独节点的转移有意义，但稳态转移会困在这些死端组上。所有的稳态概率将集中在死端组，因为有可能转移到一个死端组后，不能转移出来。因此，只要转移到一个死端组的情况是有可能发生的[⊖]（即便发生概率极小），所有的稳态概率都将逐渐集中在这些死端组上。从大 Web 图上的 PageRank 计算的角度来说，这种情况是不可取的，死端组是不受欢迎度的一个重要指标。此外，在这种情况下，在各种死端组中节点的最终概率分布不是唯一的，它依赖于起始状态。这很容易验证，从不同死端组开始的随机游走将有集中在各自相应组的稳态分布。

虽然增加边的方法解决了死端点问题，但我们仍需要额外步骤来解决更复杂的问题——死端组。因此，除了增加边之外，随机网络漫游模型还可使用*传送*或*重启*，其定义如下。每次转移时，随机漫游者可以以 α 的概率跳转到任意页面，或以 $(1-\alpha)$ 的概率根据该页面上的链接进行跳转，其中 α 常使用 0.1。由于传送的使用，启动状态的稳态概率变得唯一且独立。α 也可以看作*平滑度*或*阻尼概率*，它取值较大时通常会导致不同页面的稳态概率变得更加均匀。例如，如果 α 值为 1，那么所有页面都会有相同的访问稳态概率。

如何确定稳态概率？设 $G=(N, A)$ 是有向 Web 图，其中节点对应于网页，边对应于超链接，节点总数为 n。假设 A 还包含附加的从死端点到所有其他节点的边。传入节点 i 的节点集表示成 $In(i)$，从节点 i 的链接传出的节点集表示成 $Out(i)$，节点 i 的稳态概率用 $\pi(i)$ 表示。一般来说，Web 漫游者的转移可以看成*马尔可夫链*，具有 n 个节点的 Web 图可定义一个 $n \times n$ 的转移矩阵 P。在马尔可夫链模式中，节点 i 的 PageRank 等于它的稳态概率 $\pi(i)$。从节点 i 转移到节点 j 的概率[⊖] p_{ij} 定义为 $1/|Out(i)|$。转移概率的例子如图 18-2 所示。然而，

⊖ 在数学上正式表述这个概念可以用底层马尔可夫链中的*遍历性*。在可遍历的马尔可夫链中，一个必要的条件是从一个状态可以用一系列转移到达另一个任意状态。这个条件也称为**强连接性**。这里提供这个正式描述是为了帮助理解。

⊖ 在一些如文献网络的应用中，边 (i, j) 可能有权重 w_{ij}。在这种情况下，转移概率 p_{ij} 的定义是 $\frac{w_{ij}}{\sum_{j \in Out(i)} w_{ij}}$。

这些转移概率没有解释传送，接下来会分别解释⊖。

接下来解释传入节点 i 的转移。节点 i 的稳态概率 $\pi(i)$ 是传入概率和链进节点直接转移到 i 的概率总和。传送到该节点的概率是 α/n，因为在一步中一个传送以 α 的概率发生，且所有节点接收传送的概率是一样的。转移到节点 i 的概率为 $(1-\alpha)\cdot\sum_{j\in In(i)}\pi(j)\cdot p_{ji}$，作为不同链进节点的转移概率之和。因此，在稳态下，转移到节点 i 的概率定义为传送概率和转移事件概率的总和，如下所示：

$$\pi(i)=\alpha/n+(1-\alpha)\cdot\sum_{j\in In(i)}\pi(j)\cdot p_{ji} \tag{18.3}$$

例如，图 18-2a 中节点 2 的公式可写成如下形式：

$$\pi(2)=\alpha/4+(1-\alpha)\cdot(\pi(1)+\pi(2)/4+\pi(3)/3+\pi(4)/2)$$

每个节点都有一个这样的公式，因此整个方程组很容易表示成矩阵形式。令 $\overline{\pi}=(\pi(1),\cdots,\pi(n))^{\mathrm{T}}$ 为 n 维列向量，表示所有节点的稳态概率。令 $\overline{e}$ 为元素值都为 1 的 n 维列向量。方程组可以重写成如下矩阵形式：

$$\overline{\pi}=\alpha\overline{e}/n+(1-\alpha)P^{\mathrm{T}}\overline{\pi} \tag{18.4}$$

右边的第一项对应于一个传送，第二项对应于一个来自传入节点的直接转移。此外，由于向量 $\overline{\pi}$ 代表概率，其分量总和 $\sum_{i=1}^{n}\pi(i)$ 必须等于 1。

$$\sum_{i=1}^{n}\pi(i)=1 \tag{18.5}$$

注意，该公式是线性的，使用迭代方法可以很容易解决。该算法首先初始化 $\overline{\pi}^{(0)}=\overline{e}/n$，并通过重复迭代步骤从 $\overline{\pi}^{(t)}$ 推导出 $\overline{\pi}^{(t+1)}$：

$$\overline{\pi}^{(t+1)}\Leftarrow\alpha\overline{e}/n+(1-\alpha)P^{\mathrm{T}}\overline{\pi}^{(t)} \tag{18.6}$$

每次迭代之后，对 $\overline{\pi}^{(t+1)}$ 做归一化，使它们的和为 1。重复这些步骤，直到 $\overline{\pi}^{(t+1)}$ 和 $\overline{\pi}^{(t)}$ 之间的差小于用户定义的阈值为止。这种方法也称为**幂迭代法**。需要明白 PageRank 计算代价很高，它无法动态计算用户在 Web 搜索时的查询。相反，所有已知网页的 PageRank 值是预先计算好并存储起来的。只有在特定查询的搜索结果包含存储的网页时，才会访问该网页的 PageRank 值并用于最终排名，如公式 18.2 所示。

可以证明，PageRank 值是随机转移矩阵 P 的特征值为 1 的最大左特征向量⊜的 n 个部分（见练习题 5）。随机转移矩阵的最大特征值总是为 1。P 的左特征向量与 P^{T} 的右特征向量相同。有趣的是，无向图的随机转移矩阵 P 的最大右特征向量可用来构建用于网络聚类的谱嵌入（见 19.3.4 节）。

18.4.1.1 主题敏感的 PageRank

主题敏感的 PageRank 是专为在排序过程中需要为部分主题提供更大重要性的情况而设

⊖ 另一种达成此目标的方法是修改 G，将原有边上的转移概率乘上一个（$1-\alpha$）系数，然后在 G 的所有两两节点之间加上一条有向边并使其转移概率为 α/n。这样，G 就变成了一个有向团，其任意两个节点之间存在双向边。这样的强连接马尔可夫链有唯一的稳定状态概率。这个图就可以当作一个马尔可夫链来处理，而且不需要另外考虑传送部分。这个模型与本章讨论的模型是等价的。

⊜ P 的左特征向量 $\overline{X}$ 是一个满足 $\overline{X}P=\lambda\overline{X}$ 的行向量。右特征向量 $\overline{Y}$ 是满足 $P\overline{Y}=\lambda\overline{Y}$ 的列向量。非对称矩阵的情况下的左右特征向量是不一样的，但特征值是相同的。在没有修饰词的情况下，特征向量默认指的是右特征向量。

计的。个性化在大型商业搜索引擎中不太常见，它在较小规模网站的特定搜索应用中更常见。通常情况下，用户可能会对某些主题的组合更感兴趣。通过用户注册信息，可在个性化搜索引擎中实现这样的兴趣点设计。例如，某个特定用户可能会对汽车主题更感兴趣。因此，可以用汽车相关排名更高的页面来响应该用户的查询。这也可以看作排名的个性化。那么该如何实现呢?

第一步是确定一个基本主题列表，并从这些主题中选定高质量的页面样本。这可通过使用诸如 Open Directory Project（ODP）[⊖] 之类的资源来实现，ODP 提供基本主题列表和每个主题的样本网页。这时修改 PageRank 公式以便传送只发生在该样本集中的 Web 文档之间，而不是所有 Web 文档。令 $\overline{e_p}$ 为代表每个页面项的 n 维个性化（列）向量。如果一个页面在样本集中，那么它在 $\overline{e_p}$ 中的项为 1，否则为 0。令 n_p 表示 $\overline{e_p}$ 中非零项的个数。那么 PageRank 公式 18.4 可修改如下：

$$\overline{\pi} = \alpha \overline{e_p} / n_p + (1-\alpha) P^{\mathrm{T}} \overline{\pi} \tag{18.7}$$

相同的幂迭代方法也可以用来解决个性化 PageRank 问题。在随机游走中加入选择性传送，这样采样页面结构中的页面排名会更高。只要样本页面能够很好地代表 Web 图中不同主题页面的（结构）位置，这种做法就能表现得很好。因此，在查询时，针对每个不同的主题，可以预先计算单独的 PageRank 向量并存储起来待用。

在某些情况下，用户会对主题的特定组合感兴趣，如体育和汽车。显然，可能的兴趣组合数量非常大，不可能也没必要预存每一个个性化 PageRank 向量。在这种情况下，只计算基本主题的 PageRank 向量。用户的最终结果是特定主题 PageRank 向量的加权线性组合，其中根据特定用户对不同话题的兴趣来定义权重。

18.4.1.2　SimRank

SimRank 用于计算节点之间的结构相似度。SimRank 确定节点之间的对称相似度。换句话说，节点 i 和 j 之间的相似度与节点 j 和 i 之间的相似度一样。在讨论 SimRank 之前，我们先定义一个相关的但又有所不同的非对称排序问题：

给定一个目标节点 i_q 和图 $G=(N, A)$ 中的节点子集 $S \subseteq N$，根据 S 中节点与 i_q 的相似度对 S 中节点进行排序。

当推荐系统将用户和项目表示为偏好二分图形式时，这样的查询会非常有用，图中节点对应于用户和项目，边对应于偏好。可以是节点 i_q 对应于一个项目节点，集合 S 对应于用户节点集。或者是节点 i_q 对应于一个用户节点，集合 S 对应于项目节点集。推荐系统将在 18.5 节中讨论，推荐系统与搜索密切相关，它们也对目标对象排名，但同时会考虑用户偏好。

这个问题可以看作一个有限制条件的主题敏感 PageRank 的特例，其对单个节点 i_q 进行传送。因此，可以利用传送向量 $\overline{e_p} = \overline{e_q}$ 直接修改个性化的 PageRank 公式 18.7，其中 $\overline{e_q}$ 是全零向量（除了有一个对应于节点 i_q 的 1）。此外，在这种情况下，n_p 的值被设为 1：

$$\overline{\pi} = \alpha \overline{e_q} + (1-\alpha) P^{\mathrm{T}} \overline{\pi} \tag{18.8}$$

上述公式的解决方案将给位于 i_q 的结构位置上的节点提供高排名值。这样定义的相似度是不对称的，这是因为分配给从查询节点 i 到节点 j 的相似度值不同于分配给从查询节点

⊖ http://www.dmoz.org。

j 到节点 i 的。这样的非对称相似度方法适用于以查询为中心的应用，如搜索引擎和推荐系统，但对于任何基于网络的数据挖掘应用来说是不必要的。在一些应用中，节点之间的对称相似性是必需的。虽然可以通过在相反方向上对两个主题敏感的 PageRank 值求平均来创建一个对称度量，但 SimRank 方法提供了一个简洁直观的解决方案。

SimRank 方法如下，令 $In(i)$ 代表 i 的链进节点，SimRank 公式则以递归方式定义如下：

$$SimRank(i,j)=\frac{C}{|In(i)|\cdot|In(j)|}\sum_{p\in In(i)}\sum_{q\in In(j)}SimRank(p,q) \tag{18.9}$$

在这里，C 是范围为 (0, 1) 的常数，可以认为是递归的衰减率。作为边界条件，当 $i=j$ 时，将 $SimRank(i,j)$ 的值设为 1；当 i 或 j 都没有链进的节点时，则设 $SimRank(i,j)$ 的值为 0。迭代计算 SimRank。如果 $i=j$，将 $SimRank(i,j)$ 的值初始化为 1，否则为 0。算法使用公式 18.9 来迭代更新各节点对之间的 SimRank 值，直到收敛为止。

SimRank 可以对随机游走做一个有趣直观的解释。考虑两个随机漫游者从节点 i 和节点 j 步调一致地反向游走直到相遇为止。每个网络漫游者所走的步数是一个随机变量 $L(i,j)$，这时，可发现 $SimRank(i,j)$ 等于 $C^{L(i,j)}$ 的期望值。衰减常数 C 将随机游走的长度 l 映射到相似度 C^l。请注意，因为 $C<1$，更小的距离将导致更高的相似度，反之亦然。

基于随机游走的方法通常比用节点间的最短路径来衡量相似度更具鲁棒性。这是因为随机游走方法隐式解释了节点之间路径的数量，而最短路径没有。这个问题可在 3.5.1.2 节中找到详细解释。

18.4.2 HITS

超文本诱导主题搜索（Hypertext Induced Topic Search，HITS）算法是一个基于查询的页面排序算法。该方法的思想在于对 Web 典型结构的了解，即将 Web 组织成枢纽和权威页面。

权威页面（authority）是有许多链入链接的页面。通常情况下，它包含一个特定主题的权威内容。因此，许多 Web 用户可能会相信该页面是关于该主题的知识源，这将导致许多页面链接到权威页面。**枢纽**（hub）是有许多链出到权威页面的链接的页面，它表示一个特定主题上的链接合辑。因此，枢纽页面为 Web 用户提供了关于在哪里可以找到特定主题资源的引导。图 18-3a 说明了 Web 图中关于枢纽和权威页面的以节点为中心的典型拓扑结构的例子。

HITS 算法的主要观点是，好的枢纽会指向许多好的权威页面。反过来，好的权威页面会有许多枢纽指向它。图 18-3b 说明了一个典型的组织权威页面和枢纽的例子。HITS 算法利用了这种相互增强关系。对于用户发起的任意查询，HITS 算法从相关页面列表开始，并根据枢纽排名和权威排名扩展列表。

当有查询时，HITS 算法首先收集前 r 个最相关的结果，r 通常设为 200。这定义了根集 R。通常情况下，商业搜索引擎的查询或基于内容的评价可用来确定根集。对于 R 中的每个节点，该算法确定所有直接链接（无论是链入或链出）到 R 的节点。这提供了一个更大的基本集 S。因为基本集可能相当大，所以要限制加入 S 中的 R 中任意节点的最大链入数量为 k，k 值常设在 50 左右。请注意，这仍然会导致一个相当大的基本集，因为 200 个可能的根节点中的每一个节点都可能带来 50 个链入节点以及链出节点。

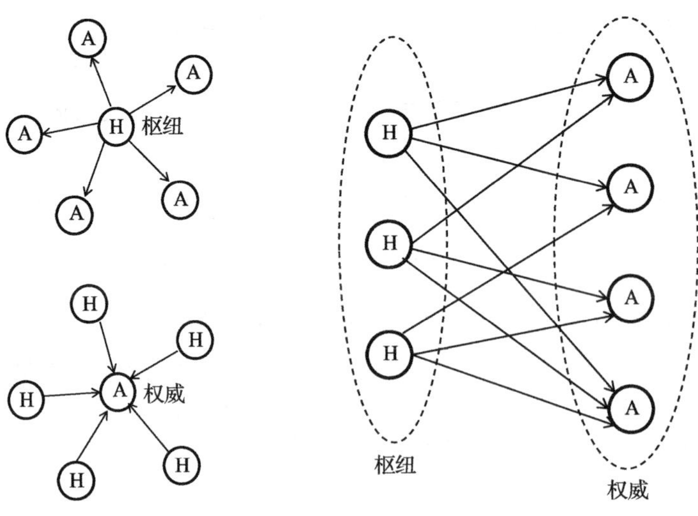

a) 枢纽和权威的例子　　b) 枢纽和权威之间的网络组织

图 18-3　枢纽和权威图示

设 $G=(S, A)$ 是定义在（扩展的）基本集 S 上的 Web 子图，其中 A 是根集 S 中节点之间边的集合。HITS 算法就只在该子图上进行分析。给每个页面（节点）$i \in S$ 分配**枢纽评分** $h(i)$ 和**权威评分** $a(i)$。假设枢纽和权威页面的评分已经归一化，则枢纽评分的平方和跟权威评分的平方和都等于 1。更高的得分意味着更好的质量。枢纽和权威页面的分数是相互关联的，其关系如下：

$$h(i)=\sum_{j:(i,\,j)\in A} a(j) \quad \forall i \in S \tag{18.10}$$

$$a(i)=\sum_{j:(j,\,i)\in A} h(j) \quad \forall i \in S \tag{18.11}$$

基本思想是给指向好的权威页面的枢纽和有好枢纽指向的权威页面以奖励。很容易看出，上述公式加强了这种相互促进的关系。这是一个线性方程组，可以用迭代法求解。该算法首先初始化 $h^0(i)=a^0(i)=1/\sqrt{|S|}$。在第 t 次循环结束时，$h^t(i)$ 和 $a^t(i)$ 分别表示第 i 个节点的枢纽和权威得分。对于每个 $t \geqslant 0$，第 $(t+1)$ 次迭代时，算法执行以下步骤：

for 每个 $i \in S$ $a^{t+1}(i) \Leftarrow \sum_{j:(j,i)\in A} h^t(j)$;
for 每个 $i \in S$ $h^{t+1}(i) \Leftarrow \sum_{j:(i,j)\in A} a^{t+1}(j)$;
将每个枢纽和权威向量的 L_2 范数归一化为1;

对于枢纽向量 $\overline{h}=[h(1),\cdots,h(n)]^{\mathrm{T}}$ 和权威页面向量 $\overline{a}=[a(1),\cdots,a(n)]^{\mathrm{T}}$，更新过程可以分别表示为 $\overline{a}=A^{\mathrm{T}}\overline{h}$ 和 $\overline{h}=A\overline{a}$，其中边集 A 是一个 $|S|\times|S|$ 的邻接矩阵。重复迭代直至收敛。这表明，枢纽向量 $\overline{h}$ 和权威向量 $\overline{a}$ 分别在 AA^{T} 和 $A^{\mathrm{T}}A$ 的主特征向量方向上收敛（见练习题 6）。这是因为可以证明更新的相关对分别等于 AA^{T} 和 $A^{\mathrm{T}}A$ 上的幂迭代更新。

18.5　推荐系统

自网络交易普及以来，用户购买行为的数据收集变得越来越容易。该数据包括有关的用户资料、兴趣、浏览行为、购买行为和对各物品的评分等信息。可利用这些数据向客户推荐可能感兴趣的物品。

在推荐问题中，用户 – 项目对具有与之相关联的效用值。因此，n 个用户和 d 个项目可构成一个 $n \times d$ 的效用值矩阵 D，这也称为**效用矩阵**。用户 – 项目对中的效用值可以对应于用户的购买行为或对该项目的评分。通常情况下，小部分效用值是以客户的购买行为或评分的形式指定的。可用这些指定值来做推荐。效用矩阵的性质对推荐算法的选择有着重要影响。

1. 只有正面偏好

在这种情况下，指定的效用矩阵只包含正面偏好。例如，社交网站上设计的“点赞”选项、网站上对一个物品的浏览或特定数量的物品购买，都对应于正面偏好。因此，使用预先设定好的正面偏好时，效用矩阵是稀疏的。举例来说，效用矩阵可能包含每个用户购买物品的原始数量、数量的归一化函数、购买和浏览行为的加权函数等。这些函数通常是启发式的，由分析师根据具体应用指定。对于未被购买过或用户没有浏览过的项目可能无法确定其效用值。

2. 正面和负面偏好（评分）

在这种情况下，用户对物品进行评分来代表他们喜欢或不喜欢该物品。在分析时考虑用户不喜欢的程度会对问题产生重大影响，因为这使得问题本身更加复杂而且通常需要对底层算法进行修改。

图 18-4a 说明了基于评分的效用矩阵的一个例子，图 18-4b 说明了正面偏好效用矩阵的一个例子。在该图中，有六个用户 $U_1, \cdots, U_6$，还有六部指定了标题的电影。在图 18-4a 中，较高的评分表明有更积极的反馈。在这两种情况下，矩阵中缺少的元素对应于未指定的偏好。这种差异显著地改变了这两种情况下所使用的算法。特别地，图 18-4 中的两个矩阵具有相同的指定项，但它们提供了非常不同的观点。例如在图 18-4a 中，用户 U_1 和 U_3 非常不同，因为他们对指定项有非常不同的评分。而在图 18-4b 中，用户对相同项目都表现了正面偏好，因此可以认为这些用户是非常相似的。基于评分的效用为用户对项目表达负面偏好提供了一种方法。例如，图 18-4a 中的用户 U_1 不喜欢电影 Gladiator。对于相对模糊的缺失项，图 18-4b 中的正面偏好效用矩阵没有提供这种指定负面偏好的机制。换句话说，图 18-4b 中的矩阵所表达的信息更少。图 18-4b 提供了一个二元矩阵的例子，但我们可以设置非零项为任意正数。例如，它们可以对应于不同用户所购买的物品数量。

	GLADIATOR	GODFATHER	BEN-HUR	GOODFELLAS	SCARFACE	SPARTACUS
U_1	1			5		2
U_2		5			4	
U_3	5	3		1		
U_4			3			4
U_5				3	5	
U_6	5		4			

a) 基于评分的效用

	GLADIATOR	GODFATHER	BEN-HUR	GOODFELLAS	SCARFACE	SPARTACUS
U_1	1			1		1
U_2		1			1	
U_3	1	1		1		
U_4			1			1
U_5				1	1	
U_6	1		1			

b) 正面偏好的效用

图 18-4 效用矩阵的例子

这种差异会影响两种情况下所使用的算法类型。允许正面和负面的偏好，通常会使问题更加困难。从数据收集的角度来看，从客户行为而不是从评分推断出负面偏好也很困难。表示用户和项目的内容也可用于提高推荐效果。

1. 基于内容的推荐

在这种情况下，用户和项目都与基于特征的描述联系起来。例如，可以通过使用描述项目的文本来确定项目资料，用户也可能在资料中明确指定了他们的兴趣。另外，可以从用户的购买或浏览行为来推断其资料。

2. 协同过滤

协同过滤，顾名思义，是为了所有用户的利益以评分或购买行为的协作方式来利用用户偏好。具体而言，在推荐过程中，效用矩阵可用于确定特定项目的相关用户，或者特定用户的相关项目。这种方法的一个关键中间步骤是相似项目和用户组的确定。这些对等组中的模式提供了推荐过程所需的协作知识。

这两种模型并不互斥。反而往往会结合基于内容的方法与协同过滤方法来创建一个组合的偏好得分。协同过滤方法通常是较常用的模型，因此本小节将对它进行更详细的讨论。

重要的是要了解，协同过滤算法中所使用的效用矩阵会非常大且稀疏。在 $n \times d$ 的效用矩阵中，n 和 d 的值超过 10^5 的情况并不少见。矩阵也非常稀疏。例如，以一个超过 10^5 部电影的数据集来说，一个典型用户可能只对不超过 10 部电影给出过评分。

基本上，协同过滤可以看作一个缺失值估计或矩阵填充的问题，该问题有一个不完整的 $n \times d$ 的效用矩阵，我们需要去估计其缺失值。正如文献注释中所讨论的那样，在传统统计文献中有很多缺失值估计方法。然而，协同过滤问题呈现了一种在数据大小和稀疏性方面特别具有挑战性的情况。

18.5.1 基于内容的推荐

在基于内容的推荐中，用户与描述他的兴趣的一组文档相关联。多个文档可能与一个用户相关联，对应于他的特定统计资料，表明其在注册时的兴趣、购买的商品项目描述等。然后，在向量表示空间中，将这些文档聚合成基于内容的用户文本资料。

项目也与文本描述有关。当项目的文本描述与用户资料相匹配时，可作为相似性指标。当没有效用矩阵可用时，基于内容的推荐方法使用一个简单的 k 近邻方法，发现与用户文本资料最相近的前 k 项，其中可用第 13 章中讨论的 tf-idf 余弦相似度。

而当有可用的效用矩阵时，为一个特定用户找到最相关项目的问题可看作一个传统分类问题。对于每个用户，有一组表示用户指定了效用值的项目描述的训练文档，标签代表效用值。该用户剩余项目的描述可以作为分类的测试文档。当效用矩阵包含数值型评分时，类变量是数值型的。在这种情况下可使用 11.5 节中讨论的回归方法。逻辑回归和有序的 probit 回归特别受欢迎。在只有正面偏好（而不是评分）的情况下，效用矩阵中所有指定的效用项对应于该项目的正面例子。只能在剩余测试文档中使用分类。一个挑战是，只有小部分的正面训练样本有标记，其余样本都是未标记的。在这种情况下，可以采用只使用正面和未标记的样本的分类方法（参考第 11 章）。基于内容的方法的优点是，它们甚至不需要效用矩阵和利用特定领域的内容信息。另外，对于用户过去所看到的有相似关键词描述的项目，内容信息会使推荐产生偏差。协同过滤方法直接使用效用矩阵，因此可以避免这种偏差。

18.5.2 协同过滤基于邻域的方法

基于邻域的方法的基本思想是，使用评分矩阵中的用户 - 用户相似性或项目 - 项目相似性来做推荐。

18.5.2.1 基于用户评分的相似性

在这种情况下，用一个相似度函数来确定每个用户的前 k 个相似用户。所以，对于目标用户 i，我们会计算他与其他所有用户的相似度。因此，需要定义用户之间的相似度函数。在基于评分矩阵的情况下，因为不同用户可能有不同的评分标准，所以相似度计算会很棘手。一个用户可能会偏向于喜欢大多数项目，而另一个用户可能会偏向于不喜欢大多数项目。此外，不同用户可能对不同项目进行评分。皮尔森相关系数可以衡量两个用户评价向量之间的相似性。设 $\bar{X}=(x_1, \cdots, x_s)$ 和 $\bar{Y}=(y_1, \cdots, y_s)$ 是常见的（特定的）一对用户的评分，则它们的均值分别为 $\hat{x}=\sum_{i=1}^{s} x_i / s$ 和 $\hat{y}=\sum_{i=1}^{s} y_i / s$。另外，用户的平均评分是计算他所指定过的所有评分的平均值，而不是只使用两个用户共同评价过的项目。这种计算平均值的替代方法比较常见，它可以显著影响两两之间的皮尔森计算。两个用户之间的皮尔森相关系数定义如下：

$$\text{Pearson}(\bar{X}, \bar{Y})=\frac{\sum_{i=1}^{s}(x_i-\hat{x}) \cdot (y_i-\hat{y})}{\sqrt{\sum_{i=1}^{s}(x_i-\hat{x})^2} \cdot \sqrt{\sum_{i=1}^{s}(y_i-\hat{y})^2}} \tag{18.12}$$

皮尔森相关系数是在目标用户和其他所有用户之间进行计算的。目标用户的对等组定义为与目标用户之间皮尔森相关系数最高的前 k 个用户。然后从对等组中删除非常低或负相关的用户。将该对等组中每个（指定的）项目的平均评分作为推荐评分。为实现更强的鲁棒性，在计算平均数时，可以给皮尔森相关系数加权。这种加权平均评分可以为目标用户提供预测。然后将预测评分最高的项目推荐给用户。

这种方法的主要问题是，不同用户的评分标准可能不同。可能一个用户对所有项目评分较高，而另一个用户对所有项目评分较低。因此，需要对原始评分进行规范化，再确定对等组的（加权）平均评分。用户的规范化评分定义为从他的每一个评分中减去他的平均评分。与之前一样，将对等组中项目的规范化评分的加权平均值作为*规范化*的预测。然后将目标用户的平均评分加回规范化的评分预测，以提供*原始*评分预测。

18.5.2.2 基于项目评分的相似性

与基于用户评分的方法的主要差别是，对等组是根据*项目*而不是*用户*来构建的。因此，需要计算评分矩阵中项目（或列）之间的相似度。在计算列之间的相似度之前，需要先标准化评分矩阵。在基于用户评分的情况下，评分矩阵中的每一行减去其平均值。然后，一对项目（列）的标准化评分 $\bar{U}=(u_1, \cdots, u_s)$ 和 $\bar{V}=(v_1, \cdots, v_s)$ 之间的余弦相似度定义了它们之间的相似性：

$$\text{Cosine}(\bar{U}, \bar{V})=\frac{\sum_{i=1}^{s} u_i \cdot v_i}{\sqrt{\sum_{i=1}^{s} u_i^2} \cdot \sqrt{\sum_{i=1}^{s} v_i^2}} \tag{18.13}$$

因为在计算相似度值之前标准化了评分，所以这种相似度称为调整后的余弦相似度。

在需要确定用户 i 对项目 j 的评分的情况下，首先需要根据上述调整后的余弦相似度，确定与项目 j 最相似的前 k 个项目。这样，在这前 k 个与项目 j 匹配的项目中，用户 i 已经给出评分的项目是确定的，可将这些（原始）评分的加权平均值作为项目 j 的评分预测值。在计算该平均值时，项目 r 的权重等于项目 r 和目标项目 j 之间的调整后的余弦相似度。

基本思想是在预测的最后一步中利用用户自己的评分。例如，在一个电影推荐系统中，项目对等组通常是一个类型的电影。相同用户对这种电影的历史评分是对用户兴趣非常可靠的预测。

18.5.3　基于图的方法

也可以使用用户－项目图的随机游走来确定邻域，而不使用皮尔森相关系数。对于稀疏的评分矩阵，有时这种方法更有效。构造一个用户－项目二分图 $G=(N_u \cup N_i, A)$，其中 N_u 是表示用户的点集，N_i 是表示项目的点集。效用矩阵中用户和项目之间的每个非零项对应于 A 中的一条无向边。例如，图 18-5 展示了图 18-4 中两个效用矩阵的用户 - 项目图。对于基于用户的协同过滤，给定一个用户，可以使用个性化 PageRank 或 SimRank 方法来确定其前 k 个最相似用户。同样，对于基于项目的协同过滤，给定一个项目，也可以使用此方法来确定其前 k 个最相似项目。基于用户的协同过滤和基于项目的协同过滤的其他步骤是相同的。

一种更普遍的方法是将问题视为用户－项目图上正负链路的预测问题。在这种情况下，给用户－项目图的边赋予正负权重。用户对项目的归一化评价在减去用户平均值后，可以看作边的正负权重。例如，考虑从图 18-4a 的评分矩阵构造的图，用户 U_1 和项目 Gladiator 之间的边会成为一条负边，因为 U_1 显然不喜欢电影 Gladiator。相应网络将成为一个有符号网络。因此，在有符号网络中，推荐是预测用户和项目之间具有较高的正权重值的边。19.5 节讨论了一个只有正链接的简单链路预测问题。详见文献注释中有关正负链接的链路预测问题。该链路预测方法的优点是，在用户通过社交网络链接时，它可以利用不同用户之间的可用链接。在这种情况下，用户－项目图不再是二分的。

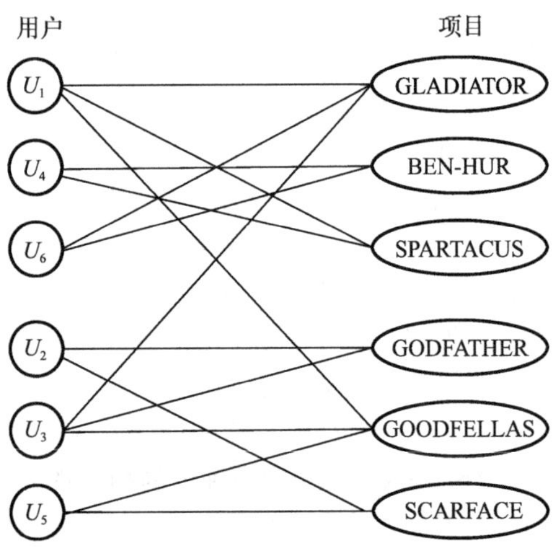

图 18-5　图 18-4 中效用矩阵的偏好图

当用户只指定项目的正偏好值时，问题就简化了，因为大多数的链路预测方法是针对正链接的。也可以使用用户－项目图上的随机游走来进行推荐，而不是只使用它来定义邻域。例如，在图 18-4b 的情况下，图 18-5 的同一用户－项目图可以与随机游走方法相结合。这种偏好图可以用来提供不同类型的建议。

1）在从节点 i 重启的随机游走中具有最大 PageRank 的项目节点可以确定用户 i 的排名较高的前几个项目。

2）在从节点 j 重启的随机游走中具有最大 PageRank 的用户节点可以确定项目 j 的排名较高的前几个用户。

重启的概率可调节推荐的项目 / 用户的总体受欢迎度和特定用户 / 项目的个性化推荐之间的权衡。例如，考虑需要给用户 i 推荐项目的情况，低传送率会对推荐许多用户普遍喜欢的项目有益。增大传送率将使对用户 i 的推荐更个性化。

18.5.4 聚类方法

基于邻域的方法的一个缺点是计算量大。对于每个用户，必须执行的计算次数至少与矩阵中非零项的数目成正比。此外，需要对所有用户进行计算以给不同用户做推荐，这可能会非常缓慢。那么，是否可以使用聚类方法来加速计算？聚类在一定程度上也有助于解决数据的稀疏性问题。

聚类方法除了作为对等组定义的预处理步骤，它与基于邻域的方法完全类似。这些对等组用于做推荐。可以在用户或项目上定义簇。因此，它们既可以用来做用户 - 用户的相似性推荐，也可以用来做项目 - 项目的相似性推荐。为简洁起见，这里只描述用户 - 用户的推荐方法，项目 - 项目的推荐方法完全类似。聚类方法按以下方式进行：

1）使用任意聚类算法将所有的用户划分为 n_g 个簇。

2）对于任意用户 i，计算其簇中指定的项目的平均（规范化）评分。将这些评分逆向转换为原始值后报告给用户。

项目 - 项目的推荐方法类似，只是将聚类应用到列而不是行。簇定义了相似项目的组（或隐式伪类别）。计算用户 - 项目组合评分的最后一步与基于邻域的方法类似。聚类后，通常能有效确定所有评分。如何进行聚类仍有待说明。

18.5.4.1 调整的 *k*-means 聚类

为了对评分矩阵进行聚类，需要修改很多第 6 章中讨论的聚类方法。重要的是要修改这些方法来适应稀疏且不完整的数据集。如 *k*-means 和期望最大化等方法，可用于标准化的评分矩阵。*k*-means 方法与第 6 章中所描述的有两大差异：

1）在 *k*-means 的一次迭代中，需要对簇成员的每个维度上的指定值求均值来计算质心。此外，质心本身可能没有完全给出。

2）仅在数据点和质心共同指定的维度下计算它们之间的距离。此外，将该距离除以维度，以公平比较不同数据点。

在应用聚类方法之前，应先规范化评分矩阵。

18.5.4.2 调整的联合聚类

13.3.3.1 节描述了联合聚类方法。联合聚类非常适用于稀疏矩阵中用户和项目的邻域集发现。将联合聚类中指定的项设为 1，未指定的项设为 0。图 18-6a 说明了应用到图 18-4b 的效用矩阵的联合聚类方法。为简单起见，在这种情况下，只显示二路联合聚类。联合聚类方法清晰地将用户和项目分到其对应组里。因此，可同时发现用户邻域和项目邻域。定义邻域之后，可用上述基于用户的方法和基于项目的方法来预测缺失项。

在用户 - 项目图中，可以很好地解释联合聚类方法。令 $G=(N_u \cup N_i, A)$ 表示偏好图，其中 N_u 代表用户节点集，N_i 代表项目节点集，效用矩阵的每个非零项对应于 A 中的一条无向边，则联合簇是图结构中的组。图 18-6b 描述了对应的二路图划分。由于用户 - 项目图的这种可解释性，该方法能够同时计算项目 - 项目和用户 - 用户的相似度。联合聚类方法也与潜在因素模型密切相关，如根据潜在因素同时对行和列进行聚类的非负矩阵分解。

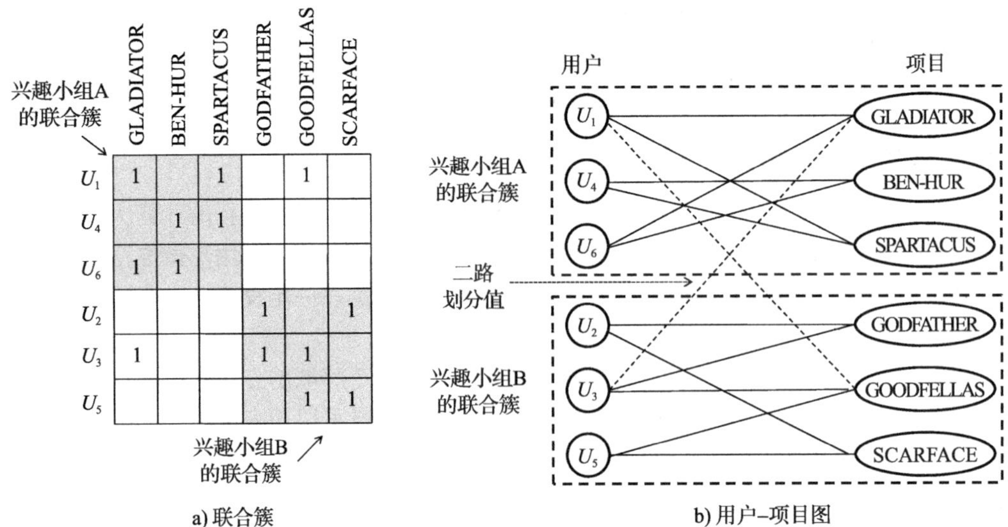

图 18-6 用户 – 项目图的联合聚类

18.5.5 潜在因素模型

上一节中讨论的聚类方法使用了数据的聚合属性，来做出鲁棒的预测。使用潜在因素模型，可以使预测更加鲁棒。这种方法可用于评分矩阵或正偏好效用矩阵。近年来，潜在因素模型越来越受欢迎。潜在因素模型的关键思想是，许多降维和矩阵分解方法概述了低维向量或潜在因素的行和列的相关性。此外，协同过滤本质上是缺失数据填补问题，相关性是用来做预测的。因此，这些潜在因素作为隐藏变量，以简洁的方式来对数据矩阵中的相关性进行编码，并且可以用来做预测。当 k 远小于 d 时，即使数据不完全，往往也可估计出 k 维主要潜在因素。这是因为只要指定项的数量足够大，就可以根据稀疏指定的数据矩阵精确估计出更简洁定义的潜在因素。

n 个 k 维因子代表 n 个用户，表示为 $\overline{U_1},\cdots,\overline{U_n}$。$d$ 个项目通过相应的 k 维因子表示，表示为向量 $\overline{I_1},\cdots,\overline{I_d}$。$k$ 表示潜在降维后的维度。然后，根据相应潜在因子的向量点积，估计用户 i 对项目 j 的评分 r_{ij}：

$$r_{ij} \approx \overline{U_i} \cdot \overline{I_j} \tag{18.14}$$

如果评分矩阵的每项都是真实的，那么整个评分矩阵 $D=[r_{ij}]_{n\times d}$ 可以分解为两个矩阵，如下：

$$D \approx F_{user} F_{item}^{\mathrm{T}} \tag{18.15}$$

这里的 F_{user} 是一个 $n\times k$ 矩阵，第 i 行代表用户 i 的潜在因素 $\bar{U}_i$；同样地，F_{item} 是 $d\times k$ 矩阵，第 j 行代表项目 j 的潜在因素 $\overline{I_j}$。如何确定这些因素？用于计算这些因素的两个主要方法是奇异值分解和矩阵分解，将在下面讨论。

18.5.5.1 奇异值分解

奇异值分解（Singular Value Decomposition，SVD）在 2.4.3.2 节中详细讨论过。建议读者先阅读那部分再继续。第 2 章中的公式 2.12 将数据矩阵 D 近似分解为三个矩阵，这里复制了该公式：

$$D \approx Q_k \Sigma_k P_k^{\mathrm{T}} \tag{18.16}$$

这里，Q_k 是一个 $n \times k$ 矩阵，Σ_k 是一个 $k \times k$ 的对角阵，P_k 是一个 $d \times k$ 矩阵。与二路分解形式的主要不同是对角阵 Σ_k，该矩阵可能包含在用户因素中。因此，可以得到以下因式矩阵：

$$F_{user} = Q_k \Sigma_k \tag{18.17}$$

$$F_{item} = P_k \tag{18.18}$$

第 2 章中的讨论表明，在 SVD 中，矩阵 $Q_k \Sigma_k$ 表示数据点在降维和转换后的坐标。因此，在项目线性组合定义的新 k 维基础坐标 P_k 下，每个用户都有一个新的 k 维坐标。严格来说，对于不完整的矩阵，虽然可以通过启发式方法进行近似，但 SVD 不能完全确定。文献注释提供了该问题解决方法的指引。奇异值分解的另一个缺点是它的高计算复杂度。对于非负评分矩阵，可以使用 PLSA，因为它提供了类似于 SVD 的概率分解。

18.5.5.2 矩阵分解

奇异值分解是矩阵分解的一种形式。因为还有许多不同形式的矩阵分解，所以要去探索它们是否可以用于推荐。建议读者回顾一下 6.8 节中的矩阵分解。这里复制了该小节中的公式 6.30：

$$D \approx U \cdot V^{\mathrm{T}} \tag{18.19}$$

这种分解已经是我们想要的形式。因此，用户和项目因子矩阵定义如下：

$$F_{user} = U \tag{18.20}$$

$$F_{item} = V \tag{18.21}$$

与 6.8 节中的分析的主要区别是，如何建立不完整矩阵的优化目标函数。回想一下，矩阵 U 和 V 是通过优化以下目标函数来确定的：

$$J = \| D - U \cdot V^{\mathrm{T}} \|^2 \tag{18.22}$$

在这里，$\|\cdot\|$ 表示 Frobenius 范数。在这种情况下，因为只指定了评分矩阵 D 的部分值，所以优化只在指定项而不是所有项上执行。因此，优化问题的基本形式仍然非常相似，很容易使用任何现成的优化求解器来确定 U 和 V。文献注释包含有关随机梯度下降法的指引。含有 U 和 V 的 Frobenius 范数的平方的规范化项 $\lambda(\| U \|^2 + \| V \|^2)$ 可以添加到 J 来减少过拟合。当指定项的数量很小时，规范化项就显得尤为重要。可用交叉验证来确定参数 λ 的值。

当用于确定分解的因式时，这种方法比 SVD 更方便，因为无论不完全指定的矩阵多么稀疏，都可以无缝建立优化对象。当评分非负时，也可以使用非负形式的矩阵分解。如 6.8 节中所讨论的，矩阵分解的非负版本提供了一些可解释性的优势。也可以使用其他形式的分解，如概率矩阵分解和最大余量矩阵分解。这些变体大多数只是在目标函数（例如，Frobenius 范数最小化，最大化最大似然）和底层优化问题的约束条件（例如非负）上有细微的不同。这些差异往往转换为相同随机梯度下降方法的变体。

18.6 Web 使用记录的挖掘

Web 的使用产生了大量的日志数据。通常收集两种主要类型的日志。

1. **Web 服务器日志**

这对应于 Web 服务器上的用户活动。典型日志会以标准化格式存储，称为 NCSA 公共

日志格式，以方便不同程序使用和分析。这种格式的几个变种（如 NCSA *组合日志格式*和*扩展日志格式*）会存储一些额外字段。然而，基本格式的变体的数量是比较小的。一个 Web 日志项的例子如下：

```
98.206.207.157 - - [31/Jul/2013:18:09:38 -0700] "GET /productA.pdf
HTTP/1.1" 200 328177 "-" "Mozilla/5.0 (Mac OS X) AppleWebKit/536.26
(KHTML, like Gecko) Version/6.0 Mobile/10B329 Safari/8536.25"
"retailer.net"
```

2. 查询日志

这对应于搜索引擎中用户发出的查询。除了商业搜索引擎提供商，如果网站包含搜索功能，这种日志也可以提供给该网站所有者。

这些类型的日志可以用于各种各样的应用。例如，可以提取用户的浏览行为来做推荐。Web 使用记录的挖掘范围太大，单个章节无法描述清楚。因此，本小节的目标是提供一个概述，即怎样将这本书中讨论的各种技术映射到 Web 使用记录的挖掘。文献注释包含了关于这个主题的更详细的 Web 挖掘的指引。Web 日志应用的一个主要问题是日志包含不同用户之间的脏数据，因此，难以在任意应用设置上直接使用。也就是说，需要大量的预处理。

18.6.1 数据预处理

日志文件通常是作为对应于用户访问项目的连续序列来获得的。不同的用户项通常是随机交叉的，很难区分相同用户的不同会话。

通常情况下，可以通过客户端的 cookie 来区分不同的用户会话。然而，由于客户端隐私问题，客户端的 cookie 往往遭到禁用。在这种情况下，只有 IP 地址可用，然而只使用基础 IP 地址很难进行区分。其他字段（如用户代理和引荐）经常可用来进一步区分。在许多情况下，在一个合理的粒度级别上至少能区分出一个用户子集。因此，只使用了能识别出用户的日志子集。对于特定应用的情况，这往往是足够的。文献注释包含了 Web 日志预处理方法的文献指引。

预处理以页面视图形式产生一组*序列*，这也称为**点击流**。在某些情况下，因为涉及网站上网页的链接结构，也会构建遍历模式的图。对于查询日志，相似序列是以搜索标记而不是页面视图的形式获得的。因此，尽管应用场景不同，收集的数据的性质还是有相似之处的。下面简要介绍 Web 日志挖掘的一些主要应用。

18.6.2 应用

利用点击数据流可产生多个序列数据挖掘的应用。下面将简要概述各种应用，提供相关章节的索引。本章文献注释也包含一些具体的文献指引。

推荐

可以基于用户的浏览模式给他们推荐网页。在这种情况下，甚至没有必要使用序列信息；相反，可以根据以往的浏览行为构建用户浏览量矩阵。这可以用来推断用户对不同页面的兴趣，相应的矩阵通常是正偏好效用矩阵。本章中的任何推荐算法都可以用来推断用户最有可能感兴趣的页面。

频繁访问模式

网站的频繁遍历模式表示了用户在网站上最可能的遍历模式。第 15 章中的频繁序列挖掘算法以及第 17 章中的频繁图模式挖掘算法都可以用来确定最受欢迎的路径。网站所有者可以使用这些结果进行网站重组。例如，在网站图中，非常受欢迎的路径应该保持为连续的路径。如果需要的话，可重组很少使用的路径和链接。如果经常在两个页面之间观察到连续的模式，则可以在它们之间添加链接。

预测与异常检测

第 15 章中的马尔可夫模型可以用来预测用户未来的点击。与预期值存在明显偏差的点击可能对应于异常。当整个访问模式不正常时，这就发生了第二种异常。第二种异常不同于序列中某特定页面只是某一次查看显得异常的情况。隐马尔可夫模型可以用来发现这种异常序列。读者可以参考第 15 章中对这些方法的讨论。

分类

在某些情况下，可以根据活动的可取或不可取来给 Web 日志的序列加标签。一个可取的活动的例子是用户在某个站点上浏览了一定的页面序列后购买了某个商品。一个不可取的序列可能是一个入侵攻击。当标签可用时，可执行 Web 日志序列的早期分类。结果可以用来对 Web 用户的未来行为做在线推测。

18.7 小结

Web 数据有两种，第一种对应于 Web 上可用的文档和链接，第二种对应于用户行为模式，如购买行为、评分和 Web 日志。可以利用这些数据类型中的每一种来做不同的分析。

从网上收集资料往往是一项艰巨的任务，通常使用*爬虫*或*蜘蛛*来完成。爬虫可以采用商业搜索引擎所使用的通用爬虫，或者收集特定主题的偏好爬虫。文档收集后，将它们存储在搜索引擎中并建立索引。搜索引擎结合文本相似度和基于信誉的排名来创建最终得分。用于搜索引擎中的排名的两种常见算法是 PageRank 和 HITS 算法。主题敏感的 PageRank 通常用来计算节点之间的相似度。

网上收集的大量用户 - 项目偏好数据可用来做推荐。推荐方法可以是基于内容的或基于用户偏好的。基于偏好的方法包括基于邻域的技术、聚类技术、基于图的技术和基于潜在因素的技术。

Web 日志是 Web 数据的另一个重要来源。Web 日志通常可产生序列数据或遍历模式的图。如果忽略数据顺序，那么日志也可以用于做推荐。Web 日志分析的典型应用包括确定频繁遍历模式和异常、确定用户感兴趣的事件等。

18.8 文献注释

Web 挖掘的两个优秀资源是 [127,357]。谷歌搜索引擎的创始人提供了搜索引擎从爬取到搜索阶段的早期描述 [114]。爬虫的一般原则见 [127]。偏好爬虫也有重要的研究，见 [127, 357]。许多搜索引擎索引和查询方面的描述见 [377]。

PageRank 算法的描述在 [114,412] 中有所描述。HITS 算法的描述见 [317]。PageRank 和 HITS 算法的详细描述见 [127,343,357,377]。主题敏感的 PageRank 算法见 [258]，SimRank 算法见 [289]。

Web 和数据挖掘的著作 [343,357] 很好地描述了推荐系统。此外，在期刊综述文章和特刊 [2,325] 上有关于该主题的一般背景。协同过滤问题可以看作缺失数据的填补问题。大量文献描述了缺失数据分析 [364]。基于项目的协同过滤算法见 [170,445]。基于图的推荐方法

在 [210,277,528] 中有所描述。有符号网络中的链路预测方法见 [341]。一般认为潜在因素模型起源于 Netflix 有奖比赛中的许多成功作品[558]。然而，用潜在因素模型估计缺失项这种方法有好几年没有被使用在推荐分析领域和 Netflix 有奖比赛中[23]。[23] 表明，SVD 可以与 EM 算法相结合来近似估计缺失的数据项。此外，在 Netflix 有奖比赛之前，[272, 288, 548] 展示了用于推荐的不同形式的矩阵分解。通过 Netflix 有奖比赛这一方法被推广后，也有人提出了针对协同过滤的其他基于因式分解的方法[321,322,323]。相关的矩阵分解模型见 [288,440,456]。潜在语义模型可以看作潜在因素模型的概率版本，见 [272]。

[357] 已经很好地描述了 Web 使用记录的挖掘，它描述了 Web 日志挖掘和使用记录的挖掘。Web 日志准备方法的描述可见 [161,477]。Web 日志的异常检测方法在 [5] 中有所讨论。Web 使用记录挖掘的综述见 [65,390,425]。

18.9 练习题

1. 用广度优先算法实现一个通用爬虫。
2. 考虑字符串 ababcdef，用每个字母作为一个标记，列举所有的 2 覆盖和 3 覆盖。
3. 讨论为什么添加锚文本到网页对挖掘有益但往往对出现该锚文本的页面具有误导性。
4. 在谷歌中搜索“ mining text data”和“ text data mining”，你能得到相同的前十个搜索结果吗？从搜索引擎所使用的内容部分来做启发式排名，你能得出什么？
5. 证明计算基于转移的 PageRank 就是计算适当构造的概率转移矩阵的特征向量。
6. 证明在 HITS 中，枢纽和权威页面的得分可以通过 AA^T 和 A^TA 的主特征向量来分别计算。其中，如本章所定义的，A 是图 $G=(S, A)$ 的邻接矩阵。
7. 证明一个随机转移矩阵的最大特征值总是 1。
8. 假设特定的过渡矩阵 P 可以对角化为 $P=V\Lambda V^{-1}$，其中 Λ 是对角阵。如果有一个定义了每对 k 跳节点之间的过渡概率的 k 跳过渡矩阵，怎么利用上述假设来有效确定这个 k 跳矩阵？当 $k=\infty$时，该怎么做？如果允许 P 和 V 的项是复数，结果是否不变？
9. 对图 18-2b 中的图分别采用 0.1、0.2 和 0.4 的过渡概率来应用 PageRank 算法。增加传送概率对死端组（概率）的影响是什么？
10. 从节点 1 重新启动，重复前面的练习题。增加传送概率会如何影响稳态概率？
11. 证明在图 18-4b 的过渡矩阵中有一个以上特征值为 1 的特征向量。为什么在这种情况下具有单位特征值的特征向量不唯一？
12. 在评分矩阵上实现基于邻域的协同过滤方法。
13. 在正偏好效用矩阵上实现用于协同过滤的个性化 PageRank 方法。
14. 当重启概率分别为 0.1、0.2 和 0.4 时，对图 18-5 中的例子应用 PageRank 算法。
15. 应用个性化 PageRank 算法对图 18-5 的例子分别以 0.1、0.2 和 0.4 的概率重新启动节点 Gladiator。关于在电影 Gladiator 的最相关用户中谁还没有看过这部电影，你能知道些什么？传送概率是否有可能改变最相关用户？从应用的角度来看，传送概率的直观意义是什么？
16. 构造不完整矩阵的矩阵分解问题的优化公式。
17. 在图 18-5 的二分图中，用户节点和项目节点之间的 SimRank 值是多少？在这种情况下，说说 SimRank 模型的缺点。

第19章

Data Mining: The Textbook

社交网络分析

“我希望我们将利用网络跨越障碍，链接不同的文化。”

——Tim Berners-Lee

19.1 引言

人与人之间相互连接的趋向是在Web和互联网出现之前就存在的，是人类根深蒂固的社会需要。在过去，人们通过面对面的接触、发送邮件以及电子通信技术等方式进行社会交往。其中电子通信技术相对于人类历史也是近期才出现的。然而，Web和互联网技术的普及为分布在不同地区的人们进行无缝互动开辟了全新的途径。在Web的发展初期，其远见卓识的创始人就已经认识到它的卓越潜能。但是，Web真正的社交潜力十年之后才得以发掘。即使到今天，基于网络的社交应用还在持续发展，产生不断增长的数据。这些数据是一个信息的宝库，包含用户的偏好、人际关系及其之间的相互影响。因此，研究人员很自然地想利用这些数据进行分析。

虽然对社交网络的流行理解是基于大型在线网络服务的，如Twitter、LinkedIn和Facebook，但是这样的社交网络只代表了Web所推动的交互机制的一小部分。实际上，传统的社会学领域的社交网络分析在技术激活的机制普及之前就已出现。本章中的很多讨论适用于广泛的社交网络，而不只局限于最流行的在线社交网络。一些具体的实例如下。

- 在社会学领域中，社交网络已经有一个多世纪的广泛研究，但是不是从在线网络的角度进行的研究。在传统的研究中，由于缺乏技术条件，数据的采集是非常困难的。因此这些研究通常采用艰难和辛苦的人工方法来采集数据。这种工作的一个例子是20世纪60年代Stanley Milgram著名的六度分离实验。该实验使用参与者互寄信件的方式来测试是否地球上任意两人之间可以由一条包括六个关系的链条相连接。由于核实本地邮件转发十分困难，这样的实验往往很难以一种值得信赖的方式进行。不过，尽管在实验设置中存在这些明显的缺陷，但实验得到的结果最近已被证明适用于在线社交网络，在线社交网络中人与人之间的关系很容易进行量化。
- 多项具有推动作用的技术（例如电子通信技术、电子邮件和电子聊天工具等）都可以看作一种间接形式的社交网络。这些推动技术促进了人与人之间的交互，因此具有自然的社会属性。
- 在线分享多媒体内容的网站（例如Flickr、YouTube或Delicious）也可以认为是一种间接形式的社交网络，因为这些网站都允许用户之间进行广泛的交互。此外，社交媒体为用户提供了进行交互的多种独特方式，比如发表博客或为彼此的图片打标签。在这种情况下，人们之间的交互围绕某一具体的服务进行，比如内容共享；然而，很多基本的社交网络原则仍然适用。从数据挖掘的角度来看，这样的社交网络蕴含着丰富的信息，具备极大数量的内容数据，包括文本、图像、音频或视频。

- 多种社交网络可以基于专业社区的特定交互形式来构建。科学社区被组织成文献和引用网络。这些网络同样包含丰富的内容，因为它们是围绕论文来组建的。

很明显，这些不同的网络表明社交网络分析包含不同的层面。本章所讨论的很多本质问题在不同的设置下适用于这些不同的场景。数据挖掘中的大多数传统问题（例如聚类和分类问题）也可以扩展到社交网络分析中。此外，由于社交网络相较于其他数据更为复杂，因此还可以定义许多更复杂的问题，比如链接预测和社会影响力分析。

本章内容的组织结构如下：19.2 节讨论社交网络分析中的一些基本特性；19.3 节讲述社区发现的问题；19.4 节讲述协同分类的问题；19.5 节讲述链接预测的问题；19.6 节讲述社会影响力分析的问题；19.7 节给出本章小结。

19.2 社交网络：预备知识与特性

假定社交网络可以结构化地表示为一个图 $G=(N, A)$，其中 N 是节点的集合，A 是边的集合。社交网络中每一位用户用 N 中的一个节点来代表，也称为一个**参与者**。边代表不同参与者之间的联系。在 Facebook 等社交网络中，这些边对应于好友链接。通常情况下，这些边是无向的，但是在 Twitter 等“基于关注”的社交网络中，也可能是有向边。除非特别说明，在默认的情况下，假定网络 $G=(N, A)$ 是无向的。在有些情况下，N 中的节点可能包含和它们相关的内容。这些内容可能对应于社交网络用户所发表的评论或其他文档。假定一个社交网络有 n 个节点和 m 条边。下面讨论社交网络的一些关键特性。

19.2.1 同质性

同质性是社交网络的一项基本特性，可以应用于许多应用，如节点分类。同质性的基本思想是：互相连接的节点更可能具有相似的性质。例如，一位用户的 Facebook 好友链接可能来自学校或工作中的熟人。好友链接不仅意味着两个人有共同的背景，而且可能暗示其有相似的兴趣爱好。因此，相互链接的两个用户可能常常拥有共同的信仰、背景、教育经历、业余爱好或兴趣。“*物以类聚、人以群分*”就是对这种特性的很好表述。这一特性在许多以网络为中心的应用中被广泛使用。

19.2.2 三元闭合和聚类系数

直观地说，三元闭合可以认为是现实世界网络中固有的聚类倾向。三元闭合的原理如下：

如果社交网络中的两个用户有一个共同的好友，那么很可能这两个用户已经建立了好友链接，或者将来彼此最终会建立好友链接。

三元闭合的原理意味着网络的边结构具有内在的相关性。这是很自然的结果，因为两个关联到相同好友的用户更有可能具有相似的背景，因此也更有可能产生交互。三元闭合的概念和前面提到的同质性是相关的。就像互相连接的用户的相似背景使他们拥有相似的特性一样，相似的背景也使他们更可能连接到同一组参与者。虽然同质性通常表现为节点属性的内容特性，但是三元闭合可以看作同质性的结构化版本。三元闭合的概念与网络的聚类系数直接相关。

聚类系数可以看作对网络聚类的内在趋向的一种度量。这和前面提到的多维数据的

Hopkins 统计类似（参见 6.2.1.4 节）。设 $S_i \subseteq N$ 是无向图 $G=(N, A)$ 中连接到节点 $i \in N$ 的所有节点的集合。设集合 S_i 中元素的个数为 n_i。那么 S_i 中的节点之间可能有 $\binom{n_i}{2}$ 条边。节点 i 的局部聚类系数 $\eta(i)$ 是这些可能的节点对之间有边的比例。

$$\eta(i)=\frac{|\{(j,k)\in A: j\in S_i, k\in S_i\}|}{\binom{n_i}{2}} \tag{19.1}$$

Watts-Strogatz 网络平均聚类系数是网络中所有节点的局部聚类系数 $\eta(i)$ 的平均值。不难看出三元闭合特性增大了实际网络的聚类系数。

19.2.3 网络构成的动态性

网络的实际特性受网络的构成方式的影响。Web 和社交网络等网络随着时间持续增长，并不断有新的节点和边出现。有趣的是，多个领域的网络在动态增长过程中共享相似的特征。新的节点和边的增加方式对网络的最终结构以及要采用的有效的挖掘技术有着直接的影响。因此，下面将讨论一些实际网络的共同特性。

1. 偏好依附（preferential attachment）

在一个增长的网络中，一个节点收到一条新边的可能性随着它的度的增大而增加。这是很自然的结果，因为已经有很多朋友的人通常会更容易交到新的朋友。如果 $\pi(i)$ 是一个新增节点连接到网络中已有的节点 i 的概率，那么该概率模型与节点 i 的度之间的关系如下：

$$\pi(i)\propto \text{Degree}(i)^{\alpha} \tag{19.2}$$

参数 α 的取值与这个网络是在什么领域中创建的（比如是生物学网络还是社交网络）有关。在许多以 Web 为中心的领域中，通常会做*无标度*（scale-free）的假设。该假设声明 $\alpha\approx 1$，因而这个比例关系是线性的。这样的网络称为**无标度网络**。这个模型也称作 Barabasi-Albert 模型。许多网络（比如 Web、社交网络以及生物学网络等）被假设是无标度的，尽管这样的假设显然只是一种近似。实际上，很多现实的网络与无标度的假设不完全一致。

2. 小世界特性（small world property）

人们将大多数现实网络假定为“小世界”。这意味着网络中任意两个节点之间的平均路径的长度都较小。实际上，Milgram 在 20 世纪 60 年代的实验中猜测任意两个节点之间的距离大约是 6。通常，对于一个在 t 时刻包含 $n(t)$ 个节点的网络，许多模型假设平均路径长度以 $\log(n(t))$ 增长。即使对于大型的网络来说，这也是很小的一个值。近期的实验证实了互联网聊天网络等大规模网络的平均路径长度是较小的。如下面所讨论的，动态变化的直径已经由实验证明比模型建议的 $\log(n(t))$ 的增长率更有限。

3. 致密化（densification）

几乎在所有的现实网络（比如互联网和社交网络）中，随着时间的推移，加入的节点和边比删除的要多。加入新边的影响通常占主导地位，超过了加入新节点的影响。这说明随着时间的推移，图逐渐致密化，边的数量随着节点数的增长呈超线性的增长。如果 $n(t)$ 代表网络在 t 时刻的节点数，$e(t)$ 代表边的数量，那么网络会展现如下的*致密化幂定律*：

$$e(t)\propto n(t)^{\beta} \tag{19.3}$$

指数 β 的取值在 1 和 2 之间。β=1 所对应的网络，其节点度的平均值不受网络增长的影响。β=2 所对应的网络，随着节点数的增长，其总边数 $e(t)$ 保持为 $n(t)$ 个节点的完全图的固定比例。

4. 收缩的直径（shrinking diameter）

在现实网络中，随着网络的致密化，节点之间的平均距离会随着时间的推移而收缩。这个实验观察和传统模型所建议的直径应该以 $\log(n(t))$ 增长相悖。这个意外现象是由于新边的增加与新节点的增加相比处于主导地位。注意，如果增加新节点的影响占据主导地位，那么节点之间的平均距离将随着时间推移而增大。

5. 巨型连通分量（giant connected component）

在经过一段时间的网络致密化之后，将出现一个巨型连通分量。巨型连通分量的出现符合偏好依附原则，其中新加入的边更可能与网络中致密连接且高度数的节点相连。这种特性对于网络聚类算法也有混淆作用，因为它通常会导致不均衡的聚类，除非精心地设计算法。

偏好依附对于在线网络的典型结构也有显著影响。它会产生少量度数非常高的节点，也称作**枢纽**。枢纽节点通常与网络中很多不同的区域相连，因此对于许多网络聚类算法有混淆作用。这里所讨论的枢纽的概念与 HITS 算法中所讨论的枢纽的概念略有不同，因为它不专门针对一个查询或主题。尽管如此，这两种情况都保持了一些节点是网络连通中心点这一直观概念。

19.2.4　符合幂定律的度分布

偏好依附的一个结果就是少数几个高度数节点持续吸引大多数新加入的节点。可以证明度数为 k 的节点数量 $P(k)$ 由以下*幂定律度分布*来约束：

$$P(k) \propto k^{-\gamma} \tag{19.4}$$

参数 γ 的取值范围在 2 到 3 之间。值得注意的是，越大的 γ 值会导致更多的低度数节点。例如，当 γ 的值为 3 时，网络中绝大多数节点的度数将为 1。而当 γ 的值较小时，度分布的倾斜则没那么大。

19.2.5　中心度和声望的度量

网络中心的节点对网络特性有着显著影响，如它的密度、成对的最短路径距离、连通性和聚类行为。这类节点很多都是有着高度数的枢纽节点，这是大型网络的动态生成过程的自然结果。这些参与者往往更加突出，因为它们与很多参与者相关联，且处于影响力更大的地位。它们对于网络挖掘算法的影响也非常显著。中心度（centrality）的一个相关概念是*声望*（prestige），它与有向网络相关。例如，在 Twitter 上，一个有大量关注者的用户的声望更高。关注大量用户并不能带来任何声望，但是能表明某用户的*合群性*。之前章节所述的 PageRank 的概念常常用来作为声望的度量。

中心度的度量自然在无向网络中定义，而声望的度量则在有向网络中定义。但可以将中心度度量推广至有向网络。在下文中，中心度的度量将在无向网络中定义，而声望的度量将在有向网络中定义。

19.2.5.1　点度中心度和点度声望

在一个无向网络中，节点 i 的点度中心度（degree centrality）$C_D(i)$ 等于节点的度数除以节点的最大可能度数。网络中一个节点的最大可能度数是网络中节点总数减 1。因此，如果

Degree(i) 是节点 i 的度数，那么节点 i 的点度中心度 $C_D(i)$ 定义如下：

$$C_D(i)=\frac{\text{Degree}(i)}{n-1} \tag{19.5}$$

因为度数更高的节点常常是枢纽节点，所以它们往往更可能成为网络的中心，把网络中距离较远的部分更为紧密地结合在一起。点度中心度的主要问题是它不考虑给定节点 i 的直接邻居以外的点，这相当不明智。因此，在某种程度上来说，它忽略了网络的整体结构。例如，在图 19-1a 中，节点 1 的点度中心度最高，但不能把它看作网络的中心。实际上，节点 1 更靠近网络的边缘。

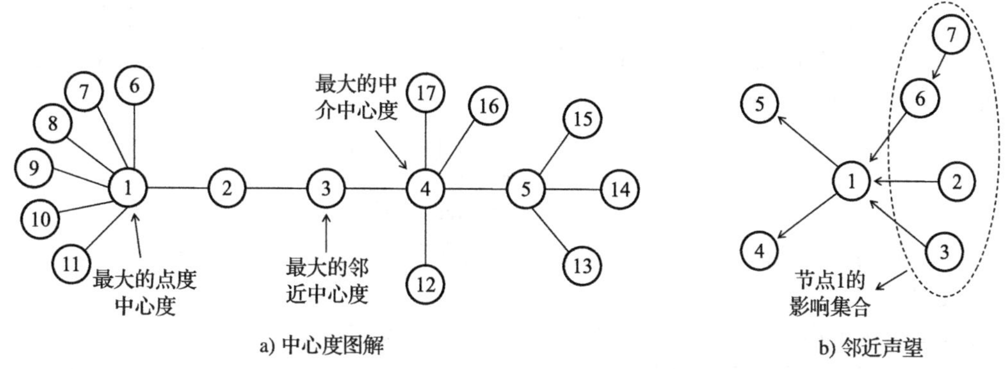

图 19-1　中心度和声望图解

点度声望（degree prestige）只定义于有向网络，且使用节点的入度，而不使用它的度。其思想是只有高入度能提高声望，因为一个节点的入度可以看作对其名气的投票，类似于 PageRank。因此，节点 i 的点度声望 $P_D(i)$ 定义如下：

$$P_D(i)=\frac{\text{Indegree}(i)}{n-1} \tag{19.6}$$

例如，在图 19-1b 中，节点 1 的点度声望最高。这个概念可以通过考虑指向某节点的各节点的声望来递归地进行推广，而不是简单地看节点数量。这与 PageRank 排名声望一致，将在本小节的后面进行讨论。

中心度的概念也可以扩展到节点的出度。这定义为节点的**合群性**。所以，节点 i 的合群性 $G_D(i)$ 定义如下：

$$G_D(i)=\frac{\text{Outdegree}(i)}{n-1} \tag{19.7}$$

节点的合群性与声望相比是一个不同的定性概念，因为它量化了个体寻找新关系（如在 Twitter 上关注很多其他用户）的倾向，而不是他相对于其他参与者的名气。

19.2.5.2　邻近中心度和邻近声望

图 19-1a 的例子说明点度中心度标准容易选取网络边缘的节点，而没有考虑它们与其他节点的间接联系。在这个背景下，邻近中心度（closeness centrality）更加有效。

邻近中心度的概念在无向连通网络上可以有意义地定义。如果节点 i 和 j 之间的成对最短路径距离为 Dist(i, j)，那么从节点 i 开始的平均最短路径距离 AvDist(i) 定义如下：

$$\text{AvDist}(i)=\frac{\sum_{j=1}^{n}\text{Dist}(i,j)}{n-1} \tag{19.8}$$

简单来说，邻近中心度是其他节点到节点 i 的平均距离的倒数。

$$C_C(i)=1/\text{AvDist}(i) \tag{19.9}$$

因为 AvDist(i) 的值至少为 1，所以邻近中心度在 0 到 1 之间取值。在图 19-1a 的例子中，节点 3 的邻近中心度最高，因为它到其他节点的平均距离最短。

邻近声望（proximity prestige）这一度量可以用于衡量有向网络中的声望。为了计算节点 i 的邻近声望，需要计算其他所有节点到节点 i 的最短路径距离。与无向网络不同，这个计算中的一个混淆作用是：从其他节点到节点 i 的有向路径可能不存在。例如，在图 19-1b 中，不存在指向节点 7 的路径。因此，首先要确定能通过有向路径到达节点 i 的节点集合 Influence(i)。例如，在 Twitter 网络中，Influence(i) 对应于节点 i 的所有递归定义的关注者。图 19-1b 显示了节点 1 的影响集合。现在，AvDist(i) 的值只需根据影响集合 Influence(i) 就可计算得到。

$$\text{AvDist}(i)=\frac{\sum_{j\in\text{Influence}(i)}\text{Dist}(j,i)}{|\text{Influence}(i)|} \tag{19.10}$$

注意，距离是由节点 j 到 i 计算得到的，反之则不然，因为我们计算的是声望度量，而非合群度量。

影响集合的大小和平均距离都在邻近声望的定义中发挥作用。虽然使用平均距离的倒数很诱人，如邻近中心度一样，但是这未必公正。应该对影响较小的节点进行罚分。例如，在图 19-1b 中，节点 6 具有从节点 7 到来的最短可能距离 1，而且节点 7 也是节点 6 唯一能影响的节点。虽然节点 6 到它的影响集合的低平均距离使其看起来声望很高，但是它的影响集合很小，因此不能把它看作高声望的节点。为处理这一点，在度量中包括了一个乘积惩罚因子，对应于节点 i 的影响集合的大小比例。

$$\text{InfluenceFraction}(i)=\frac{|\text{Influence}(i)|}{n-1} \tag{19.11}$$

于是，邻近声望 $P_P(i)$ 定义如下：

$$P_P(i)=\frac{\text{InfluenceFraction}(i)}{\text{AvDist}(i)} \tag{19.12}$$

这个值也在 0 到 1 之间。值越大，表示声望越高。可能的最高邻近声望值为 1，可以在完全星型结构的网络的中心节点处取得该值。在完全星型的网络中，有一个中心节点，其他所有节点均为它的（链进）辐条。

在图 19-1b 的例子中，节点 1 的影响比例为 4/6，且从 4 个可以到达它的节点的平均距离为 5/4。那么，它的邻近声望为 4*4/(5*6)=16/30。而节点 6 与唯一一个可以到达它的节点的平均距离为 1，距离更优。但是由于它的影响比例仅为 1/6，因此它的邻近声望也为 1/6。这表明节点 1 的邻近声望高于节点 6 的。这与我们之前所述的直观相符，节点 6 并不是一个非常有影响力的节点。

19.2.5.3　中介中心度

虽然邻近中心度是基于距离的概念，但是并未考虑节点的*关键性*，关键性是对于通过节点的最短路径的数量而言的。这些关键性的概念对于确定那些对社交网络中其他参与者间的信息流有着最强控制能力的参与者至关重要。例如，在图 19-1a 中，尽管节点 3 的邻近中心度最强，但对于不同成对节点间的最短路径，它不像节点 4 那样关键。之所以节点 4 更关键，是因为它参与到直接与它相连的节点（节点 5、12、16、17）之间的最短路径中，而节点 3 则没有参与其中。其他节点对的最短路径在这两种情况下近似相同。因此，节点 4 控制了节点 12 与 17 之间的信息流，而节点 3 则没有控制。

记节点 j 和 k 之间最短路径的数量为 q_{jk}。对于不是树的图来说，成对节点间的最短路径通常不止一条。设经过节点 i 的最短路径的数量为 $q_{jk}(i)$。那么，经过节点 i 的最短路径的比例 $f_{jk}(i)$ 由 $f_{jk}(i)=q_{jk}(i)/q_{jk}$ 给出。直观上看，$f_{jk}(i)$ 是表明节点 i 对于节点 j 和 k 之间信息流管控的控制级别的比例。那么，中介中心度（betweenness centrality）$C_B(i)$ 为所有 $\binom{n}{2}$ 对节点的这个比例的平均值。

$$C_B(i)=\frac{\sum_{j<k} f_{jk}(i)}{\binom{n}{2}} \tag{19.13}$$

中介中心度的值也在 0 到 1 之间，值越大表示中介性越高。与邻近中心度不同，中介中心度也可在非连通网络中定义。

虽然前文所述的中介中心度的概念是为节点而设计的，但是它也可以利用经过某一条边（而不是某一个节点）的最短路径数量来推广至边。例如，图 19-2 中与枢纽节点相连的边的中介性较高。高中介性的边往往会连接图中来自不同簇的节点。因此，在许多社区发现算法中，都对这些中介性概念有所应用，例如 Girvan-Newman 算法。实际上，介绍 Girvan-Newman 算法的 19.4 节描述了节点和边的中介中心度的计算。

19.2.5.4 排名中心度和排名声望

排名中心度（rank centrality）和*排名声望*（rank prestige）的概念由随机浏览模型所定义。可将 PageRank 分数看成无向网络中的排名中心度分数和有向网络中的排名声望分数。注意，PageRank 分数是社交网络的随机游走转移矩阵的最大的左特征向量的组成成分。如果直接用邻接矩阵而不是转移矩阵来计算最大特征向量，那么产生的分数就称作*特征向量中心度*分数。特征向量中心度分数一般不如 PageRank 分数可取，因为高度数节点会对它们邻居的中心度分数产生不成比例的巨大影响。

因为在第 18 章中已经详细讨论过这些分数的计算，所以这里不再重复赘述。这里的思想是一个节点被另一节点引用（如 Twitter 中的关注者）是声望的象征。尽管这种引用也可以为点度声望所涵盖，但是点度声望不能涵盖它的入邻节点的声望。PageRank 计算可以看作点度声望的更细致的版本，其中特定节点 i 的各个入邻节点的品质都会用于节点 i 的声望计算。

19.3 社区发现

在社交网络分析中，“社区发现”是“聚类”的一个近似同义词。在传统的网络分析工作中，网络和图的聚类有时也称作“图的划分”。所以，这方面的文献非常丰富，包含了很多不同领域的工作。许多关于图划分的工作先于对社交网络分析的正式研究。但是，它继续与社交网络领域密切相关。社区发现是社交网络分析中最基础的问题之一。归根结底，汇总紧密相关的社会群体是表征社会结构的最简洁易懂的方式之一。

在社交网络领域，因为典型社交网络的一些自然属性，网络聚类算法通常难以清楚地将不同簇分离开来。

- 多维聚类方法（如基于距离的 *k*-means 算法）难以推广至网络。在小世界网络中，不同的成对节点之间的距离很小，不足以提供充分的细粒度的相似性指标。而在聚类过程中，显式或隐式地使用现实网络的三元闭合特性则更为重要。
- 虽然社交网络通常有着不同的社区结构，但是高度数的枢纽节点会连接不同的社区，从而把它们连接在一起。图 19-2 展示了这种枢纽节点把不同社区连接起来的例子。在这个例子中，节点 A、B、C 是连接不同社区的枢纽。在真实的社交网络中，结构甚至可能更加复杂，会有一些高度数节点属于社区重叠的特定集合。

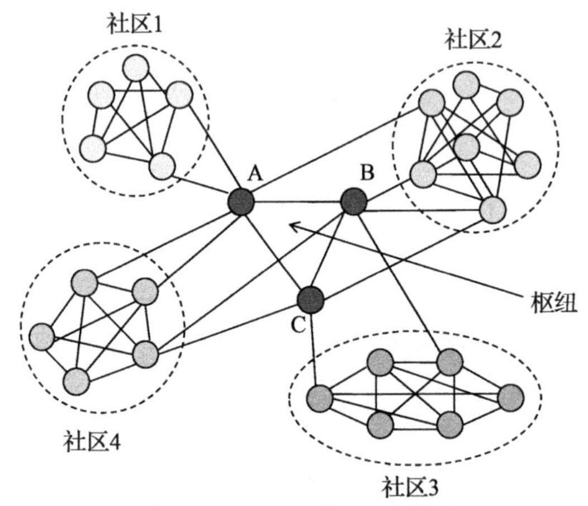

图 19-2 枢纽对社区的影响

- 社交网络的不同部分具有不同的边密度。换句话说，社交网络不同部分的局部聚类系数相当不同。因此，当选择具体参数来全局地量化聚类时，会导致不均衡的簇，因为单一的全局参数选择与网络的很多局部区域并不相关。
- 真实社交网络通常有一个紧密相连的巨型连通分量。这进一步导致社区发现算法生成不均衡的簇，其中一个簇包含网络中绝大多数的节点。

许多网络聚类算法都有处理这类问题的内置机制。下面，我们将讨论一些最广为人知的网络聚类算法。

假设无向网络记作 $G=(N, A)$。节点 i 和 j 之间边 (i, j) 的权重记作 $w_{ij}=w_{ji}$。在某些情况下，可能给定相反概念的边成本（或长度）来替代权重。在这些情况下，我们假定边的成本记作 c_{ij}。这些值可以通过 $w_{ij}=1/c_{ij}$ 或适当选择的内核函数，来互相转换。

网络聚类的问题（或者说社区发现问题）是将网络划分为 k 个节点集合，使两个端点在不同划分中的边的权值之和最小。实际中使用了这个基本目标函数的许多变体，从而能够满足不同应用的特殊目标，例如均衡划分，其中不同的簇包含近似数量的节点。

在 $w_{ij}=1$ 且没有划分的均衡约束的特殊情况下，二路分割问题是多项式可解的。建议读者参见文献注释中有关 Karger 的随机最小分割算法的引用。这个算法可在 $O(n^2\log^r(n))$ 时间内确定一个含 n 个节点的网络的最小分割，其中 r 是一个控制希望达到的概率准确性级别的常数。但是，结果的分割往往是不均衡的。允许任意边权或者要求均衡约束会使问题成为 NP 难问题。许多网络聚类算法集中于图的均衡二路划分。可以递归使用二路划分来生成 k 路划分。

19.3.1 Kernighan-Lin 算法

Kernighan-Lin 算法是图的均衡二路划分的一个经典方法。基本思想是从将图划分成两个相等[⊖]的节点子集开始。然后算法迭代地完善这个划分，直至收敛到最优解。虽然不能保证这个解为全局最优，但它通常是一个好的启发式近似解。这种迭代完善通过确定划分之间节点交换的序列，来尽可能地改善聚类目标函数。为了评估交换一对节点之后聚类目标函数的改善程度，必须对每个节点持续追踪某些仔细挑选的度量，将在下面讨论。

节点 i 的内部代价 I_i 是节点 i 的一些邻边的边权总和，这些边的另外一个端点与节点 i 在同一划分之中。节点 i 的外部代价 E_i 是节点 i 的其他邻边的边权总和，这些边的另外一个端点与节点 i 在不同的划分之中。将一个节点从一个划分移动到另一划分，会使它的外部代价变成内部代价，反之亦然。因此，将节点 i 从一个划分移至另一划分的收益 D_i 等于外部代价和内部代价的差。

$$D_i = E_i - I_i \tag{19.14}$$

当然，我们不仅对简单地移动一个节点感兴趣，还希望在两个划分之间交换一对节点 i 和 j。那么，交换节点 i 和 j 的收益 J_{ij} 由下式给出：

$$J_{ij} = D_i + D_j - 2 \cdot w_{ij} \tag{19.15}$$

这是简单地对移动节点 i 和 j 至不同划分的收益求和，由于边 (i, j) 在交换后仍然是两节点的外部代价的一部分，因此需要特殊调整。因此，J_{ij} 的值量化了交换节点 i 和 j 可得的收益。J_{ij} 的正值可以促成目标函数的提高。

整体上，算法反复地应用两个划分之间至多包含 $(n/2)$ 个启发式交换的序列，以使交换的总收益最优。每个至多包含 $(n/2)$ 个交换的序列称为一轮**迭代**（epoch）。每轮迭代的过程如下。找到一对节点，交换它们可以最大地提高目标函数值。标记这对节点，但是并不真正进行交换操作。但需要重新计算不同节点的 D_i 值，就像交换真地发生了一样。然后，通过这些重新计算的 D_i 值，确定下一对未标记过的节点，使目标函数值的提高最大化。需要指出的是，随着进一步确定可能的交换，收益并不总是在减少，而且一些中间的潜在交换或许会有负收益，而后续的潜在交换则可能有正收益。重复这个确定潜在交换对的过程，直到所有 n 个节点都已配对为止。任何 $k \leqslant n/2$ 个连续潜在对的序列，从第一对开始，按照找到它们时的顺序，可以认为是两个划分间合理的潜在 k 交换。在这些不同的可能中，找到最大化总收益的潜在 k 交换。如果其收益为正，那么就执行这个潜在 k 交换。k 交换的这整个过程称为一轮**迭代**。算法反复地进行这样的 k 交换的迭代。如果无法找到这种有正收益的 k 交换，那么算法终止。整个算法如图 19-3 所示。

Kernighan-Lin 算法能迅速收敛到局部最优。实际上，算法可能只需要很少数量（少于 5 轮）的迭代就能终止。当然，考虑到问题是 NP 难的，不能保证所需迭代的数量。每一轮迭代的运行时间都可摊销至 $O(m \cdot \log(n))$ 时间，其中 m 是边数，n 是节点数。已经有研究提出可以显著加速这个算法的算法变体。

⊖ 不失一般性地，可以假定图包含偶数个节点，如果是奇数就添加一个虚节点。

```
Algorithm KernighanLin（图：G=(N, A)，权重：[w_ij]）
begin
  对 N 生成随机初始划分 N1 和 N2;
  repeat
    对每个节点 i∈N 重新计算 D_i 值；
    去除 N 中所有节点的标记；
    for i = 1 到 n/2 do
    begin
      选取未标记的节点对 x_i∈N1 和 y_i∈N2，使交换收益 g(i) = J_{x_i y_i} 最大；
      标记 x_i 和 y_i;
      假定 x_i 和 y_i 最终会交换，对每个节点 j 重新计算 D_j 值；
    end
    确定使得 G_k = Σ_{i=1}^{k} g(i) 最大的 k;
    if (G_k > 0) then 在 N1 和 N2 中交换 {x1, …, xk} 和 {y1, …, yk};
  until (G_k≤0);
  return (N1, N2);
end
```

图 19-3　Kernighan-Lin 算法

19.3.1.1　加速 Kernighan-Lin

Kernighan-Lin 算法的一个快速变体是基于 Fiduccia 和 Mattheyses 的修正。这个版本还能同时处理节点和边的权值。另外，这个方法允许设置一个比例来规定两个划分之间的均衡程度。这个方法不用在一轮迭代内配对节点并交换，而是可以简单地将单个节点 i 从一个划分移至另一划分，使公式 19.14 中的收益 D_i 尽可能大。在每一步中，只将不违反⊖均衡约束的节点考虑为可以移动的节点。在移动节点 i 之后，对这个节点做标记，这样在当前迭代中就不会再次考虑它。更新其他节点 $j \in N$ 的 D_j 值，以反映这次交换。重复这个过程，直到所有节点都标记在一轮迭代中，或者均衡标准阻止进一步的移动为止。当所需的划分比例不均衡或者节点的权值不是单位权值时，后者有可能发生。注意在一轮迭代中，许多潜在的移动可能是负收益。因此，正如原始的 Kernighan-Lin 算法那样，最终只保留一轮迭代中产生的最佳划分，并撤销其余的移动。Fiduccia 和 Mattheyses 还引入了一种特殊的数据结构，使得每一轮迭代在 $O(m)$ 时间内实现，其中 m 是边数。在实践中，对于大多数真实世界的网络，通常只需少数几轮迭代就可收敛，尽管不能保证所需迭代的数量。

Fiduccia 和 Mattheyses 原有的改进是在一轮迭代中移动尽可能多的顶点，但是 Karypis 和 Kumar 观察到并不一定要这样做。相反，如果目标函数在预先定义的 n_p 次移动中不能提高，那么就可以终止一轮迭代。然后，撤销这 n_p 次移动，迭代终止。典型的 n_p 值可以选为 50。另外，并不一定总是要移动收益最大的节点，只要收益为正即可。不用寻找最大收益节点，会显著降低每次移动所需的计算代价。这些简单的修改在许多场景下能带来明显的改进。

19.3.2　Girvan-Newman 算法

本算法使用边长 c_{ij}，而不使用边权 w_{ij}。边长可看作边权的倒数。当给定边权时，可以

⊖　把一个节点从一个划分移动至另一划分会频繁地导致违反约束的情况，除非均衡比例允许一些灵活性。在实践中，可以对要求的均衡比例进行轻微松弛（或在给定比例的周边设置一个小的允许范围）来保证可行的解。

通过 $c_{ij}=1/w_{ij}$ 或一个适合于具体应用的函数，将其转换为边长。

直观上，高中介性的边往往可能连接不同的簇，Girvan-Newman 算法就是基于这一直观感觉的。例如，在图 19-2 中，枢纽节点的邻边中介性很高，这是因为大量的分布在不同社区的节点之间的最短路径都经过这些边。因此，删除这些边将产生一组连通分量，对应于原图中的自然簇。这个删除边的方法形成了 Girvan-Newman 算法的基础。

Girvan-Newman 算法是一个自顶向下的层次聚类算法，它依次删除中介性最高的边，直到将图分开得到的联通分量个数等于需要的簇的个数为止。因为删除每条边会影响一些其他边的中介中心度，所以每次删除后，需要重新计算这些边的中介中心度。Girvan-Newman 算法如图 19-4 所示。

```
Algorithm GirvanNewman (图：G=(N, A)，簇数：k，边长：[c_ij])
begin
  计算图 G 中所有边的中介度值；
  repeat
    删除 G 中中介度最高的边 (i, j);
    根据删除 (i, j) 的影响，重新计算边的中介度值；
  until G 剩余 k 个连通分量；
  return G 的连通分量；
end
```

图 19-4 Girvan-Newman 算法

Girvan-Newman 算法的一大主要难点是边中介度值的计算。计算节点中介度值是计算边中介度值的中间步骤。回想一下，所有节点和边的中介中心度是所有源 - 汇点对之间全部最短路径的集合的函数。因此，这些中介中心度可以分解为几个可加分量，其中每个分量由始于源点 *s* 的最短路径的子集所定义。为计算这些中介度分量，对每一可能的源点 *s* 使用下述两步骤的方法：

1）计算从源点到其他每个节点的最短路径的数量。

2）使用第一步得到的计算结果来计算节点 *i* 的节点中介中心度分量 $B_S(i)$，和边 (i, j) 的边中介中心度分量 $b_S(i, j)$，它对应于始于特定源点 *s* 的最短路径的子集。

然后，已知中介中心度对于单个源点的分量，就可以加和中介中心度对于所有源点的分量，来计算总的中介中心度值。

计算中介中心度的第一步是建立一个图，图中的每条边至少出现在从节点 *s* 到某个其他节点的其中一条最短路径上。这些边称作源点 *s* 的紧边。当且仅当一条边是某源点 *s* 的紧边时，这条边的中介中心度对于源点 *s* 的分量非零。可用 3.5.1.1 节中所述的 Dijkstra 算法来确定从源点 *s* 到节点 *j* 的最短路径距离 $SP(j)$。为了使边 (i, j) 为紧边，需要保持以下条件：

$$SP(j)=SP(i)+c_{ij} \tag{19.16}$$

这样，可确定由紧边构成的有向子图 $G^s=(N, A^s)$，其中 $A^s \subseteq A$。边 (i, j) 的方向满足 $SP(j) > SP(i)$。因此，紧边构成的子图是一个有向无环图。图 19-5 展示了一个图及其由紧边构成的子图。图中的边标注了长度。在这里，假定节点 0 为源点。紧边子图当然会随着源点的不同而不同。在图 19-5b 中，节点 *i* 的标记是一对数值，其中第一个数值是从源点 0 到节点 *i* 的最短路径距离 $SP(i)$。

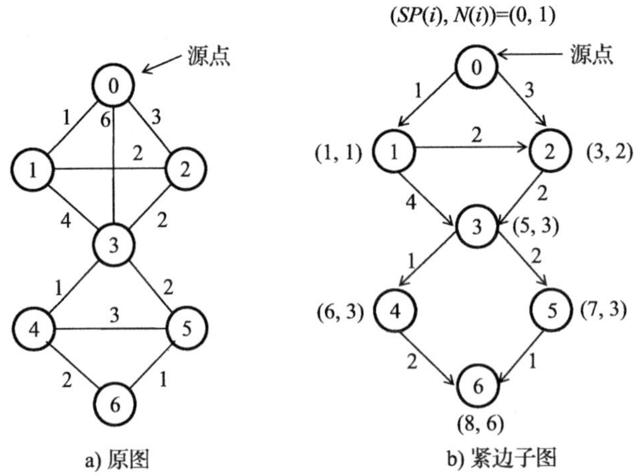

a) 原图　　b) 紧边子图

图 19-5　原图和紧边子图

在紧边子图中，相对较容易确定从源点 s 到给定节点 j 的最短路径 $N_S(j)$ 的数量。这是因为一个给定节点的最短路径数等于其入邻节点的最短路径数之和。

$$N_s(j) = \sum_{i:(i,j)\in A^s} N_s(i) \tag{19.17}$$

在算法开始时设源点 s 的 $N_S(s)=1$。然后，算法对紧边子图从源点开始进行广度优先搜索。根据公式 19.17，在有向无环紧边图中，每个节点的路径数量被计算为它的祖先节点的路径总和。在图 19-5b 中，作为节点标记的数值对的第二个分量展示了从源点 0 到这个节点的最短路径的数量。

下一步是计算从源点 s 开始的节点中介中心度分量和边中介中心度分量。记 $f_{sk}(i)$ 为节点 s 和 k 之间的最短路径经过节点 i 的比例。记 $F_{sk}(i, j)$ 为节点 s 和 k 之间的最短路径经过边 (i, j) 的比例。节点中介中心度和边中介中心度针对节点 s 的分量记作 $B_s(i)$ 和 $b_s(i, j)$，定义如下：

$$B_s(i) = \sum_{k\neq s} f_{sk}(i) \tag{19.18}$$

$$b_s(i, j) = \sum_{k\neq s} F_{sk}(i, j) \tag{19.19}$$

容易看出，未归一化[⊖]的节点 i 的节点中介中心度和 (i, j) 的边中介中心度可分别由不同源点 s 上的 $B_s(i)$ 和 $b_s(i, j)$ 的总和得到。

可用由紧边构成的图 G_S 来计算这些值。关键在于设定 $B_s(i)$ 和 $b_s(i, j)$ 之间的如下递归关系：

$$B_s(j) = \sum_{i:(i,j)\in A^s} b_s(i, j) \tag{19.20}$$

$$B_s(i) = 1 + \sum_{j:(i,j)\in A^s} b_s(i, j) \tag{19.21}$$

这些关系可以根据下述事实得到：经过一个特定节点的最短路径必然经过它的入边之一

⊖ 对于有 n 个节点的网络，如公式 19.13 中那样的归一化的值，可以通过将未归一化的值除以 $n\cdot(n-1)$ 来得到。除以这个常数在这里无关紧要，因为 Girvan-Newman 算法只需要识别中介性最强的边。

和出边之一，除非路径在这个节点处终止。第二个公式比第一个公式额外加了 1，它对应于在节点 i 处终止的路径数，要把 $f_{si}(i) = 1$ 加到 $B_s(i)$ 上。

源点 s 的中介度分数总是为 $B_s(s)=0$。从没有任何出边的节点开始，"自底向上"地处理有向无环紧边图 G^s 的节点和边。只有在确定了节点 i 所有出边的分数后，才能确定它的分数 $B_s(i)$。类似地，只有在确定了节点 j 的分数 $B_s(j)$ 后，才能确定边 (i, j) 的分数 $b_s(i, j)$。算法最初设定所有没有任何出边的节点 j 的分数为 $B_s(j) = f_{sj}(j) = 1$。这是因为这样一个没有出边的节点 j 是 s 和 j 的一个中间点，但它不可能是 s 和其他任何节点的中间点。然后，算法在自底向上的遍历中迭代地更新节点和边的分数如下。

- **边中介度更新**：根据公式 19.20，边 (i, j) 的分数 $b_s(i, j)$ 是将分数 $B_s(j)$ 划分分配到所有入边 (i, j) 上得到的。$b_s(i, j)$ 的值与之前计算的 $N_s(i)$ 成正比。因此，$b_s(i, j)$ 计算如下。

$$b_s(i, j) = \frac{N_s(i) \cdot B_s(j)}{\sum_{k:(k,j) \in A^s} N_s(k)} \tag{19.22}$$

- **节点中介度更新**：根据公式 19.21，通过计算节点 i 所有出边的 $b_s(i, j)$ 的总和，再加 1 来计算 $B_s(i)$ 的值。

对所有源点重复整个过程，并把值进行累加。注意，这会计算节点和边中介度的未调整值，其取值范围从 0 到 $n \cdot (n-1)$。根据公式 19.13，所有源点 s 的 $B_s(i)$ 的（汇总）值可以通过除以 $n \cdot (n-1)$ 来转换为 $C_B(i)$。

在 Girvan-Newman 算法中，移除边之后，可以增量地、更加有效地计算中间度的值。这是因为利用增量的最短路径算法，紧边图更易计算。文献注释包含了对这些方法的指引。因为大多数中介度计算是增量式的，不需要从头进行，所以算法会更加高效。但是，在实际中这个算法仍然有较高的代价。

19.3.3 多层次的图划分：METIS

大多数前面提到的算法在实际中都非常慢。即使是本小节后面提到的谱算法也很慢。METIS 算法是一种获得高质量解的快速的替代方法。METIS 允许在聚类过程中给定节点和边的权重。这里，可以假定图 $G = (N, A)$ 的每条边 (i, j) 的权重为 w_{ij}，节点 i 的权重为 v_i。

可以使用 METIS 算法进行 k 路划分或二路划分。k 路多层次的图划分方法是基于自顶向下的对图的二路递归二分来生成 k 路划分，尽管也存在直接进行 k 路划分的方法变体。因此，接下来的讨论将围绕图的二路二分进行。

METIS 算法利用了如下的原理：*粗化图*上进行的划分可以用于高效地推导出原图上的一个近似的划分。图的*粗化表示*是将相邻的一些节点收缩成一个单一节点而得到的。删除收缩产生的自环。这样的自环也称作**垮塌边**。收缩节点的权重等于原图中构成它的节点的权重之和。类似地，收缩节点之间的平行边可统和为一条单一的边，其权重为构成边的权重之和。图的粗化表示的一个例子如图 19-6 所示，其中收缩了某些邻近的节点对。在同一张图中，也展示了对应的点权和边权。将这个较小的粗化图的高质量划分映射为原图的一个近似划分。因此，一种可行方法是使用*启发式粗化*来压缩原图至一个较小的图，然后更高效地用任一现成的算法来划分这个小图，最后将这个划分映射到原图上。一个将粗化图的划分映射到原图上的例子如图 19-6 所示。产生的划分可以用一个算法来改良，如 Kernighan-Lin 算法。多层次方案用多个层次的粗化和改良增强了这个基本方法，并在质量和效率间取得较好的权衡。多层次划分方案分为三个阶段。

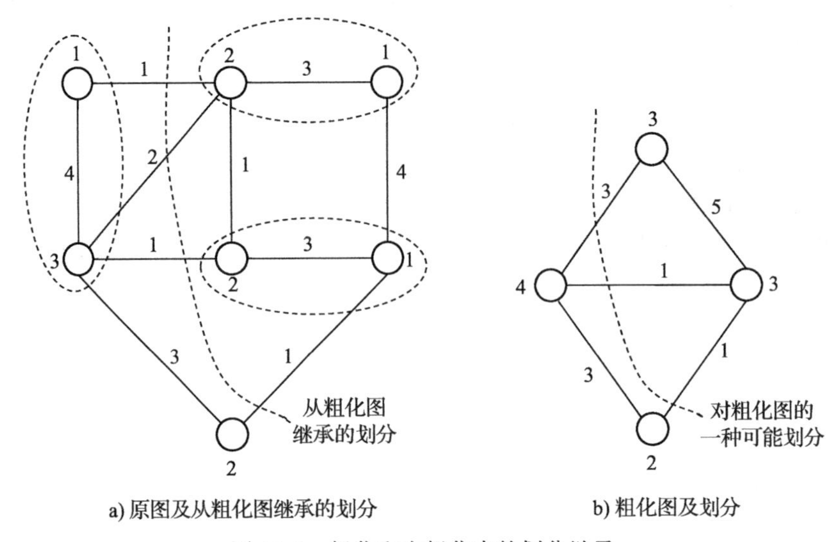

图 19-6　粗化和去粗化中的划分继承

1. 粗化阶段

从原图 $G=G_0$ 中仔细选取节点集，收缩生成一系列依次变小的图 $G_0, G_1, G_2, \cdots, G_r$。为了完成从 G_{m-1} 到 G_m 的单步粗化，需要识别不重合的、紧密互联的节点小集合。每个紧密互联的节点集合可收缩为一个单独的节点。下文将具体讨论识别这些节点集的启发式算法。最终图 G_r 一般少于 100 个节点。这个最终图的小规模在第二个划分阶段中非常重要。这个阶段建立的不同级别的粗化为后续的去粗化阶段设置了重要的参考点。

2. 划分阶段

从图 G_r 可以使用任一现成的算法来生成高质量的均衡划分。例如 19.3.4 节中的谱方法和 Kernighan-Lin 算法。在小图上非常容易得到高质量的划分。这种高质量划分为去粗化阶段的改良提供了好的起始点。即使是粗化图上相对较差的划分，通常也会映射出未收缩的图上的很好的划分，因为在这一阶段不会分割粗化时的跨塌边。

3. 去粗化阶段（改良）

在这一阶段中，会将这些图扩展回它们依次变大的版本 $G_r, G_{r-1}, \cdots, G_0$。无论何时图 G_m 扩展为图 G_{m-1}，后者都会从 G_m 继承划分。图 19-6 展示了这种继承。使用 19.3.1.1 节中讨论的 Kernighan-Lin 方案的快速变体来再次改良 G_{m-1} 的划分，然后把 G_{m-1} 进一步扩展为 G_{m-2}。因此，图 G_{m-2} 从图 G_{m-1} 继承了改良后的划分。通常，改良阶段非常快，因为 KL 算法是从 G_{m-1} 的一个极高质量的大致划分开始的。

基于 [301] 中的说明，图 19-7 给出了一个多层次方案的图示。注意第二和第三阶段使用本章其他部分所讨论的现成方案。因此，后续讨论将只关注第一阶段的粗化。

粗化可使用一些复杂程度不同的技术。下面，将描述几个简单的粗化方案，它们在给定阶段中只是通过节点配对来进行粗化。配对的两个节点必须有一条边相连。粗化图的节点数量将至少为原图的一半。虽然这些粗化方法很简单，但是其实在整个聚类算法中它们惊人地有效。

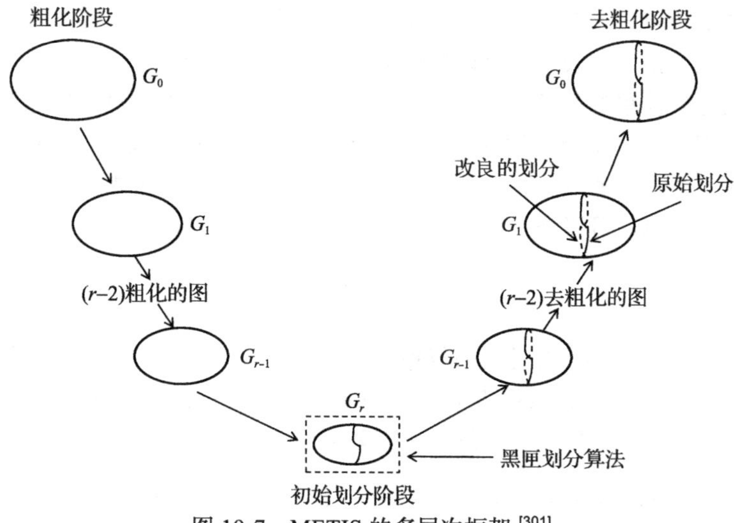

图 19-7 METIS 的多层次框架 [301]

1. 随机边配对

随机选取一个节点 i，并随机选择它的一个未配对的邻居节点进行配对。如果没有这样的未配对邻居节点存在，那么这个节点就保持未配对状态。进行配对，直到图中不存在（相邻的）未配对节点对为止。

2. 重边配对

与随机边配对一样，随机选取一个节点 i，并选择它的一个未配对的邻居节点进行配对。但是，区别在于使用权值最大的邻边 (i, j) 来选取未配对节点 j。直观上，收缩重边会更好，因为它们不太可能是一个最优划分的一部分。

3. 重团配对

收缩中紧密连接的节点集将最大化垮塌边的数量。这个方法跟踪节点 i 的权值 v_i，它对应于其代表的被收缩的节点数量。另外，设 s_i 为节点 i（或其前驱）在前面的收缩阶段中的垮塌边权值的总和。注意，如果收缩节点 i 在原图中代表一个团（完全图），那么 s_i 将达到 $v_i(v_i-1)/2$。由于我们期望收缩紧密分量，因此必须试图确保收缩所得的 s_i 值接近上限。这可以通过计算边 (i, j) 的边密度 $\mu_{ij} \in (0, 1)$ 来达成：

$$\mu_{ij} = \frac{2 \cdot (s_i + s_j + w_{ij})}{(v_i + v_j) \cdot (v_i + v_j - 1)} \tag{19.23}$$

如果是在无权图中，当收缩高密度边两端的节点时，这些节点通常对应于原图 $G = G_0$ 中的团。即使是在有权图中，使用高密度边一般也相当有效。以随机顺序访问图中节点。对于每个节点，选取它的最高密度的未匹配邻居来配对。与重边配对不同，重团配对方法对于算法前面阶段中出现的收缩并不短视。

由于分层的方法，多层次方案很有效，其中粗化图的早期聚类确保了二分的初始全局结构较优。换言之，在早期就把图的关键分量以粗化节点的形式分配到合适的划分中。然后，这个划分在改良阶段继续完善。这种方法更加有效地避免了局部最优，因为它对聚类采取了宏观的视角。

19.3.4 谱聚类

假设节点无权值，而边 (i, j) 有权值 w_{ij}。$n \times n$ 的权值矩阵记作 W。谱方法使用一种嵌入图的方法，把图的节点嵌入多维空间，并保持网络的局部聚类结构。其思想是构建一个图的多维表示，使得在变换后的表示上可以使用标准的 *k*-means 算法。

首先我们讨论较简单的将节点映射至一维空间的问题。可以相对简单地把它推广到 *k* 维的情况。我们想把 *N* 中的节点映射为一条直线上的一组一维实数值 $y_1, \cdots, y_n$，使得这些点之间的距离反映了节点之间的连通性。因此，不希望把由高权值的边相连的两个节点映射为这条直线上距离很远的点。可以通过确定 y_i 的值来最小化下述目标函数：

$$O = \sum_{i=1}^{n}\sum_{j=1}^{n} w_{ij} \cdot (y_i - y_j)^2 \tag{19.24}$$

这个目标函数采用与 w_{ij} 成正比的权值来对 y_i 和 y_j 之间的距离进行惩罚。因此，当 w_{ij} 非常大时，在嵌入的空间中，数据点 y_i 和 y_j 将更可能靠近彼此。目标函数 *O* 可以根据权值矩阵 *W* 的拉普拉斯矩阵 *L* 重写。拉普拉斯矩阵 *L* 定义为 $\Lambda - W$，其中 Λ 是一个对角矩阵，满足 $\Lambda_{ii} = \sum_{j=1}^{n} w_{ij}$。记嵌入值的 *n* 维列向量为 $\overline{y} = (y_1, \cdots, y_n)^{\mathrm{T}}$。对公式 19.24 做一些代数重排后可以看出，目标函数 *O* 可以根据拉普拉斯矩阵 *L* 重写：

$$O = 2\overline{y}^{\mathrm{T}} L \overline{y} \tag{19.25}$$

矩阵 *L* 是特征值非负的、半正定的，因为这个计算平方和的目标函数 *O* 总是非负的。我们需要引入一个尺度约束条件来确保任何 *i* 的平凡值 $y_i = 0$ 不会成为最优解。一个可能的尺度约束条件如下：

$$\overline{y}^{\mathrm{T}} \Lambda \overline{y} = 1 \tag{19.26}$$

公式 19.26 的约束条件纳入了矩阵 Λ 来实现归一化，从而使产生的簇更加均衡。如果尺度约束中未使用 Λ，那么结果就称作*未归一化的谱聚类*。在实践中，这个归一化的效果是使得低度数节点倾向于清楚地“选择” y_i 值为很大的正值或者很大的负值，而度数非常高的节点（可能也是枢纽节点）则将嵌入接近原点的中心区域（参见练习题 7）。注意，每个对角线的元素 Λ_{ii} 表示节点 *i* 的邻边边权之和，可以看作节点 *i* 处的网络局部密度。可以证明，在约束中纳入 Λ 可以近似估计一个未归一化的嵌入，其中边权 $w_{ij} = w_{ji}$ 被除以了两个端点处局部密度的几何平均 $\sqrt{\Lambda_{ii} \cdot \Lambda_{jj}}$（参见练习题 8）。如第 3 章所述，用局部密度归一化的距离或相似度值通常有利于获得高质量的结果，这些结果在它们的*局部*情况下更准确。

通过设定*拉格朗日松弛* $\overline{y}^{\mathrm{T}} L \overline{y} - \lambda(\overline{y}^{\mathrm{T}} \Lambda \overline{y} - 1)$ 的梯度为 0 可以解决约束的优化问题。可以证明得到的优化条件是 $\Lambda^{-1} L \overline{y} = \lambda \overline{y}$，其中 λ 是拉格朗日参数。换句话说，$\overline{y}$ 是 $\Lambda^{-1}L$ 的一个特征向量，而 λ 是一个特征值。另外，用这个优化条件容易证明：对于满足条件的特征向量 $\overline{y}$，目标函数 $O = 2\overline{y}^{\mathrm{T}} L \overline{y}$ 等于这个特征向量的特征值 λ 的两倍。

因此，在 $\overline{y}$ 所有的特征向量解中，最优解是*归一化的*拉普拉斯算子 $\Lambda^{-1}L$ 的最小*非平凡*特征向量。$\Lambda^{-1}L$ 的最小特征值总是 0，它对应于节点的嵌入 $\overline{y}$ 正比于 $(1, 1, \cdots, 1)^{\mathrm{T}}$ 的简单情形。这样一个简单的一维嵌入所对应的是将每个节点映射到同一个点上，其特征向量没有信息量。因此可以忽略它，且在分析中不需使用。继而，第二小的特征向量给出了一个信息更多的最优解。

这个模型可以通过建立一个类似的优化问题来推广至 *k* 维嵌入，其中决策变量是一个 $n \times k$ 矩阵 *Y*，它的 *k* 个列向量 $Y = [\overline{y_1}, \cdots, \overline{y_k}]$ 分别表示每一维的嵌入。这个优化问题最小化服从归一化约束 $Y^{\mathrm{T}} \Lambda Y = I$ 的 $k \times k$ 矩阵 $Y^{\mathrm{T}} L Y$ 的迹。由于 Λ 出现在约束中，因此 *Y* 的列将不一定正交。可以证明，这 *k* 个列向量的最优解正比于非对称矩阵 $\Lambda^{-1}L$ 的不断增大的特征值所对应的（不一定正交的）右特征向量。在丢弃特征值 $\lambda_1=0$ 的第一个平凡特征向量 $\overline{e_1}$ 后，产生的一系列 k 个特征向量 $\overline{e_2},\overline{e_3},\cdots,\overline{e_{k+1}}$ 所对应的特征值为 $\lambda_2\leqslant\lambda_3\leqslant\cdots\leqslant\lambda_{k+1}$。因为选取了 k 个特征向量，这个方法生成了一个 $n\times k$ 的矩阵 $D_k=Y$，对应于 n 个节点的 k 维嵌入。注意，即使是归一化的约束 $Y^{\mathrm{T}}\Lambda Y=I$，也不会使 D_k 的列的 L_2 范数为 1，对 D_k 的每一列（特征向量）进行后处理[⊖]，调整 L_2 范数为 1。由于列的调整，就 Y 而言，$n\times k$ 的矩阵 D_k 并不能反映原来的优化问题。因为 Y 的优化问题试图最小化紧密连接的节点间的距离，所以产生的 k 维嵌入保持了节点的聚类结构。因此，第 6 章中所讨论的任意多维聚类算法（如 k-means）均可用于这个嵌入式表示来生成节点的簇。这个表示有时也称作谱聚类的*随机游走版本*，因为其在随机游走角度的解释。值得注意的是，归一化的拉普拉斯算子 $\Lambda^{-1}L$ 的小特征向量与随机转移矩阵 $\Lambda^{-1}W$ 的大特征向量相同（参见练习题 15）。

在公式 19.25 和 19.26 的最优化表示中使用列决策变量 $\overline{z}=\sqrt{\Lambda}\overline{y}$，是建立谱聚类模型的一个等价方法。这种等价方法称作谱聚类模型的*对称版本*，尽管它与随机游走版本只是在决策变量的尺度方面不同。通过设定 $\overline{z}=\sqrt{\Lambda}\overline{y}$，可以证明早前的表示等价于在满足 $\overline{z}^{\mathrm{T}}\overline{z}=1$ 时最优化 $\overline{z}^{\mathrm{T}}\Lambda^{-1/2}L\Lambda^{-1/2}\overline{z}$。我们确定*对称归一化的拉普拉斯算子* $\Lambda^{-1/2}L\Lambda^{-1/2}$ 的最小 k 个（正交）特征向量（不包括第一个）。这个矩阵的每个特征向量也可以通过预乘前述随机游走表示的解 Y 和对角矩阵 $\sqrt{\Lambda}$ 来（成比例地）得到。这个关系也反映了 $\overline{z}$ 和 $\overline{y}$ 之间的关系。在这两种情况下特征值均相同。例如，特征值为 0 的第一个特征向量将不再是全 1 的向量，而是其不同的元素将正比于 $(\sqrt{\Lambda_{11}},\cdots,\sqrt{\Lambda_{nn}})^{\mathrm{T}}$。由于不同节点有着不同的缩放比例，在对称版本中，高度数节点的坐标值往往（绝对值）更大。通过选取最小的 k 个特征向量，我们可以生成 n 个节点全部集合的一个 $n\times k$ 的多维表示 D_k。正如随机游走版本在最后一步将 D_k 的每一列缩放至单元范数，对称版本将 D_k 的每一行缩放至单元范数。最后一步的行缩放是一种调整度数不同的节点的不同规模的启发式改善，它不是最优化表示的一部分。有趣的是，即使随机游走解 Y 的行已经缩放至单元范数（而不是缩放列至单元范数），也必然会得到与缩放对称解 Z 的行至单元范数相同的解（参见练习题 13）。

虽然就所解决的优化问题而言，谱聚类的两种不同方法是等价的，但是在启发式缩放调整方面略有差异。缩放关系如图 19-8 所示。从图 19-8 可明显看出两种方法的主要实际差异只是源于最后一个阶段所用的*启发式缩放*，而不是它们各自的优化模型。因为缩放不同，两种情况下所得的簇也不完全相同。它们的相对质量则取决于数据集。也可把这些最优化问题理解为均衡最小分割问题的整数规划的线性规划松弛问题。但是，最小分割的解释不能直观地推广至问题的松弛版本，因为特征向量同时有正负分量。

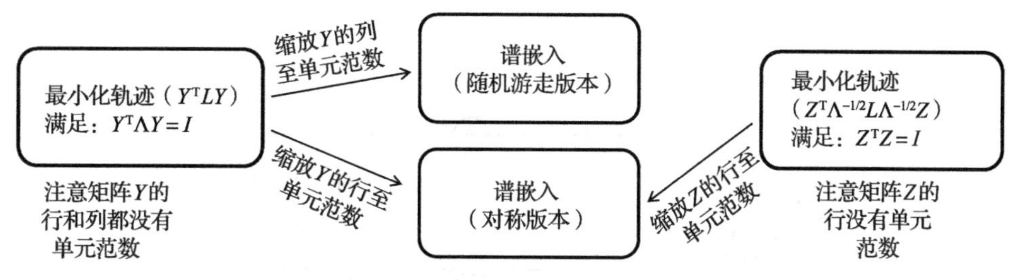

图 19-8　谱聚类的随机游走版本和对称版本间的缩放关系

⊖ 实际中，可以直接计算 $\Lambda^{-1}L$ 的单元特征向量，因此并不需要一个明确的后处理步骤。

重要观察和直观感知

对于谱聚类、PageRank 和特征向量分析的关系，有几个值得注意的认识。

1. 归一化的随机游走拉普拉斯算子

在随机游走嵌入中使用 $\Lambda^{-1}L=\Lambda^{-1}(\Lambda-W)=I-P$ 的最小*右*特征向量，其中 P 是图的随机转移矩阵。$I-P$ 的最小右特征向量和 P 的最大右特征向量相同。P 的最大右特征向量的特征值为 1。值得注意的是，P 的最大*左*特征向量的特征值也为 1，会产生图的 PageRank。因此，随机转移矩阵 P 的左右特征向量均产生关于网络的不同深层认识。

2. 归一化的对称拉普拉斯算子

对称拉普拉斯算子 $\Lambda^{-1/2}(\Lambda-W)\Lambda^{-1/2}$ 的最小特征向量与对称矩阵 $\Lambda^{-1/2}W\Lambda^{-1/2}$ 的最大特征向量相同。矩阵 $\Lambda^{-1/2}W\Lambda^{-1/2}$ 可以看作图的归一化的、稀疏化的相似矩阵。大多数非线性嵌入的形式（如 SVD、Kernel PCA、ISOMAP）是从相似矩阵中提取的大特征向量（参考第 2 章中的表 2-3）。这些不同嵌入的不同特性是由相似矩阵的选择所确定的。

3. 归一化的目的

当未归一化的拉普拉斯算子 L 通过节点度数矩阵 Λ 归一化时，谱聚类会更加高效。虽然可以用谱聚类切割来解释这个现象，但是直观感知不能轻易推广至同时有正负特征向量分量的连续嵌入。一个理解归一化的简单一点的方式是解释相似矩阵 $\Lambda^{-1/2}W\Lambda^{-1/2}$，它的大特征向量会产生归一化的谱嵌入。在这个矩阵中，边的相似度通过它们的两个端点处的节点度数的几何平均来做归一化。这可以看作用网络的局部密度来归一化边的相似度。如第 3 章所述，即使在多维数据挖掘应用的情况下，用局部密度来归一化相似度和距离函数也很有用。多维数据中最知名的异常分析算法之一叫作 LOF，它也使用了这一原则。归一化会在密度变化很大的网络中产生更多的均衡簇。

19.4　协同分类

在许多社交网络应用中，节点上可能有标签。例如，考虑一个社交网络应用，希望确定所有对高尔夫感兴趣的用户。可能已有少数用户的标签。希望能用这些已有的标签去分类标签未知的节点。

该模型的解决方法非常依赖于同质性的概念。因为具有相似特性的节点通常相连，所以有理由假设这对于节点的标签也是成立的。这个问题的一个简单解法是检查给定节点的邻近的 k 个有标签的节点，并报告主要标签。实际上，这个方法是最近邻分类器在网络中的类比。但是，由于节点标签的稀疏性，这样的方法在协同分类中一般不可行。一个网络的例子如图 19-9 所示，其中两个类分别标记为 A 和 B。剩余节点未标记。对于图 19-9 中的测试节点，显然它大致与网络结构中的 A 类点的实例更接近，但是没有已标记节点与测试节点直接相连。

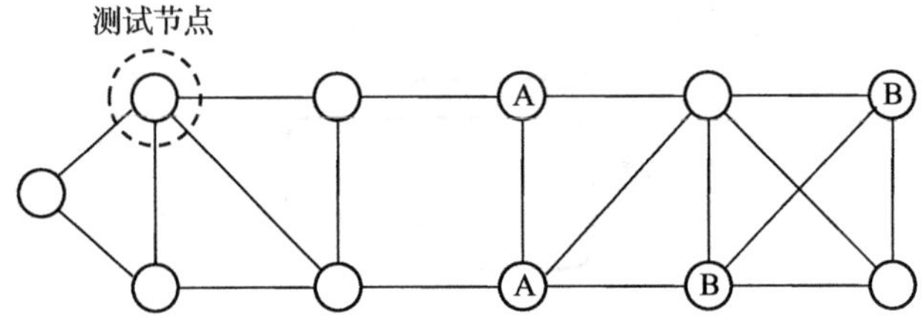

图 19-9　协同分类中的标签稀疏问题

上述分析表明，不能仅仅使用与标记节点的直接连接，还必须使用经过未标记节点的间接连接，才能解决这个问题。这样，网络中的协同分类总是在转换的半监督设置下进行的，它将测试实例和训练样例联合进行分类。实际上，如 11.6.3 节中所讨论的，对于任意数据类型的半监督分类，可以通过把数据转换为一个相似图，然后应用协同分类方法来解决。因此，不管是从社交网络分析的角度，还是从任意数据类型的半监督分类角度，协同分类问题都很重要。

19.4.1 迭代分类算法

迭代分类算法（ICA）是文献记载的最早的分类算法之一，已经应用于各种各样的数据领域。这个算法可用节点相关的内容来进行分类。这很重要，因为许多社交网络的节点有用户帖子形式的文本内容。再者，当使用这个框架⊖和相似图来做关系数据的半监督分类时，节点处的关系特征持续可用，这使得分类更有效。

考虑（无向）网络 $G=(N,A)$，类标签为 $\{1,\cdots,k\}$。每条边 $(i,j)\in A$ 有权值 w_{ij}。另外，节点 i 处的已有内容表示为多维向量 $\overline{X_i}$ 。总节点数记作 n，其中 n_t 个节点为未标记的测试节点。

ICA 算法的重要一步是在 $\overline{X_i}$ 的已有的内容特征之外导出一系列连接特征。最重要的连接特征对应于节点邻域中类的分布。因此每个类都生成一个特征，包含属于这个类的邻居节点的比例。对于每个节点 i，给它的相邻节点 j 赋权值 w_{ij}，来计算它对于相关类的贡献。原则上来说，也可以基于图的结构特性，如节点度数、PageRank 值、含节点的闭合三角形或者连通性特征，来导出其他连接特征。这样的连接特征可以根据具体应用对于网络数据集的理解来导出。

基础的 ICA 是一个元算法。在一个迭代框架中使用一个基础分类器 $\mathcal{A}$。在不同实现中已经使用了许多不同的基础分类器，如朴素贝叶斯分类器、逻辑回归分类器、邻居投票分类器。主要要求是这些分类器应该能输出对一个节点属于某个特定类的可能性进行量化的数值分。虽然框架与特定分类器的选择无关，但一般我们常使用朴素贝叶斯分类器，因为它的数值分可解释为概率。因此，下面的讨论将假定算法 $\mathcal{A}$ 用朴素贝叶斯分类器来实现。

我们用连接特征和内容特征来训练朴素贝叶斯分类器。对许多节点来说，难以稳定地估计其重要的类特征，如邻居中不同类的比例。这是由标签稀疏性直接导致的，同时它使得这类节点的类预测结果不可靠。因此，我们使用一个迭代的算法来增大数据集。在每一次迭代中，算法“确定” n_t/T 个（测试）节点的标签，其中 T 是一个用户定义的控制最大迭代次数的参数。选择在贝叶斯分类器中显示出类成员概率最高的测试节点。然后，这些标记过的测试节点可以加进训练数据，并从增大了的训练数据集中提取连接特征来重新训练分类器。重复这个方法，直到所有节点的标签都已最终确定为止。因为每次迭代确认 n_t/T 个节点的标签，所以全过程恰好在 T 次迭代后结束。算法的伪代码如图 19-10 所示。

```
Algorithm ICA（图：G=(N, A)，权值：[w_ij]，节点类标签：C，基础分类器：A，迭代次数：T）
begin
  repeat
    用当前训练数据提取每个节点处的连接特征；
    用当前训练数据的连接特征和内容特征训练分类器 A，并预测测试节点的标签；
    把（预测的）标签“确定性”最大的 n_t/T 个测试节点加入训练数据中，并从测试
      数据中移除这些节点；
  until T 次迭代；
end
```

图 19-10　迭代分类算法（ICA）

⊖ 参考 11.6.3 节。

ICA 的一大优势在于它可以在分类过程中无缝地使用内容和结构。该分类器可以利用第 10 章中所述的现成的特征选择算法自动选择相关度最高的特征。这个算法的另一个优点是并不非常依赖于同质性的概念，因而可以用于社交网络分析以外的领域。考虑一个敌对关系网络，其中相连节点可能标签不同。在这种情况下，ICA 算法将自动学习正确的相邻类的重要性分布，并据此生成准确结果。这种特性在大多数其他明显依赖于同质性概念的协同分类方法上并不成立。另外，由于扩大的训练样例有错误标签，因此迭代分类早期阶段中发生的错误会在后期阶段中传播并大量增多。这会增加有噪声的训练数据集中的累积误差。

19.4.2　随机游走方式的标签传播

标签传播方法直接在无向网络结构 $G=(N, A)$ 上进行随机游走。边 (i, j) 的权重记作 $w_{ij}=w_{ji}$。要分类一个未标记节点 i，则在节点 i 处执行随机游走，并在遇到第一个已标记节点后终止。把随机游走终止时具有最高概率的类作为节点 i 的预测标签。这种方法的直观思想是，游走更可能在节点 i 附近的已标记节点处终止。因此，当一个特定类的许多节点都位于节点 i 附近时，节点 i 更可能被标记为该类。

一个重要假定是：图必须是标签相连的。换句话说，每个未标记节点要能通过随机游走到达一个已标记节点。对于无向图 $G=(N, A)$，这表示图的每一个连通分量都需包含至少一个已标记节点。在下面的讨论中，我们将假设图 $G=(N, A)$ 是无向且标签相连的。

第一步是模拟随机游走，保证其总是终止于第一个到达的已标记节点。这可以通过移除已标记节点的出边，并用自环替换来完成。另外，为了使用随机游走算法，我们需要将无向图 $G=(N, A)$ 转换为一个有向图 $G'=(N, A')$，其 $n\times n$ 转移矩阵为 $P=[p_{ij}]$。

1）对于每条无向边 $(i, j)\in A$，向 A' 添加对应节点的有向边 (i, j) 和 (j, i)。边 (i, j) 的转移概率 p_{ij} 定义如下：

$$p_{ij}=\frac{w_{ij}}{\sum_{k=1}^{n} w_{ik}} \tag{19.27}$$

边 (j, i) 的转移概率 p_{ji} 定义如下：

$$p_{ji}=\frac{w_{ji}}{\sum_{k=1}^{n} w_{jk}} \tag{19.28}$$

例如，由图 19-9 中的无向图转换的有向图如图 19-11a 所示。

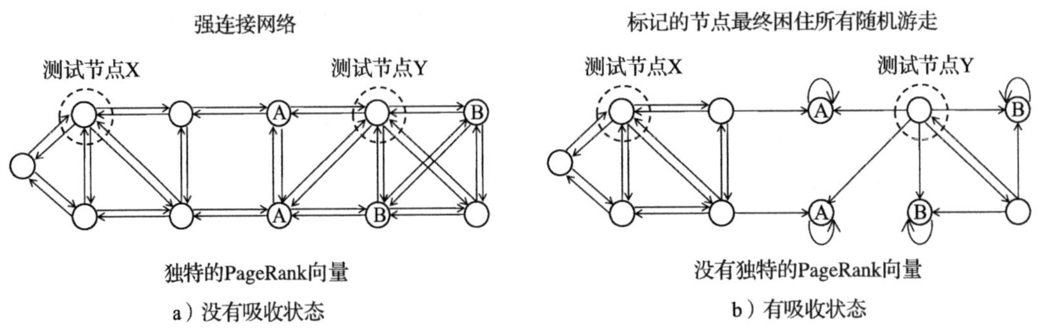

a）没有吸收状态　　b）有吸收状态

图 19-11　从图 19-9 的无向图生成有向转移图

2）从图 G' 中，移除所有前面步骤中构造的已标记节点的出边，并用转移概率为 1 的自环代替。这样的节点称作**吸收**节点，因为在一次进入的转移后，它们就困住了随机游走。图 19-11b 展示了一个最终转移图的例子。因此，对于每个吸收节点 i，P 的第 i 行会由单位矩阵的第 i 行所代替。

假定最终的 $n \times n$ 转移矩阵记作 $P = [p_{ij}]$。对于任一吸收节点 i，仅当 $i = k$ 时 p_{ik} 的值为 1，其他情况下均为 0。由于吸收⊖分量的存在，转移矩阵 P 没有唯一的稳态概率分布（或者说 PageRank 向量）。稳态概率分布取决于随机游走的起始点。例如，图 19-11b 中始于测试节点 X 的随机游走最终总是终止于标签 A，而始于节点 Y 的游走则可能终止于标签 A 或 B。值得注意的是，18.4.1 节中的 PageRank 计算通过使用远程跳转来隐式地构造一个强连通转移图，确保了唯一的稳态概率分布。有趣的是，构造吸收节点所起的作用恰恰相反，因为稳态概率分布取决于随机游走的起始点。唯一的稳态概率分布要求转移图具有强连通性。但是，如果起始状态是固定的，那么每个节点的确都有稳态概率分布。

对于任一给定起始点 i，其稳态概率分布只有在已标记节点处有正值。这是因为在一个标签相连的图中，随机游走最终会到达一个吸收节点，且它永远不会从那个节点再出来。因此，如果可以估计起始点 i 的稳态概率分布，那么可以把同一类的已标记节点的概率值加起来。报告概率最高的类作为节点 i 的相关标签。

如何计算一个给定节点 i 的稳态概率分布？设 $\overline{\pi}^{(t)}$ 表示从某一特定初始状态 $\overline{\pi}^{(0)}$ 开始，t 步后的 n 维（行）概率向量。当起始状态为节点 i 时，$\overline{\pi}^{(0)}$ 的第 i 个分量为 1，其他分量为 0。于是，我们有：

$$\overline{\pi}^{(t)} = \overline{\pi}^{(t-1)} P \tag{19.29}$$

通过递归地应用前述条件 t 次，然后设置 $t=\infty$，可以证明：

$$\overline{\pi}^{(t)} = \overline{\pi}^{(0)} P^t \tag{19.30}$$

$$\overline{\pi}^{(\infty)} = \overline{\pi}^{(0)} P^\infty \tag{19.31}$$

如何计算稳态转移矩阵 P^∞？观察到的一个重点是一个随机矩阵特征值的最大值总是为 1（参见第 18 章的练习题 7）。因此，P 可以表示如下：

$$P = V \Delta V^{-1} \tag{19.32}$$

这里，V 是一个 $n \times n$ 矩阵，列由特征向量构成，Δ 是一个含特征值的对角矩阵，所有值都不大于 1。注意，有吸收分量的随机矩阵对于每个吸收分量会有一个包含单元特征值的特征向量。然后，通过用 P 自乘（t–1）次得到：

$$P^t = V \Delta^t V^{-1} \tag{19.33}$$

当 t 趋近于无穷大时，Δ^t 将由仅含 0 或 1 的对角线上的值构成。原始矩阵 Δ 中的任何小于 1 的特征值将在 Δ^∞ 中趋近于 0。换句话说，很容易由 Δ 计算 Δ^∞。因此，如果已经计算出 V，那么也很容易计算 P^∞。一个进一步的优化是可以只确定 P 的前 l 个特征向量，来高效地计算稳态转移矩阵 P^∞，其中 l 是已标记的（吸收）节点的数量。参见文献注释中关于这一优化的更多细节。

在计算出 P^∞ 之后，计算始于节点 i 的随机游走所生成的 n 维节点概率向量 $\overline{\pi}^{(\infty)}$ 则相对容易。当起始状态是（未标记的）节点 i 时，起始状态 $\overline{\pi}^{(0)}$ 的 n 维向量的第 i 个分量为 1，其

⊖ 换句话说，基础的马尔可夫链不是强连通的，因此不具有遍历性。参见第 18 章中的 PageRank 算法的描述。

他则为 0。根据前面的讨论，我们可以计算 $\pi^{(\infty)}=\pi^{(0)}P^{\infty}$。注意，$\pi^{(\infty)}$ 中的正概率仅对应于已标记的节点，也就是吸收节点。在 $\pi^{(\infty)}$ 中，通过加和每一类的已标记节点的概率，可以得到未标记的节点 i 属于每类的概率。报告概率最大的类作为相关标签。

但是，有一个更简单的一次性地对所有未标记节点计算类的概率分布的方法，不需要显式地计算 P^{∞}，然后尝试不同的起始向量 $\pi^{(0)}$。对于每个类 c，设 N_c 为属于这个类的已标记节点的集合。为了使未标记节点 i 属于类 c，节点 i 处的一个随机游走必须终止于 N_c 中的一个节点。这个现象的概率由 $\sum_{j\in Nc}[P^{\infty}]_{ij}$ 给出。设 $\overline{Y_c}$ 是一个 n 元列向量，如果节点 j 属于类 c，则第 j 个元素为 1，否则为 0。那么，容易看出列向量 $\overline{Z_c}=P^{\infty}\overline{Y_C}$ 的第 i 个元素等于 $\sum_{j\in Nc}[P^{\infty}]_{ij}$，即为始于未标记节点 i、终于类 c 中所有不同节点的游走概率的总和。

因此，我们需要计算每一个类 $c\in\{1,\cdots,k\}$ 的 $\overline{Z_c}$。设 Y 为一个 $n\times k$ 矩阵，其中第 c 列为 $\overline{Y_c}$。类似地，设 Z 为一个 $n\times k$ 矩阵，其中第 c 列为 $\overline{Z_c}$。那么 Z 可由 P^{∞} 和 Y 之间简单的矩阵相乘得到：

$$Z=P^{\infty}Y \tag{19.34}$$

可以报告 Z 中概率最大的类为未标记节点（行）i 的类标签。这个算法也称作标签传播的**交会法**。

我们有一些重要认识。如果 P 的第 i 行是吸收的，那么它与单位矩阵的第 i 行相同。因此，用 P 预乘 Y 任意次都不会改变 Y 的第 i 行。换句话说，Z 中对应于已标记节点的行将固定为 Y 中的对应行。因此，对已标记节点的预测固定为它们的训练标签。对于未标记节点，在标签相连的网络中，Z 中行的总和将总是为 1。这是因为 Z 中第 i 行的值的总和等于从节点 i 开始的随机游走到达一个吸收态的概率。在标签相连的网络中，每次随机游走最终都将到达一个吸收态。

迭代标签传播：谱解释

公式 19.34 指出了一个计算 Z 中标签概率的简单迭代算法，而不用计算 P^{∞}。我们可以初始化 $Z^{(0)}=Y$，然后重复使用以下更新来增加迭代指数 t 的值。

$$Z^{(t+1)}=PZ^{(t)} \tag{19.35}$$

容易看出 $Z^{(\infty)}$ 与公式 19.34 中 Z 的值相同。对于已标记的（吸收）节点 i，Z 的第 i 行永远不会受到更新的影响，因为 P 的第 i 行与单位矩阵的第 i 行相同。执行标签传播的更新直至收敛。实际上，达到收敛所需的迭代次数相对较少。

重新整理一下标签传播的更新表达式，可以看出在收敛时，最终解 Z 将满足以下关系：

$$(I-P)Z=0 \tag{19.36}$$

注意，$I-P$ 是包含吸收态的网络 G' 的邻接矩阵的归一化的（随机游走）拉普拉斯算子。另外，Z 的每一列均为这个拉普拉斯算子的特征向量，特征值为 0。在无监督的谱聚类中，丢弃第一个特征值为 0 的特征向量，因为它没有信息量。但是，在协同分类中，由于存在吸收态，会出现额外的 $(I-P)$ 的特征值为 0 的特征向量。Z 的每个特定类的列都含有一个特征值为 0 的不同的特征向量。实际上，标签传播的解也可由类似于原始无向图 G 的谱聚类的优化问题来导出。在这种情况下，优化问题利用一个类似于附加了一个约束条件的谱聚类的目标函数：对于所有已标记节点，属于某特定类的节点的嵌入值固定为 1，其他类的节点则固定为 0。只有无标记节点的嵌入值为无约束的决策变量。可以证明，每个这样的优化问题

的解都是 $(I-P)$ 的一个特征向量，特征值为 0。迭代标签传播收敛至这些特征向量。

19.4.3 有监督的谱方法

对于图的协同分类，可以有两种不同的方式来应用谱方法。第一种方法直接将图转换成多维数据，便于使用多维分类器，如 k 近邻分类器。除嵌入式中所包含的类信息以外，嵌入的方法与谱聚类中所所用的完全相同。第二种方法利用一个与谱聚类相关的优化问题，直接学习一个 $n \times k$ 的类概率矩阵 Z。这个类概率矩阵 Z 与标签传播中所导出的矩阵相似。有趣的是，第二种方法也与标签传播密切相关。

19.4.3.1 谱嵌入的有监督的特征生成

设无向图 $G=(N, A)$ 的权值矩阵为 W。算法由以下几步组成，其中第一步是基于类有监督地扩展 G：

1）在 G 中每对标签相同的节点之间加入一条权值为 μ 的边。如果这对节点间已经存在一条边，那么通过对现有边的权值加 μ 来合并这两条边。产生的图记作 G^+。参数 μ 控制来自现有标签的监督等级。

2）用 19.3.4 节中的谱嵌入方法来生成扩展图 G^+ 的 r 维嵌入。

3）在嵌入数据上应用任一多维分类器，如最近邻分类器。

可使用交叉验证来对 μ 值进行调优。注意这个方法不能直接学习类的概率。相反，它生成一个同时内含同质性影响和已有标签信息的特征表述。这个特征表述对网络局部属性和标签分布都比较敏感。因此，可用它设计一个有效的多维分类器。

19.4.3.2 图的正则化方法

图的正则化方法直接使用与谱聚类相关的优化问题来学习节点的标签。令 Z 为一个 $n \times k$ 的最优化变量矩阵，其中第 (i, c) 个元素表示节点 i 属于标签 c 的倾向。当第 (i, c) 个元素较大时，表示节点 i 更可能属于标签 c。因此，对于 Z 的第 i 行，所有 k 个元素中最大的元素给出了节点 i 的类标签的预测。对于 $c \in \{1, \cdots, k\}$，列向量 $\overline{Z_c}$ 表示 Z 的第 c 列。另外，Y 是一个包含标签信息的 $n \times k$ 的二元矩阵。如果第 i 个节点已标记，那么 Y 的第 i 行恰好有一个元素为 1，对应于它的类标签，其他元素则为 0。对于未标记节点，Y 中对应行的所有元素均为 0。Y 的第 c 列用列向量 $\overline{Y_c}$ 表示。

这个方法直接使用无向图 $G=(N, A)$ 的权值矩阵 W（如图 19-9），而不使用有向转移图。矩阵 Z 中的变量可以用一个与谱聚类相关的优化问题来导出。每个 n 维向量 $\overline{Z_c}$ 可看作 n 个节点的一个一维嵌入。这个优化问题有双重目标，反映在目标函数的两个加和项上。

1. 平滑性（同质性）目标

对于每个类 $c \in \{1, \cdots, k\}$，由高权值边相连的两个节点应映射到 $\overline{Z_c}$ 的相似值上。这个目标与谱聚类中的无监督的目标函数完全相同。在这种情况下，可使用对称的拉普拉斯算子 L^S，它具有更好的收敛性质：

$$L^s = I - \Lambda^{-1/2} W \Lambda^{-1/2} \tag{19.37}$$

这里，Λ 是一个对角矩阵，其中第 i 个对角元素包含 $n \times n$ 权值矩阵 W 的第 i 行元素的总和。简单起见，我们记归一化的权值矩阵为 $S=\Lambda^{-1/2} W \Lambda^{-1/2}$。所以，目标函数中的平滑项 O_S 可以写作：

$$O_s = \sum_{c=1}^{k} \overline{Z_c}^{\mathrm{T}} L^S \overline{Z_c} = \sum_{c=1}^{k} \overline{Z_c}^{\mathrm{T}} (I-S) \overline{Z_c} \tag{19.38}$$

这个项称作**平滑项**，是因为它确保预测的标签倾向于 Z 沿着边平滑地变化，尤其是当边权较大时。这个项也可看作局部一致性项。

2. 标签拟合目标

因为嵌入的 Z 被设计用于尽可能相近地模仿 Y，所以对于每个类 c，$\|\overline{Z_c}-\overline{Y_c}\|^2$ 的值应该尽可能小。注意，未标记节点是包含在 $\|\overline{Z_c}-\overline{Y_c}\|^2$ 之中的，且对这些节点来说，这个项起到正则化因子的作用。正则化因子的目的是避免[⊖]最优化模型中的病态解法和过拟合。

$$O_f=\sum_{c=1}^{k}\|\overline{Y_c}-\overline{Z_c}\|^2 \tag{19.39}$$

这个项也可以看作全局一致性项。

整个目标函数可以构造为 $O = O_S + \mu O_f$，其中 μ 定义了标签拟合项的权值。参数 μ 反映了两个评判标准间的权衡。因此，整个目标函数可以写作：

$$O=\sum_{c=1}^{k}\overline{Z_c}^{\mathrm{T}}(I-S)\overline{Z_c}+\mu\sum_{c=1}^{k}\|\overline{Y_c}-\overline{Z_c}\|^2 \tag{19.40}$$

为了优化这个目标函数，我们必须对 $\overline{Z_c}$ 中不同的决策变量求偏导数，并将其设为 0。这产生了下述条件：

$$(I-S)\overline{Z_c}+\mu(\overline{Z_c}-\overline{Y_c})=0\quad \forall c\in\{1,\cdots,k\} \tag{19.41}$$

因为这个条件对于每个类 $c\in\{1,\cdots,k\}$ 都成立，所以我们也可以将上述条件写成矩阵形式：

$$(I-S)Z+\mu(Z-Y)=0 \tag{19.42}$$

还可以重新整理这个优化条件如下：

$$Z=\frac{SZ}{1+\mu}+\frac{\mu}{1+\mu}Y \tag{19.43}$$

目标是求这个优化条件的一个解 Z。可以通过初始化 $Z^{(0)}=Y$，并如下迭代地从 $Z^{(t)}$ 更新至 $Z^{(t+1)}$，来得到这个解。

$$Z^{(t+1)}=\frac{SZ^{(t)}}{1+\mu}+\frac{\mu}{1+\mu}Y \tag{19.44}$$

这个解迭代直至收敛。可以证明该方法收敛至以下解：

$$Z^{(\infty)}=\frac{\mu}{1+\mu}\left(I+\frac{S}{1+\mu}+\left(\frac{S}{1+\mu}\right)^2+\cdots\right)Y=\frac{\mu}{1+\mu}\left(I-\frac{S}{1+\mu}\right)^{-1}Y \tag{19.45}$$

直观上，矩阵 $\left(I-\frac{S}{1+\mu}\right)^{-1}=\left(I+\frac{S}{1+\mu}+\left(\frac{S}{1+\mu}\right)^2+\cdots\right)$ 是一个节点间的 $n\times n$ 的矩阵，其中每个元素是节点之间的加权 Katz 系数（参考定义 19.5.4）。换句话说，根据类 j 中的已标记节点，用加权 Katz 系数的总和预测节点 i 属于类 j 的倾向。因为 Katz 度量预测了节点间的连接（参考 19.5 节），所以这个方法可以解释协同分类和连接预测之间的联系。

可以使用交叉验证来学习 μ 的最优值。值得注意的是，与前述带有吸收态的标签传播算法不同，这个算法仅用标签来影响 Z，而且对于已标记的节点，它没有限制 Z 中的行必须与

⊖ 在这种情况下，正则化因子确保 $\overline{Z_c}$ 中任何未标记节点的元素都不会非常大。

Y 中的对应行相同。实际上，矩阵 Z 可以对一个已标记的节点给出一个与其初始训练标签不同的预测。这种情况在训练数据的原始标签易错且有噪声时可能出现。因此，对于包含有噪声的、易错的训练标签的网络，正则化方法更加灵活和鲁棒。

19.4.3.3 与随机游走方法的联系

尽管图的正则化方法是由谱方法导出的，但它仍与随机游走方法相关。基于 $n \times k$ 的矩阵的更新公式 19.44 可以分解为 k 个不同的基于向量的更新公式，Z 中的每个 n 维列 $\overline{Z_c}$ 对应一个公式：

$$\overline{Z_c} = \frac{S\overline{Z_c}}{1+\mu} + \frac{\mu}{1+\mu}\overline{Y_c} \quad \forall c \in \{1, \cdots, k\} \tag{19.46}$$

每个更新公式都在代数上类似于一个个性化的 PageRank 公式，其中 S 代替转移矩阵，属于特定类 c 的已标记节点处的重启概率为 $\mu/(1+\mu)$。向量 $\overline{Y_c}$ 类似于类 c 的个性化重启向量乘以类 c 中训练节点的数量。类似地，向量 $\overline{Z_c}$ 类似于类 c 的个性化 PageRank 向量乘以类 c 中训练节点的数量。所以，特定类的公式 19.46 可以看作个性化 PageRank 公式，按类 c 的先验概率成比例地缩放。当然，对称矩阵 S 并不是一个真正的随机转移矩阵，因为它的列的总和不为 1。因此，不能把结果正式地看作个性化的 PageRank 概率。

然而，这种与个性化 PageRank 的代数相似性表明，可能存在一族密切相关的随机游走方法与标签传播类似。例如，我们可以使用随机转移矩阵 P 来代替源自谱聚类的非随机矩阵 S。换句话说，用公式 19.27 和 19.28 导出 $P=\Lambda^{-1}W$。但是，与标签传播方法中所使用的转移矩阵 P 的一个区别是：没有改变网络结构来创建吸收态。换句话说，使用图 19-11a 而不是图 19-11b 中的有向转移图来导出 P。在公式 19.46 中用 P 代替 S 可以导出一个标签传播更新的变体（参见公式 19.35），其中不再限制必须预测已标记节点为它们的原始标签。

在公式 19.46 中用 P^T 代替 S 可以得到（根据类的先验概率进行缩放的）的个性化 PageRank。这等价于执行 k 次个性化 PageRank 算法，其中第 c 次执行的个性化向量在属于第 c 个类的已标记节点处重启。每个特定类的个性化 PageRank 概率乘以这个类的先验概率，或等价地乘以这个类中已标记训练节点的数量。对于每个节点，报告产生最高的（根据先验缩放的）个性化 PageRank 概率的类下标。这些不同方法的性能取决于所处理的数据集。

19.5 链接预测

在许多社交网络中，都希望预测网络中成对节点之间未来可能的链接。例如，商业社交网络（如 Facebook）经常推荐用户作为可能的好友。通常，结构和内容的相似性都可用于预测节点对间的链接。这些评判标准讨论如下。

- **结构度量**：结构度量一般使用三元闭合的原则来做预测。思想是如果两个尚未连接的节点的邻近区域有相似的节点，那么它们在将来很可能会连接在一起。
- **基于内容的度量**：在这些情况下，使用同质性原则来做预测。思想是有相似内容的节点更可能相互连接。例如，在一个含有共同作者关系的文献网络中，一个含关键词“数据挖掘”的节点更可能与另一个含关键词“机器学习”的节点相连接。

虽然可以证明基于内容的度量在加强链接预测方面很有潜力，但是其结果对当前网络却相当敏感。例如，在 Twitter 等网络中，内容通常是包含很多非标准缩写的短小且有噪声的推文，基于内容的度量并不是特别有效。另外，虽然结构的连通性通常意味着内容的同质性，但反之却并不一定为真。因此，使用内容相似性在不同网络领域中有好坏参半的结果。

而结构度量在不同类型的网络中则几乎总是有效的。这是因为三元闭合在不同的网络领域无处不在，且对链接预测有更直接的适用性。

19.5.1　基于邻域的度量

基于邻域的度量采用不同的方式，使用一对节点 i 和 j 之间共同邻居的数量，来量化它们之间将来出现链接的可能性。例如，在图 19-12a 中，Alice 和 Bob 共享 4 个共同邻居。因此，有理由推测最终他们之间将形成一个链接。除去他们的共同邻居之外，他们各自还有互不相交的邻居集合。存在不同的方法来归一化基于邻域的度量，以反映不同邻居的数量和相对重要性。这些方法讨论如下。

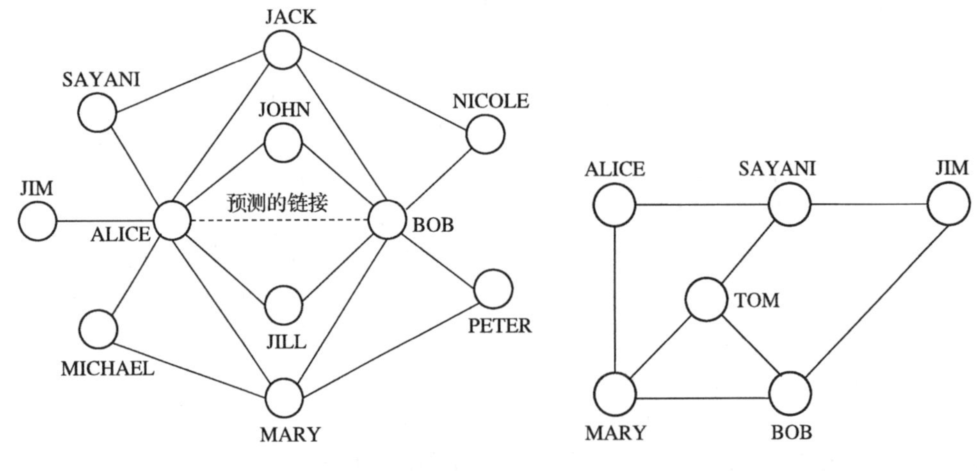

a) Alice和Bob之间有许共同邻居　　b) Alice和Bob之间有许多间接连接

图 19-12　不同链接预测度量的不同效果示例

定义 19.5.1（共同邻居度量） 节点 i 和 j 之间的共同邻居度量等于节点 i 和 j 之间共同邻居的数量。换句话说，如果 S_i 是节点 i 的邻居集合，并且 S_j 是节点 j 的邻居集合，那么共同邻居度量定义如下：

$$CommonNeighbors(i, j) = |S_i \cap S_j| \tag{19.47}$$

共同邻居度量的主要缺点是它不能反映相比于其他连接数量的相对的共同邻居数量。在图 19-12a 的示例中，Alice 和 Bob 各自的节点度数都较小。考虑一个不同的情况，其中 Alice 和 Bob 或者是垃圾信息散布者，或者是非常受欢迎的公众人物，都与大量其他参与者相连接。在这样的情况下，出于偶然性，Alice 和 Bob 可能很容易有许多共同邻居。Jaccard 度量旨在归一化不同的度数分布。

定义 19.5.2（Jaccard 度量） 节点 i 和 j 之间的基于 Jaccard 的链接预测度量等于它们各自邻居集合 S_i 和 S_j 之间的 Jaccard 系数。

$$JaccardPredict(i, j) = \frac{|S_i \cap S_j|}{|S_i \cup S_j|} \tag{19.48}$$

在图 19-12a 中 Alice 和 Bob 之间的 Jaccard 度量为 4/9。如果 Alice 和 Bob 其中之一的度数增加，那么将导致他们之间的 Jaccard 系数降低。这种归一化很重要，因为节点的度分布满足幂定律。

Jaccard 度量很好地调整了正在进行链接预测的节点的不同度数。但是，它不能对中间邻居的度数做出较好调整。例如，在图 19-12a 中，Alice 和 Bob 的共同邻居是 Jack、John、Jill 和 Mary。但是，所有这些共同邻居都可能是度数很高的非常知名的公众人物。因此，在统计上，这些节点非常可能成为许多对节点的共同邻居。这使得它们在链接预测度量上不那么重要。Adamic-Adar 度量旨在反映不同的共同邻居的不同重要性。它可以看作共同邻居度量的加权版本，其中一个共同邻居的权值是它的节点度数的递减函数。Adamic-Adar 度量的情况下所使用的典型函数是对数的倒数。在这种情况下，下标为 k 的共同邻居的权值设为 $1/\log(|S_k|)$，其中 S_k 是节点 k 的邻居集。

定义 19.5.3（Adamic-Adar 度量） *节点 i 和 j 之间的共同邻居度量等于节点 i 和 j 之间共同邻居的加权数量。节点 k 的权值定义为 $1/\log(|S_k|)$。*

$$AdamicAdar(i, j) = \sum_{k \in S_i \cap S_j} \frac{1}{\log(|S_k|)} \tag{19.49}$$

在上述定义中对数的底不太重要，只要所有节点对都一致地选择相同的底。在图 19-12a 中，Alice 和 Bob 之间的 Adamic-Adar 度量为 1/log(4)+1/log(2)+1/log(2)+1/log(4)=3/log(2)。

19.5.2 Katz 度量

虽然基于邻域的度量提供了一种在节点对之间形成链接的可能性的鲁棒估计，但是当一对节点间共享的邻居节点的数量很少时，它们不是十分有效。例如，在图 19-12b 的例子中，Alice 和 Bob 有一个共同邻居。Alice 和 Jim 也有一个共同邻居。因此，基于邻域的度量难以区别这些情况中不同节点对的预测强度。然而，在这些情况下，似乎也存在着通过较长路径的间接连接性。在这些情况下，基于游走的度量更加合适。一种常用的度量链接预测强度的基于游走的度量是 Katz 度量。

定义 19.5.4（Katz 度量） *令 $n_{ij}^{(t)}$ 为节点 i 和 j 之间长度为 t 的游走数量。那么，对于用户定义的参数 $\beta<1$，节点 i 和 j 之间的 Katz 度量定义如下：*

$$Katz(i, j) = \sum_{t=1}^{\infty} \beta^t \cdot n_{ij}^{(t)} \tag{19.50}$$

β 值是一个折扣因子，用于降低较长游走的重要性。对于足够小的 β 值，公式 19.50 的无穷求和将收敛。如果 A 是一个无向网络的对称邻接矩阵，那么 $n \times n$ 的成对 Katz 系数矩阵 K 可以计算如下：

$$K = \sum_{i=1}^{\infty} (\beta A)^i = (I - \beta A)^{-1} - I \tag{19.51}$$

A^k 的特征值是 A 的特征值的 k 次幂（参考公式 19.33）。总是将 β 值选为小于 A 的最大特征值的倒数，来确保无穷求和收敛。这个度量的一个加权版本可以通过用图的权值矩阵替换 A 来计算。Katz 度量通常能够提供优秀的预测结果。

值得注意的是，节点 i 相对于其他节点的 Katz 系数的总和称作它的 **Katz 中心度**。其他衡量中心度的机制（如邻近中心度和 PageRank）也可用于一种修正形式的链接预测。中心度和链接预测度量之间存在这种联系的原因是高中心度的节点倾向于和许多节点形成链接。

19.5.3 基于随机游走的度量

基于随机游走的度量是一种定义节点对之间连接性的不同方式。其中两种度量是 PageRank 和 SimRank。因为这些方法在 18.4.1.2 节中有详细描述，所以此处不再赘述。

计算节点 i 和 j 之间相似度的第一种方法是使用重启于节点 i 处的节点 j 的个性化 PageRank。其思想是如果 j 在结构上处于 i 的附近，那么当从节点 i 处重启时，j 的个性化 PageRank 度量将非常高。这也表明节点 i 和 j 之间的链接预测强度更高。个性化 PageRank 是节点 i 和 j 之间的一个非对称度量。因为本小节考虑的是无向图，所以可以使用 $PersonalizedPageRank(i, j)$ 和 $PersonalizedPageRank(j, i)$ 的平均值。另一种方法是 SimRank 度量，它已经是一个对称度量。这个度量计算两个随机浏览者向后移动至同一节点所需的游走长度的倒数函数。将对应的值报告为链接预测度量。建议读者参考 18.4.1.2 节中 SimRank 的计算细节。

19.5.4 链接预测作为分类问题

前述度量都是无监督启发式的。对于一个给定的网络，其中一个度量可能更有效，而对于一个不同的网络，另一个度量可能更有效。如何摆脱这个困境，针对某一给定网络选取最有效的度量?

链接预测问题可以看作一个分类问题，将一对节点间链接的有无作为一个二元类指示器来处理。因此，从每一对节点中可以提取一个多维数据记录。这个多维记录的特征包括节点间所有不同的基于邻域的、基于 Katz 的、基于游走的相似度。另外，也使用其他的一些偏好依附特征，如一对节点中每个节点的度数。因此，对于每个节点对，构造一个多维数据记录。结果是一个正样本 – 未标记样本的分类问题，其中，有边的节点对是正样本，而剩余对则是未标记样本。为达成训练目标，可以近似处理未标记样本为负样本。因为在大而稀疏的网络中负样本对太多，所以只使用一个采样的负样本。因此，有监督的链接预测算法执行如下。

1. 训练阶段

生成一个多维数据集，对于每对之间有边的节点都有一条数据记录，对于其间无边的节点，进行一次采样，得到一组数据记录作为一个样本。特征对应于节点对之间提取的相似度和结构特征。类标签表示节点对之间有边或无边。根据数据建立一个训练模型。

2. 测试阶段

将每一个测试节点对都转换为一条多维记录。使用任一传统的多维分类器来预测标签。

10.6 节中的逻辑回归方法是基础分类器的一种常见选择。鉴于这个分类问题的不均衡性，常常使用各种分类器的代价敏感版本。

这个算法的一个优点是可以无缝使用内容特征。例如，可使用一对节点之间的内容相似性。分类器在训练阶段可以自动学习这些特征的相关性。再者，与许多链接预测方法不同，这个算法还可以通过不对称地提取特征来处理有向网络。例如，我们可以使用入度和出度作为特征，而不是使用节点的度。在有向图中，随机游走特征也可以以非对称的方式定义，例如计算从节点 i 处重启的节点 j 的 PageRank，反之亦然。总体说来，有监督的模型更加灵活，因为它能学习各种不同的链接和特征之间的关系。

19.5.5 链接预测作为缺失值估计问题

18.5.3 节讨论了如何将链接预测用在用户 – 项目图上来做推荐。总的来说，推荐问题和链接预测问题都可看作对不同类型矩阵的缺失值估计的实例。推荐算法用于用户 – 项目效用矩阵，而链接预测算法用于不完全的邻接矩阵。矩阵中所有的 1 都对应于边。在剩余元素中，只有一个随机小样本被设为 0，其他元素则假定未被指定。可以用 18.5 节中所讨论的任意一种缺失值估计方法来估计缺失的元素值。在这些方法中，矩阵分解方法是最常用的方法之一。使用这个方法的一个优势是指定的矩阵不需要对称。换句话说，这个方法也可用于有向网络。参见文献注释。

19.5.6 讨论

我们已经说明，不同度量在不同数据集上有不同的有效性。基于邻域的度量的优势是在极大数据集上也能高效地计算。另外，它们几乎和其他无监督度量一样好用。尽管如此，基于随机游走和基于 Katz 的度量对于非常稀疏的网络特别有用，其中难以鲁棒地衡量共同邻居的数量。虽然监督能提高准确性，但是它有很大的计算代价。然而，监督为各种领域的社交网络提供了最佳的适应性，并且可以产生如内容特征等副产品。

近年来，内容也已经被用来加强链接预测。虽然内容可以显著改善链接预测，但是有必要指出结构度量远远更为有效。这是因为结构度量直接使用真实网络的三元特性。网络的三元特性几乎在所有数据领域都成立。而基于内容的度量是基于“逆同质性”，其中使用相似的或与链接相关的内容来预测链接。它的有效性与网络的具体应用领域高度相关。因此，基于内容的度量通常作为链接预测的一种辅助，而很少在预测过程中独立使用。

19.6 社交影响分析

所有社交都会在个体之间产生不同程度的影响。在传统社交中，这有时称作“口头”影响。这个通用原则对在线社交网络也成立。例如，当一个用户在 Twitter 上推送了一条消息，这个用户的关注者就能接触到这条消息。在网络中，关注者经常可以转发这条消息。这使得信息、思想、观点在社交网络中传播。许多公司将这种信息传播看作一个有价值的广告渠道。向恰当的参与用户推送一条热点信息，如果这条信息在网络中像瀑布一样传播，那么就可以产生价值千金的广告效应。一个例子[532]是著名的 2013 年 2 月 3 日的奥利奥超级碗的推文。在旧金山 49 人队和巴尔的摩乌鸦队的超级碗比赛中停电了。奥利奥趁这个机会，在 34 分钟的中断中，发送了如下消息，并配上一张奥利奥饼干的图片：“停电了？没问题。即使在黑暗中，你仍然可以泡一泡。”（Power out? No problem. You can still dunk in the dark.）看到的人很喜欢奥利奥的消息，并转发了成千上万次。因此，奥利奥零成本地生成了价值千金的广告效应，而且其影响似乎还大于超级碗期间的付费电视广告。

不同用户具有不同能力来影响社交网络中的其他用户。调节一个用户的影响力的两个最常见因素如下：

1）社交网络结构中的中心度是影响水平的一个关键因素。例如，中心度等级高的用户可能更有影响力。在有向网络中，高声望的用户更有影响力。这些度量在 19.2 节中讨论过。

2）网络中的边常常有权值，而权值依赖于对应的用户对能够互相影响的可能性。根据所用的传播模型，这些权值有时可以直接解释为影响传播概率。有几个因素可以确定这些概率。例如，一个有名的人比不很有名的人影响力更大。类似地，两个长期的朋友更可能互相影响。通常假设影响传播概率已经存在且可用于分析目的，尽管最近一些方法显示了如何以数据驱动的方式估计这些概率。

使用一个影响传播模型可以量化前述因素的精确影响。这些模型也称作**扩散模型**

（diffusion model）。这些模型的主要目的是在网络中确定一系列种子节点，在这些节点处信息宣传的影响最大。因此，影响最大化问题如下。

定义 19.6.1（影响最大化） 给定一个社交网络 $G=(N, A)$，确定一个包含 k 个种子节点的集合 S，使得影响它们将最大化网络中影响的整体传播。

k 值可以看作一个预算数，作为初始时允许施加影响的种子节点数。这与现实生活的模型相当一致，其中广告商面临初始广告容量的预算问题。社会影响分析的目的是用口口相传的方法扩展这种初始广告容量。

每个模型或启发式规则可以用 S 上的记为 $f(\cdot)$ 的函数来量化一个节点的影响水平。这个函数映射节点子集到表示影响值的实数上。因此，给定集合 S，在选定一个量化影响 $f(S)$ 的模型后，优化问题是确定能最大化 $f(S)$ 的集合 S。大量影响分析模型的一个有趣特性是优化函数 $f(S)$ 具有子模性（submodularity）。

子模性意味着什么？它是应用于集合的收益递减自然规律的数学表示。换句话说，如果 $S \subseteq T$，那么通过向集合 T 中增加一个个体所得的额外影响不会超过通过向集合 S 中增加同一个个体所得的额外影响。因此，随着越来越多的个体成为种子，同一个体的增量影响递减。集合 S 的子模性定义如下。

定义 19.6.2（子模性） 一个函数 $f(\cdot)$ 具有子模性的条件是，对于任意对集合 S、T，满足 $S \subseteq T$，且对于任一集合元素 e，以下成立：

$$f(S \cup \{e\}) - f(S) \geqslant f(T \cup \{e\}) - f(T) \tag{19.52}$$

几乎所有量化影响的自然模型都具有子模性。子模性在算法上很方便，因为存在一个非常有效的贪心优化算法，可以最大化子模函数，只要可以计算给定 S 值的 $f(S)$。这个算法首先设置 $S=\{\}$，然后逐渐向 S 中添加节点，使得 $f(S)$ 的值尽可能多地增加。重复这个过程，直至集合 S 包含所需数量 k 的影响者。这个启发式算法的近似水平是基于著名的子模函数优化的经典结果。

引理 19.6.1 最大化子模函数的贪心算法提供了一个解，其目标函数值至少为最优值的 $(e-1)/e$。这里，e 是自然对数的底。

因此，这些结果说明只要能对给定节点集 S 定义恰当的子模影响函数 $f(S)$，就可以有效地最优化 $f(S)$。

定义节点集 S 的影响函数 $f(S)$ 的两个常用方法是线性阈值模型和独立级联模型。这两个扩散模型都是在社会影响分析的最早期工作中提出的。这些扩散模型的一般操作假设是：节点或者处于活跃态，或者处于非活跃态。直观上，一个活跃节点是指已受一组期望的行为影响的节点。一旦一个节点变成活跃态，它就不会再变成非活跃态。取决于模型，一个活跃节点可能一次性地或在更长的一段时间内触发激活其邻居节点。将节点相继激活，直到在一次迭代中不再激活更多节点为止。$f(S)$ 的值计算为终止时活跃节点的总数。

19.6.1 线性阈值模型

在这个模型中，算法初始于一个活跃种子节点集 S，然后根据活跃邻居节点的影响迭代增加活跃节点的数量。在整个算法执行过程的多次迭代中，我们允许活跃节点影响它们的邻居，直到没有更多节点可以激活为止。邻居节点的影响用边权 b_{ij} 上的一个线性函数来量化。对于网络 $G=(N, A)$ 中的每个节点 i，假设以下公式成立：

$$\sum_{j:(i,j)\in A} b_{ij} \leqslant 1 \tag{19.53}$$

每个节点 i 和一个随机阈值 $\theta_i \sim U[0,1]$ 相关联，这个阈值是预先固定的，且在整个算法过程中保持不变。在给定的时间内，节点 i 的活跃邻居对它的总影响 $I(i)$ 用 i 的所有活跃邻居的权值 b_{ij} 的总和来计算。

$$I(i) = \sum_{j:(i,j)\in A,\ j\text{ 是活跃的}} b_{ij} \tag{19.54}$$

当在某一步中 $I(i) \geqslant \theta_i$ 时，节点 i 变成活跃态。重复这个过程，直到没有更多节点可以激活为止。总影响 $f(S)$ 可以用给定种子集 S 所激活的节点数量来衡量。一般采用软件模拟的方法来计算给定种子集 S 的影响 $f(S)$。

19.6.2 独立级联模型

在上述线性阈值模型中，一旦激活一个节点，它就会有很多次机会来影响它的邻居节点。随机变量 θ_i 以阈值的形式和一个节点相关联。而在独立级联模型中，一个节点被激活后，它只有一次机会采用与边相关联的传播概率来激活它的邻居。与边相关的传播概率记作 p_{ij}。在每次迭代中，只允许最新的活跃节点影响它们的尚未被激活的邻居。对于一个给定的节点 j，每条连接最新活跃邻居 i 的边 (i, j) 独立地以概率 p_{ij} 抛硬币。如果边 (i, j) 的抛硬币结果是成功，那么将节点 j 激活。如果节点 j 是活跃的，那么它将在下一次迭代中有一次机会来影响它的邻居。当在一次迭代中没有新激活的节点时，算法终止。影响函数值等于终止时活跃节点的数量。因为在整个算法过程中，只允许节点影响一次它们的邻居，所以在整个算法过程中，最多只会对每条边抛一次硬币。

19.6.3 影响函数求值

线性阈值模型和独立级联模型二者都旨在利用模型来计算影响函数 $f(S)$。通常，通过软件模拟来完成对 $f(S)$ 的求值。

例如，考虑线性阈值模型的情况。给定种子节点集 S，我们可以使用随机数生成器来设置所有节点的阈值。设定阈值后，可用任何确定性的图搜索算法来标记活跃节点，搜索从 S 中的种子节点开始，并不断激活满足阈值条件的节点。这个计算可以对不同的随机生成的阈值反复进行，其平均结果可以得到更为鲁棒的估算。

在独立级联模型中，使用一种不同的软件模拟。对每条边以概率 p_{ij} 抛硬币。如果抛硬币成功，那么可以认为这条边是活跃的。可以证明，当从 S 中的至少一个节点到某个节点存在活跃边构成的路径时，这个节点最终将由独立级联模型激活。这可用于通过模拟估计（最终）活跃集的大小。计算在不同次运行上反复进行，然后对结果进行平均。

对线性阈值模型和独立级联模型是子模性优化问题的证明可在文献注释的引用中找到。但是，这个特性并不仅限于这两个模型。子模性是收益递减规律的一个很自然的结果，适用于较大群体中个体的增量影响。因此，大多数影响分析的合理模型都满足子模性。

19.7 小结

近年来，社交网络越来越流行，因为它们能连接地理上和文化上不同的用户。社交网络用户的行为生成了海量数据。其中，许多数据都是结构性的，其形式为不同个体之间的关系。

因其形成的自然动态，社交网络结构展示出一些典型特性。最重要的基于相似性的特性包括三元闭合和同质性。通常，社交网络由偏好依附形成，且表现出幂定律的度分布。

社交网络的聚类问题很有挑战性，因为存在枢纽节点以及社交网络自然地倾向于聚类成为一个单独的、巨大的群体。因此，大多数社区发现算法有内在机制，来确保底层簇的均衡。聚类方法有时也称作图的划分。最早的聚类方法之一是Kernighan-Lin算法，它使用一个迭代的算法来进行聚类。在划分之间重复交换节点，从而反复地提高目标函数的值。Girvan-Newman算法利用中介中心度的概念来生成簇。METIS算法通过进行粗化然后在粗化表示上生成划分来生成有效的划分。谱方法使用多维嵌入来生成簇。

在协同分类中，目的是根据一个已存在标签的子集中的顶点来推测剩余顶点的标签。这是一个具有社交网络分析和半监督学习的双重性问题。多维数据集可以转换为相似图，从而应用协同分类方法。协同分类最常用的方法包括迭代方法、基于随机游走的标签传播方法和谱方法。

在链接预测问题中，目标是根据网络的当前结构和内容来预测链接。对于链接预测，通常结构度量比基于内容的度量更加有效。结构方法使用局部聚类度量，如Jaccard度量或个性化的PageRank值，来做预测。有监督的方法能够区别地确定和链接预测最相关的特征。

社交网络经常通过“口述”来影响个体。通常，位于中心的用户在网络中更有影响力。扩散模型用以描绘社交网络中的信息流动特征。这种模型的两个例子包括线性阈值模型和独立级联模型。

19.8 文献注释

社交网络分析已经在社会学的领域进行了广泛的研究[508]，而更近的工作则关注在线社交网络[6,192,532]。关于邻近度和中心度度量的详细讨论可在[6,192,508,532]中找到。社交网络形成的动态性可见一篇优秀的综述论文[69]。[70]使用了无标度模型来推导幂定律。网络拓扑背景下对幂定律的详细研究见[201]。图的致密化和收缩的直径的研究见[342]。其他随机图模型（如Erdos-Renyi模型和Watts-Strogatz小世界模型）在[196,509]中有所讨论。

关于社区发现方法的详细综述可在[212]中找到。在某些特殊情况中，最小分割问题是多项式可解的。例如，没有均衡约束的无权二路切割问题是多项式可解的[299]。[312]讲述了原始的Kernighan-Lin算法。[206,301]讨论了Kernighan-Lin算法的改进。本章讨论的Girvan-Newman算法来自[230]。[301]阐述了METIS算法。谱聚类的归一化切割方法见[466]。归一化的对称版本在[405]中提出。谱图理论和聚类方法的更多细节见[157,371]。本章使用了谱聚类的拉普拉斯特征映射的解释[90]，而不是更常使用的切割解释，因为它对于非整数和可能有负特征向量的成分能提供全面的解释。

ICA在许多不同数据领域的场景中都有出现，如文档数据[128]、关系数据[404]。在这个框架中使用过几个基础分类器，如逻辑回归[370]和一个加权投票分类器[373]。本章的讨论基于[404]。迭代的标签传播方法在[554]中提出，吸收的随机游走解释改编自[78]。迭代的标签传播方法[554]最初是根据谱解释提出的，不过在同一工作中，也简单讨论了随机游走解释。大多数随机游走方法也可转换为谱嵌入的有监督的版本[530, 551, 554]。协同分类的正则化框架在[551]中有所讨论。有向图的协同分类在[552]中有所讨论。一种把内容集成到随机游走框架中的方法在 [44] 中有所讨论。关于节点分类方法的详细综述可见 [93,368]。一个协同分类的工具包可见 [427]。

社交网络的链接预测问题在 [353] 中提出。本章所讨论的度量就基于这个工作。从那之后，出现了大量工作，集成内容到链接预测的过程中。在链接预测中使用内容的工作可见 [49,64,354,484,489]。有监督的方法的优点在 [354] 中有所讨论，矩阵分解方法在 [383] 中有所讨论。近来，[428] 展示了如何在多个网络间使用链接预测。关于社交网络分析的链接预测方法的综述可见 [63]。

社交网络中影响分析的问题是在 [304] 中提出的。这个工作也描述了线性阈值模型和独立级联模型。度数折扣启发式算法在 [142] 中提出。关于子模特性的讨论可见 [403]。其他最近的关于社交网络中影响分析的模型在 [45,143,144,362,488] 中有所讨论。社会影响模型的一个主要问题是难以学习影响传播概率，尽管最近一些工作已开始关注这个问题 [235]。最近的工作还展示了如何直接从社会流进行影响分析 [234, 482]。关于社会影响分析的模型和算法的综述可见 [483]。

19.9 练习题

1. 对于图 19-1a，计算最大的点度中心度、邻近中心度和中介中心度。这些具有最大值的节点已经在图中标出。
2. 实现确定点度中心度、邻近中心度、中介中心度的算法。
3. 实现 Kernighan-Lin 算法。
4. 为什么与多维聚类算法相比均衡约束对社区发现算法更重要？在一个典型的现实网络中，无约束的最小二路切割看起来是什么样的？
5. 考虑 Girvan-Newman 算法的一个变体，其中随机断开网络中的边，而不是断开高中介中心度的边。解释这个改变对算法的负影响。你能对断开标准做一些微调以减轻这个影响吗？
6. 写出一个最小二路切割问题的整数规划问题，使得从节点数量的角度来看，切割是均衡的。
7. 对于谱聚类算法的随机游走问题，说明为什么下述为真：

   (a) 所有非平凡特征向量都同时具有正负分量。

   (b) 给出一个直观解释，说明为什么约束 $\bar{y}^{\mathrm{T}}\Lambda\bar{y}=1$ 中，归一化因子 Λ 增大了低度数节点远离原点、高度数节点靠近原点的倾向。
8. 假设所有边权 w_{ij} 根据两个端点的加权度数的几何平均来打折扣。根据这些归一化的权值，写出一个谱聚类的未归一化的公式来得出一个一维嵌入。权值归一化对嵌入有何影响？描述这个公式和谱聚类的对称归一化公式的代数相似点和不同点。讨论为什么产生的特征向量经常与谱聚类对称公式所产生的特征向量启发式地相似。
9. 解释随机游走标签传播和图的正则化算法之间的关系。
10. 讨论链接预测问题和网络聚类之间的联系。
11. 创建一个链接预测度量，使其能够执行 Jaccard 度量和 Adamic-Adar 度量所执行的度数归一化。
12. 实现影响分析的线性阈值模型和独立级联模型。
13. 本章使用列向量 $\bar{z}$ 给出了对称版本的一个一维公式。使用一个 $n\times k$ 矩阵 Z 来建立一个对称版本的通用公式。

(a) 令 Y 为本章所讨论的随机游走公式中的决策变量。证明 $Z=\sqrt{\Lambda}Y$。

(b) 证明单位范数缩放的 Y 和 Z 是相同的。

14. 众所周知，一个对称矩阵总是有实数特征值。用这个结论来证明一个无向图的随机转移矩阵总有实数特征值。

15. 证明如果 $(\overline{y}, \lambda)$ 是归一化的拉普拉斯算子 $\Lambda^{-1}(\Lambda-W)$ 的一个特征向量 - 特征值对，那么 $(\overline{y}, 1-\lambda)$ 就是归一化的权值矩阵 $\Lambda^{-1}W$ 的特征向量 - 特征值对。这里，Λ 是一个对角矩阵，包含了加权邻接矩阵 W 每行之和。

第 20 章

Data Mining: The Textbook

隐私保护数据挖掘

“文明是向隐私社会的进步。野蛮人的整个存在都是公开的，由部落的规定来统治。文明是将个体从群体中解脱的过程。”

——Ayn Rand

20.1 引言

大量的应用数据都是关于个人的。这种数据集可能包含个人的敏感信息，如他的财务状况、政治信仰、性取向和医疗史。这类个人信息可能会危及个人隐私。因此，设计数据采集、传播和挖掘技术使个人可以得到隐私保证至关重要。隐私保护方法通常可在数据挖掘过程的不同步骤中执行。

1. 数据采集和发布

对数据集进行面向隐私保护的修改可以在数据采集期或数据发布期完成。在匿名数据采集中，采集平台使用软件插件在数据采集时对数据进行修改。因此，数据的提供者可以得到保证，即使是数据采集方也无法掌握他们的隐私数据。面向采集的模型中隐含的假设是数据采集者不可信任，因此隐私必须在采集期间得到保护。在匿名数据发布中，整个数据集对一个可信任实体是可见的，这个实体在正常业务中经常采集数据。一个例子是采集病人数据的医院。最终，实体可能希望向一个或多个第三方发布数据以支持数据分析。例如，一家医院可能想用数据来研究不同治疗方案的长期影响。一个现实世界的例子是 Netflix 有奖数据集 [559]，其中发布了用户的匿名电影评分以推进协同过滤算法的研究。在数据发布中，或者删除标识性及敏感的属性值，或者将这些值近似化，以保护隐私。通常，这种发布算法比起采集算法可以更好地控制隐私等级，因为它们在一个受信任的服务器上接触整个数据集。

2. 数据挖掘算法的输出隐私

数据挖掘算法的输出也会破坏隐私。例如，考虑一个场景，其中允许用户挖掘关联模式，或通过一个 Web 服务查询数据，但是不能接触数据集。在这种情况下，数据挖掘的输出和查询处理算法提供了有价值的信息，其中一些可能包含隐私信息。

在某些应用中，组织方希望以一种私密方式共享他们的数据，只允许在共享数据中进行模式挖掘，而不希望将本地数据库的统计数据透露给参与方。这个问题称作**分布式隐私保护**。

总的来说，大多数隐私保护的数据挖掘以降低数据的表达准确度的方式来保护隐私。降低准确度有很多种不同方式，如数据扭曲、近似（泛化）、移除、属性值交换或局部综合。显然，由于不再对数据作准确描述，因此会对数据挖掘结果的质量产生不利影响。挖掘应用所需的发布数据的有效性常常被显式地量化，称作它的**效用**。在隐私和效用之间存在一个自然的权衡。例如，在移除数据值时，人们或许简单地选择移除所有条目。虽然这样一个解决方法提供了完美隐私，但它毫无效用。这个观察对于向数据加噪声的保护隐私的发布算法也成立。当加入的噪声数量越多时，可以得到更高级别的隐私，但是效用有所降低。隐私保护方法的目的是对于固定的隐私水平，最大化效用。

本章内容的组织结构如下：20.2 节讨论保护隐私的数据采集方法；20.3 节讨论保护隐私的数据发布问题，此小节包括几个模型，如 k 匿名者模型、ℓ 多样性模型和 t 相近性模型；20.4 节讨论输出隐私的问题；20.5 节讨论分布式和加密隐私的方法；20.6 节给出本章小结。

20.2 数据采集期间的隐私保护

随机化方法经常用于数据采集期的隐私保护。这里的隐含假设是数据采集者不可信任，因此隐私必须在采集期间得到保护。此方法的基本思想是允许用户通过一个软件平台输入数据，而这个软件平台能向数据添加随机扰动。这种方法是确保数据隐私的最保守的模型之一，因为原始数据记录从未存储在任何一台服务器上。

随机扰动根据一个公开已知的分布来添加。常用的扰动分布的例子包括均匀分布和高斯分布。换言之，如果数据采集器发布数据供公众使用，用以扰动数据的概率分布要和数据集一起给定。需要这些额外的分布信息来使数据挖掘算法可以有效地使用数据。基本思想是通过“减去”噪声分布，重建原始数据的分布。然后使用这种分布进行挖掘。整个算法如下。

1. 保护隐私的数据采集

在这个步骤中，当从用户处采集数据时，用软件插件向数据添加随机噪声。采集的数据和用于添加随机噪声的概率分布函数（及参数）一起公开发布。

2. 分布重建

通过“减去”噪声，重建原始数据的聚合分布。因此，在这个步骤的结尾，我们将有一个表示数据值的近似概率分布的统计直方图。

3. 数据挖掘

在重建的分布上应用数据挖掘方法。

值得注意的是，上述过程的最后一步需要设计数据挖掘算法，以处理数据记录集合的概率分布，而不是处理单个记录。因此，这种方法的一个劣势是它需要重新设计数据挖掘算法。尽管如此，这种方法也能奏效，因为许多数据挖掘问题（如聚类、分类）只需要整个数据集或数据片段（如不同的类）的概率分布模型。

20.2.1 重建聚合分布

重建原始数据的聚合分布是随机化方法中的关键步骤。考虑原始数据值 $x_1, \cdots, x_n$ 来自概率分布 $\mathbf{X}$ 的情况。对于每个原始数据值 x_i，通过软件数据采集工具向其添加干扰 y_i，来产生扰动结果值 z_i。干扰 y_i 来自概率分布 $\mathbf{Y}$，且与 $\mathbf{X}$ 独立。假设此分布是公开已知的。另外，最终的扰动结果值集合的概率分布设为 $\mathbf{Z}$。那么，原始分布 $\mathbf{X}$、添加的干扰 $\mathbf{Y}$ 和最终的聚合分布 $\mathbf{Z}$ 的关系如下：

$$\mathbf{Z} = \mathbf{X} + \mathbf{Y}$$

$$\mathbf{X} = \mathbf{Z} - \mathbf{Y}$$

因此，如果显式地知道 $\mathbf{Y}$ 和 $\mathbf{Z}$ 的分布，就可以重建 $\mathbf{X}$ 的分布。假设 $\mathbf{Y}$ 的概率分布公开已知，而 $\mathbf{Z}$ 的离散样本根据 $z_1, \cdots, z_n$ 可得。使用许多不同的方法，如内核密度估计，这些离散样本足以用来重建 **Z**。那么，可以用上面展示的关系来重建 **X** 的分布。这个方法的主要问题出现在干扰 **Y** 的概率分布的方差很大，而且 **Z** 的离散样本数量 n 很小的时候。在这种情况下，**Z** 分布的方差也会很大，而且它不能通过小样本来精确估计。因此，第二个方法是根据 **Z** 的离散样本和 **Y** 的已知分布来直接估计 **X** 的分布。

令 $f_{\mathbf{X}}$ 和 $F_{\mathbf{X}}$ 为 **X** 的概率密度和累积分布函数。这些函数需要通过观察值 $z_1, \cdots, z_n$ 来估计。令 $\hat{f}_{\mathbf{X}}$ 和 $\hat{F}_{\mathbf{X}}$ 为相应的 **X** 的估计概率密度和累积分布函数。此处，关键是利用贝叶斯公式和 **Z** 的观察值。考虑一个简化的情况，其中只有一个观察值 z_1。这可用于估计随机变量的任意值 $\mathbf{X} = a$ 处的累积分布函数 $\hat{F}_{\mathbf{X}}(a)$。贝叶斯定理可以导出如下：

$$\hat{F}_{\mathbf{X}}(a) = \frac{\int_{w=-\infty}^{w=a} f_{\mathbf{X}}(w \mid \mathbf{X}+\mathbf{Y}=z_1)dw}{\int_{w=-\infty}^{w=\infty} f_{\mathbf{X}}(w \mid \mathbf{X}+\mathbf{Y}=z_1)dw} \tag{20.1}$$

上述公式的条件所对应的事实是数据值和干扰值的总和等于 z_1。注意，表达式 $f_{\mathbf{X}}(w \mid \mathbf{X}+\mathbf{Y}=z_1)$ 可以根据 **X** 和 **Y** 的无条件密度来表示，如下所示：

$$f_{\mathbf{X}}(w \mid \mathbf{X}+\mathbf{Y}=z_1) = f_{\mathbf{Y}}(z_1 - w) \cdot f_{\mathbf{X}}(w) \tag{20.2}$$

这个表达式利用了干扰 **Y** 独立于 **X** 的事实。在公式 20.1 的右边用上述表达式 $f_{\mathbf{X}}(w \mid \mathbf{X}+\mathbf{Y}=z_1)$ 进行替换，可得到 **X** 的累积分布，如下式：

$$\hat{F}_{\mathbf{X}}(a) = \frac{\int_{w=-\infty}^{w=a} f_{\mathbf{Y}}(z_1 - w) \cdot f_{\mathbf{X}}(w)dw}{\int_{w=-\infty}^{w=\infty} f_{\mathbf{Y}}(z_1 - w) \cdot f_{\mathbf{X}}(w)dw} \tag{20.3}$$

$\hat{F}_{\mathbf{X}}(a)$ 的表达式是从单一观察值 z_1 推导出来的，需要推广至 n 个不同观察值 $z_1, \cdots, z_n$ 的情况。这可以通过对 n 个不同的值求上述表达式的平均值来得到：

$$\hat{F}_{\mathbf{X}}(a) = \frac{1}{n} \cdot \sum_{i=1}^{n} \frac{\int_{w=-\infty}^{w=a} f_{\mathbf{Y}}(z_i - w) \cdot f_{\mathbf{X}}(w)dw}{\int_{w=-\infty}^{w=\infty} f_{\mathbf{Y}}(z_i - w) \cdot f_{\mathbf{X}}(w)dw} \tag{20.4}$$

对应的密度分布可以通过对 $\hat{F}_{\mathbf{X}}(a)$ 进行微分来得到。这个微分会从分子中去除积分符号，并将 w 实例化为 a。由于分母是一个常数，它不受微分的影响。因此，下式成立：

$$\hat{f}_{\mathbf{X}}(a) = \frac{1}{n} \cdot \sum_{i=1}^{n} \frac{f_{\mathbf{Y}}(z_i - a) \cdot f_{\mathbf{X}}(a)}{\int_{w=-\infty}^{w=\infty} f_{\mathbf{Y}}(z_i - w) \cdot f_{\mathbf{X}}(w)dw} \tag{20.5}$$

上述等式在两边都有密度函数 $f_{\mathbf{X}}(\cdot)$。这种循环可以用迭代的方法自然解决。迭代的方法初始化分布估计 $f_{\mathbf{X}}(\cdot)$ 为均匀分布。随后，该分布的估计可以连续更新如下：

设 $\hat{f}_{\mathbf{X}}(\cdot)$ 为均匀分布；

repeat

更新 $\hat{f}_{\mathbf{X}}(a) = (1/n) \cdot \sum_{i=1}^{n} \frac{\hat{f}_{\mathbf{Y}}(z_i - a) \cdot \hat{f}_{\mathbf{X}}(a)}{\int_{w=-\infty}^{w=\infty} f_{\mathbf{Y}}(z_i - w) \cdot \hat{f}_{\mathbf{X}}(w)dw}$

until 收敛

到目前为止，我们已经说明了对于 a 的特定值如何计算 $f_{\mathbf{X}}(a)$。为了推广此算法，可以离散化随机变量 **X** 的取值范围为 k 个区间，记作 $[l_1, u_1], \cdots, [l_k, u_k]$。假设密度分布在离散区间内是均匀分布。对于每个区间 $[l_i, u_i]$，在区间的中点 $a = (l_i + u_i)/2$ 处估计密度分布。因此，在每次迭代中，都要使用 a 的 k 个不同值。当分布不再随着算法的相继步骤而显著改变时，算法终止。可以使用各种各样的方法来比较两个分布，如 χ^2 检验。最简单的方法是在密度分布的中点处，对依次的迭代，检测密度值的平均变化。虽然已知此算法在实践中很有效，但是并未证明它是一个能得到最佳收敛的方法。后续工作 [28] 提出了一个期望最大化（EM）的方法，可证明该方法能收敛到最优解。

20.2.2　利用聚合分布来进行数据挖掘

由该算法确定的聚合分布可以用于各种数据挖掘问题，如聚类、分类和协同过滤。这是因为在这些数据挖掘问题中，每一个都可用数据上汇总的统计信息来实现，而不用原始数据记录。在分类问题的情况下，每个类的概率分布都可以从数据中重建。然后，这些分布可以直接用于朴素贝叶斯分类器中，正如第 10 章中所讨论的。其他分类器（如决策树）也可修改成利用聚合分布。关键在于使用聚合分布来设计决策树的分裂标准。文献注释中包含了使用随机化方法的数据挖掘算法的引用。该方法不能有效用于异常检测等数据挖掘问题，这些问题依赖于数据记录的个体值，而不是统计信息。通常，异常分析对于大多数隐私数据集来说都是一个难题，因为异常点往往倾向于泄露隐私信息。

20.3　数据发布期间的隐私保护

保护隐私的数据发布和保护隐私的数据采集不同。因为它假定所有记录都已提供给了受信任的一方（可能是数据当前的所有者）。这个受信方希望公开（或发布）这些数据以进行分析。例如，一家医院可能希望发布患者的匿名记录来研究各种治疗方法的有效性。

这种形式的数据发布非常有用，因为几乎任何的数据挖掘算法都可以在发布的数据上使用。要确定个人的敏感信息，攻击者（或对手）必须拥有两项主要的信息。

1）谁与这条数据记录有关？虽然确定身份的一个简单方法是利用识别属性（例如社会安全号），但是这些属性通常在发布前已经从数据中剥离了。如我们后面所要讨论的，这些简单的清洁处理方法通常还不够，因为攻击者可能会用其他属性，如年龄和邮政编码，来发动联结攻击。

2）除了识别属性之外，数据记录还可能包含大多数人不愿意与他人共享的敏感属性。例如，当一家医院发布医疗数据时，记录可能包含敏感的疾病相关属性。

数据集中的不同属性可以在便于识别方面或造成敏感信息泄露方面起到不同作用。主要有三种类型的属性。

1. 显式标识

这些是显式识别个人的属性。例如，某人的社会安全号（SSN）可以看作一个显式标识。因为在数据清洁过程中总是会删除此属性，所以它与隐私算法的研究无关。

2. 伪标识或准标识（QID）

这些是不能独立地显式识别个人的属性，但是可以在结合公开可用的信息之后来识别个人，如选民登记册。这种攻击称作联结攻击。这种属性的例子包括年龄和邮政编码。严格地说，准标识是指用于进行联结攻击的属性的特定组合，而不是单个属性。

3. 敏感属性

这些是大多数人都认定为私密的属性。例如，在医疗数据集中，人们不愿意公众知道他们的疾病。事实上，美国许多法律（如健康保险流通与责任法案（HIPAA））明确禁止发布这些信息，特别是当敏感属性可以链接回特定个人时。

本章中的大多数讨论仅限于准标识和敏感属性。为了说明这些属性类型的意义，这里将使用一个示例。表 20-1 显示了一组个人医疗记录。社会安全号属性是一个显式标识，可直接用于识别个人。这种直接识别的信息往往在发布前已从数据集中删除。但是，如年龄、邮政编码这样的属性对识别的影响也相当显著。虽然这些属性不能直接识别某个人，但是当与其他公开可用信息结合起来时，它们能提供非常有用的提示。例如，在一个小的地理区域，如在一个邮政编码内，可能只有一个特定性别和出生日期的人。当和公开可用的选民登记册结合时，可以根据这些属性识别个人。这种公开可用属性的组合称作准标识。

表 20-1　一个数据表的例子

社会安全号	年龄	邮政编码	疾病
012-345-6789	24	10598	HIV
823-627-9231	37	90210	C 型肝炎
987-654-3210	26	10547	HIV
382-827-8264	38	90345	C 型肝炎
847-872-7276	36	89119	糖尿病
422-061-0089	25	02139	HIV

为了理解准标识的作用，考虑表 20-2 中所示的选民登记册的快照。即使在发布前社会安全号已从表 20-1 中删除，仍可以利用年龄和邮政编码来连接这两张表。这将为每个数据记录提供可能的匹配列表。例如，Joy 和 Sue 是选民登记册上（邮编为 10547 的）唯一两个与表 20-1 的医疗记录中携带 HIV 的个人相匹配的人。因此，人们有 50% 的把握可以说 Joy 和 Sue 携带 HIV。这是不期望出现的情况，尤其是当敌对者有其他关于 Joy 或 Sue 的医疗背景信息来进一步缩小可能性时。类似地，William 是选民登记册上唯一一个与医疗记录中 C 型肝炎相匹配的人。在这个例子里，选民登记册上只有一个数据记录与年龄和邮政编码的特定组合相匹配，个人的敏感医疗状况信息可能会全部泄露。这种方法称作联结攻击。大多数匿名化算法的重点是防范身份的公开，而不是显式地隐藏敏感属性。因此，在数据发布中只改变或近似化能构成准标识的那些属性，而敏感属性则以它们的确切形式发布。

表 20-2　一个虚拟的选民登记册的快照例子

姓名	年龄	邮政编码
Mary A.	38	90345
John S.	36	89119
Ann L.	31	02139
Jack M.	57	10562
Joy M.	26	10547
Victor B.	46	90345
Peter P.	25	02139
Diana X.	24	10598
William W.	37	90210
Sue G.	26	10547

许多保护隐私的数据发布算法假定准标识是由一系列不敏感的属性得出的，因为敌对者只能连接（不敏感的）公开可用信息并使用它们。但是，当一个敌对者有关于目标的（敏感的）背景信息时，这个假设可能并不总是合理的。敌对者通常对他们的目标很熟悉，并且可以假定他们至少掌握了一个敏感属性的子集的背景信息。在有许多疾病属性的医疗应用中，这些属性的一个子集的信息就可能揭示这个子集记录的主人身份。类似地，在一个电影协同过滤应用中，发布了匿名的评分，可能可以通过个人互动或其他评分来源，来得到某特定用户对一个电影子集的评分信息。如果这种组合对于个人来说是独特的，那么这个用户的其他评分也会泄露。因此，当背景信息已知时，敏感属性也需增加干扰。隐私文献中的许多工作假定可以严格区分公开可用属性（可由此构造伪标识）和敏感属性的作用。换言之，对敏感属性不施加干扰，因为假定揭示它们不会导致结合公共可用信息的联结攻击的风险。但是，仍然有少数算法不做此区分。这些算法通常在已知背景信息时会提供更好的隐私保护。

在本小节中，会介绍多个基于群组的匿名化模型，如 k 匿名、ℓ 多样性和 t 相近性。虽然近期的模型（如 ℓ 多样性）比起 k 匿名模型具有一定的优势，但透彻了解 k 匿名对于任何有关保护隐私的数据发布的研究都很重要。这是因为大多数基于群组的匿名化模型的基本框架都是在 k 匿名模型中首次提出的。另外，其他许多如 ℓ 多样性之类的模型算法都是建立在 k 匿名的算法之上的。

20.3.1　*k* 匿名模型

k 匿名模型是数据匿名化最早使用的模型之一，普遍认为它对理解准标识概念及其对数据隐私的影响做出了贡献。k 匿名方法的基本思想是允许发布敏感属性，而只扭曲通过公共信息源可以获得的属性。这样，即使发布了敏感属性，也无法通过公共可用记录来将它们与个人联系在一起。在讨论匿名化算法之前，我们将讨论一些最常用的数据扭曲技术。

1. 移除

在这个方法中，移除了一些属性值。根据所用的算法，可以采用多种方式进行移除。例如，可以在表 20-1 中选择少数的数据记录，省略其*部分的*年龄或邮政编码值。或者，可以完全省略特定个人的整个记录（行移除），或所有人的年龄属性（列移除）。行移除常用以去除异常点记录，因为这些记录很难匿名化。列移除常用以去除高识别度的属性或显式标识，如社会安全号。

2. 泛化

在泛化的情况下，属性值在一个特定的范围内近似地给定。例如，对于表 20-1 中的一条记录，不用指定年龄 =26、位置（邮政编码）=10547，而是将其*泛化*为年龄 ∈ [25, 30]、位置（州）= 纽约。通过近似地指定属性，敌对者就更难进行联结攻击。虽然数值型数据可以泛化至特定范围内，但是类别型数据的泛化更加复杂。通常，需要提供一个类别属性值的泛化层次用于匿名化过程。例如，邮政编码可以泛化至城市，进而可以泛化至州，等等。不存在指定域层次结构的唯一方法。通常，它需要在语义上有意义，并且是由领域专家指定的，以作为匿名化过程的输入的一部分。图 20-1 展示了对表 20-1 中的位置属性的一个泛化分类法的例子。属性值的层次具有树结构，称作**值泛化层次**。图 20-1 中的标记 $A_0, \cdots, A_3$ 和 $Z_0, \cdots, Z_3$ 表示位于不同粒度层次的域泛化。图 20-1 还通过 $Z_0, \cdots, Z_3$ 和 $A_0, \cdots, A_3$ 之间的单一路径展示了相对应的*域泛化层次*。

3. 合成数据生成

在这种情况下，在群组层次上，模仿原始数据集的统计特征来生成一个合成数据集。这种方法能提供较好的隐私，因为更难映射合成数据记录到特定的记录组上。另外，数据记录不再真实，因为它们是合成生成的。

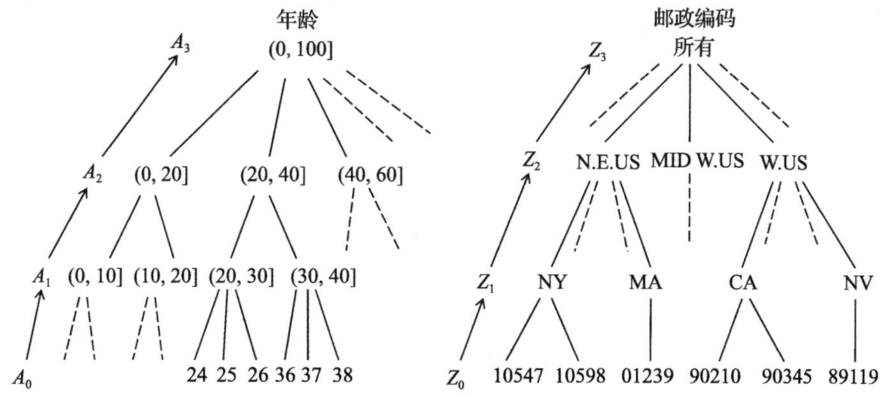

图 20-1　一个年龄和邮政编码属性的值和相应域的泛化层次结构

4. 作为概率和不确定数据库的规范

在这种情况下，可以指定一个数据记录是一个概率分布函数。这与随机化的聚集分布方法有所不同，因为概率分布是针对单个数据记录的，且旨在确保 k 匿名。虽然此方法还没有深入研究，但是它有潜力使用概率数据库领域的最新进展来进行匿名化。

在上述方法中，泛化和移除方法是最常用的匿名化方法。因此，本小节中的大多数讨论将围绕这些方法。首先，定义 k 匿名的概念。

定义 20.3.1（k 匿名） 一个数据集是 k 匿名的条件是，匿名化的数据集中每条记录的属性不能与其他至少（k–1）条数据记录相区分。

这组无法区分的数据记录也称为一个**等价类**。为理解在匿名化中如何使用泛化和移除，考虑表 20-1 中的数据集。这个表的一个 3 匿名版本的例子如表 20-3 所示。通过列移除，已经完全去除社会安全号，它由匿名化的行编号所代替。两个公开的属性对应于年龄和邮政编码，现在已泛化并近似地给定了值。行编号为 1、3、6 的主人再也不能通过联结攻击来区分，因为他们的公共可用属性完全相同。类似地，行编号为 2、4、5 的行的公共可用属性也完全相同。因此，这个表包含了两个等价类，每个类含有 3 条记录，在这些等价类中，数据记录无法与其他数据记录相区分。换言之，敌对者再也不能用选民登记手册*精确地*匹配个人数据记录的身份。如果发现任何匹配，那么可以保证在数据集中至少有 k=3 条记录可与选民登记手册中的任一特定个人相匹配。

表 20-3　表 20-1 的 3 匿名版本的例子

行编号	年龄	邮政编码	疾病
1	[20, 30]	美国东北部	HIV
2	[30, 40]	美国西部	C 型肝炎
3	[20, 30]	美国东北部	HIV
4	[30, 40]	美国西部	C 型肝炎
5	[30, 40]	美国西部	糖尿病
6	[20, 30]	美国东北部	HIV

邮政编码是使用图 20-1 中预设的值泛化层次结构进行泛化的。一个类别型属性的域泛化层次结构的生成可以有几种方式，它取决于负责隐私修改的分析师的能力。另一个邮政编码属性的域泛化层次结构的例子如图 20-2 所示。对于连续属性的值泛化层次结构不需要任何特定的域知识，因为它可由分析师利用底层数据中连续值的实际分布直接生成。这需要对连续属性进行一个简单的层次离散化。

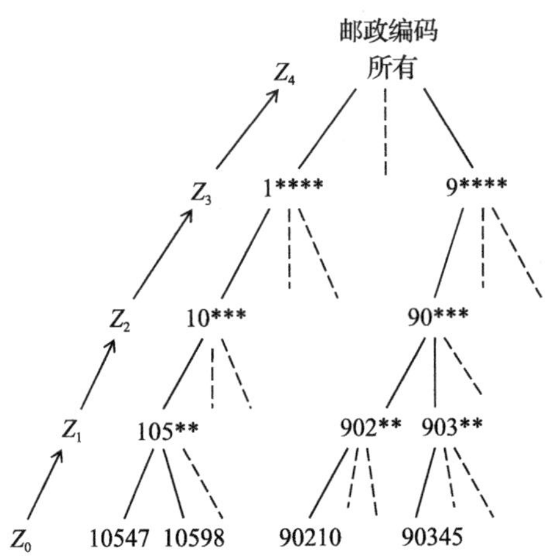

图 20-2　另一个邮政编码属性的值和相应域的泛化层次结构

隐私保护算法的目的是用图 20-1 所示的分类树中的离散值之一来替换数据（数值型或类别型）中的原始值。因此，数据是根据新的离散值集合来重编码的。在大多数情况下，数值型属性会保持它们的顺序，因为对应的范围是有序的。不同算法在重编码过程中使用不同的规则。这些不同的属性重编码的方式可以区分如下。

- **全局或局部的重编码**：在全局重编码中，总是用相同的域泛化层次结构中的离散值代替所有数据记录的给定属性值。考虑上述图 20-1 中的例子，其中邮政编码可以泛化至州或地区。在全局重编码中，对于所有数据记录，特定的邮政编码值 10547 需要一致地由美国东北部或纽约来替换。但是，对于一个不同的邮政编码（如 90210），可能会选取层次结构中的不同层，只要它对于所有数据记录上的特定数据值（如 10547 或 90210）都一致地替换即可。在局部重编码中，对于相同的数据值，不同的数据记录可能使用不同的泛化。例如，对于 10547，一条数据记录可能使用美国东北部，而另一条数据记录可能使用纽约。虽然局部重编码看起来似乎能更好地最优化（因为它非常灵活），但是它丢失了另一种信息。事实上，由于相同的邮政编码可能映射到不同值上，如纽约和美国东北部，结果数据记录之间的相似度计算可能准确度较低。大多数现有的隐私方案都使用全局重编码。
- **全域泛化**：全域泛化是全局重编码的一个特例。在这种方法中，一个特定属性的所有值均泛化至分类树的同一层。例如，把所有邮政编码的实例全部泛化至州。换言之，如果将邮政编码 10547 泛化至纽约，则必须将邮政编码 90210 泛化至加利福尼亚。图 20-1 中年龄属性全域泛化的不同层级方案记作 A_0、A_1、A_2 和 A_3。邮政编码可能的全域泛化层级记作 Z_0、Z_1、Z_2 和 Z_3。在这种情况下，Z_3 代表泛化的最高层（列移除），Z_0 代表邮政编码属性的原始值。因此，一旦决定匿名化算法对于邮政编码属性使用 Z_2，那么数据集中每个邮政编码属性的实例都要由 Z_2 层的泛化值代替。这也是之所以此方法称作全域泛化的原因，因为一个特定属性的整个数据值域都泛化至层次结构中的同一层。全域泛化是保护隐私的数据发布中最常用的方法。

全域泛化直观上颇有吸引力，因为它确保属性的不同值在数据集中有相同的粒度层次。最早的方法（如 Samarati 的原始算法及 Incognito）都是全域泛化算法。

20.3.1.1　Samarati 算法

Samarati 算法是在 k 匿名定义的场景中首次提出的。Samarati 的针对 k 匿名的初始 AG-TS（属性泛化和元组移除）算法提出了基本的域泛化框架，它成为基于群组的匿名化的基础。已经讨论过单一属性的域泛化如何以路径来表示。例如，图 20-1 中从 Z_0 到 Z_3 的路径表示邮政编码属性的泛化。属性组合也可定义域泛化的概念。但是，在属性组合的情况下，关系不再表示为一条路径，而应为一种特殊的有向无环图，称作格。在此情况下，每个节点指定一个不同属性的（全域）泛化层次。例如，$<A_1, Z_2>$ 表示年龄到 A_1、邮政编码到 Z_2 的全域泛化层次。换言之，每条数据记录都泛化至层次 $<A_1, Z_2>$。注意，$<A_1, Z_2>$ 也表示基于图 20-1 中所描述的域泛化层次结构的（匿名化的）表 20-3 的泛化层次。

因此，格中的每个节点都设定了一个可能的全域泛化层次，用以表示原始数据。图中的边表示这些元组的域之间的*直接*泛化关系。格中的一条从低层到高层的有向路径表示一系列泛化。相反地，一个低层次节点是一个更高层次节点的特殊化。例如，节点 $<A_1, Z_1>$ 是 $<A_1, Z_2>$ 或 $<A_2, Z_1>$ 的直接特殊化，因为后两者中的单一属性可以通过一次特殊化而立即产生 $<A_1, Z_1>$。年龄和邮政编码组合的域泛化层次结构的一个例子如图 20-3a 所示。*全域匿名化算法的目的是在基于元组的域泛化层次中发现节点* $<A_i, Z_j>$，*此泛化层次能用最少的泛化来保持 k 匿名*。在发现这样一个节点 $<A_i, Z_j>$ 之后，隐私算法将所有年龄泛化至层次 A_i，将所有邮政编码泛化至层次 Z_j。

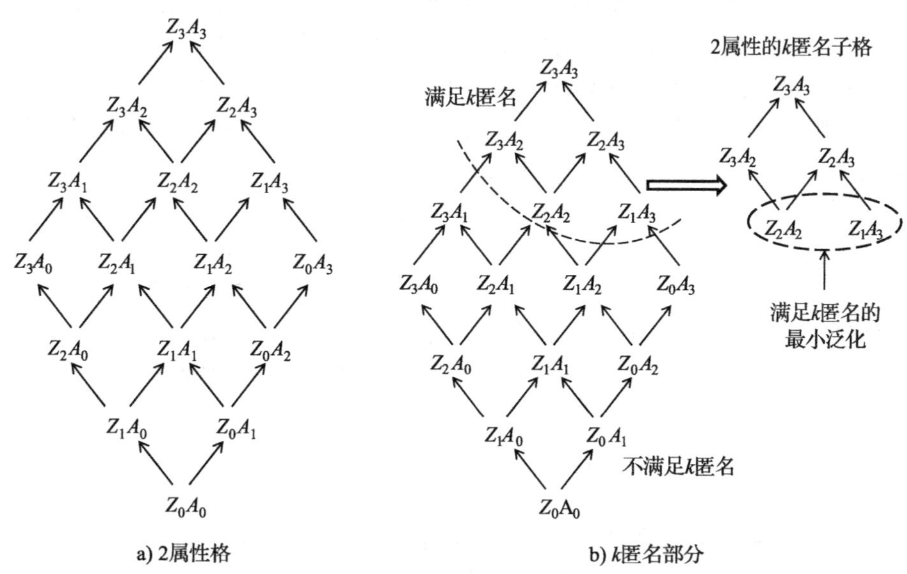

图 20-3　属性组合的域泛化层次结构

在实践中，可能需要移除一些元组，以防止出现不期望的高层次泛化。这是因为这些可能代表异常点元组，无法将它们纳入任何群组，除非显著提高泛化层次。例如，需要移除年龄为 125 的个体，因为这是属性的异常值。因此，算法的参数之一是阈值 *MaxSup*，它指定了可移除元组的最大数量。目的是发现图 20-3a 的格中尽可能低的节点，使得在移除最多 *MaxSup* 个元组之后满足 k 匿名。格中节点的高度定义为格中从表述最特殊的层次到它的路径距离。在图 20-3 的例子中，节点 $<Z_i, A_j>$ 的高度为 $(i+j)$。最小泛化的节点可以定义为高度尽可能小的节点。因此，在这个例子中，确定最小泛化的一个方法是发现一个 k 匿名化的节点 $<Z_i, A_j>$，使得高度 $(i+j)$ 尽可能小。

当有 d 个属性 $<Q_{i_1},\cdots,Q_{i_d}>$ 时，所有属性的总和 $\sum_{k=1}^{d} i_k$ 表示特定泛化组合的高度。容易看出，对任何不满足 k 匿名的节点 $<Q_{i_1},\cdots,Q_{i_d}>$ 的特殊化也不能满足 k 匿名。类似地，对任何满足 k 匿名的节点的泛化也满足 k 匿名。因此，满足 k 匿名的格子图和违反 k 匿名的子图都是连通子图，在它们之间可以构造一个边界。一个这种边界[⊖]的例子如图 20-3b 所示，且相对应的最小泛化也在同一张图上展示了。注意最小泛化不唯一，此例中两个可能的最小泛化 $<Z_2, A_2>$ 和 $<Z_1, A_3>$ 都可行。使用最小泛化节点的原因是最大化数据对分析算法的效用。其他更细致的定义更加显式地使用属性值的分布，可用于量化效用。文献注释中包含对其中一些定义的引用。

Samarati 算法在域泛化元组的格上使用简单的二分搜索。令 $[0, h_{max}]$ 表示格高度的范围。于是，检查层次 $h_{max}/2$ 上是否有满足 k 匿名约束的泛化。如果有，那么检查高度 $h_{max}/4$。否则，检查高度 $3 \cdot h_{max}/4$。重复此算法，直至所找到的 k 匿名解已到最低高度。发布所有对应的域泛化，其中任意一个都可用于转换数据。Samarati 算法中的重要一步是利用原始数据库来检查格中某特定节点是否满足 k 匿名。但是，这里省略了对这个步骤的讨论，因为在下面的 Incognito 算法中我们将讨论一个相似的步骤。

20.3.1.2　Incognito 算法

如第 4 章所述，图 20-3 的格与频繁项集挖掘算法的格有一些概念性的相似之处。因此，一些匿名化算法中用以发现全域泛化的部分也和频繁项集挖掘算法中的那些部分有相似特征。Incognito 算法利用来自频繁模式挖掘的一些原则，来有效发现格中的 k 匿名部分。

一个重要观察结果是格的大小与伪标识的数量成指数相关。这会导致在许多实际情况中增加算法复杂度。虽然 Meyerson 和 Williams[385] 已经表明最优 k 匿名化问题是 NP 难的，但是可以通过对格的仔细探索来减小计算负担。Incognito 算法基于如下观察结果：当属性集合的公共成员具有相同的泛化层次时，泛化的属性子集上的 k 匿名是泛化的属性超集上的 k 匿名的一个必要（但不充分）条件。因此，这个性质称作**属性子集闭合性**。这个性质是泛化性的一个特例，泛化性指明格中一个 k 匿名节点的任一泛化都是 k 匿名的。

这些性质可以用于生成候选和对搜索过程进行剪枝，以一种类似于频繁项集挖掘中的 Apriori 算法的方式进行。因此，可以丢弃在一个属性集合上不是 k 匿名的节点，也可以同时丢弃它在格层次中的特殊化的节点。另外，不需要检查满足 k 匿名约束的属性子集的泛化，因为它们肯定也是 k 匿名的。

Incognito 算法使用层次的方法，迭代地重复以下步骤，直到构造完包含所有 d 个属性的 k 匿名子格为止。集合 $\mathcal{F}_i$ 表示满足 k 匿名的所有包含 i 个属性的子格的集合。一开始，算法初始化 $\mathcal{F}_1$ 为满足 k 匿名的单一属性域泛化层次的部分。这非常简单，因为单一属性的层次是一条路径。因此，$\mathcal{F}_1$ 简单地是路径顶端的一部分，使得每个泛化属性值包含至少 k 个

⊖　此边界只用于解释目的，不对应于本章中的任一数据集。

元组。随后，就像在频繁项集挖掘中一样，算法通过连接 $\mathcal{F}_i$ 中含 $(i-1)$ 个共同属性的子格来生成 $\mathcal{C}_{i+1}$ 中的候选子格。连接两个子格的过程后续会有讨论。注意，$\mathcal{C}_{i+1}$ 是一个含 $(i+1)$ 个属性的候选子格的集合。然后，这些子格中的每一个都可以用 Apriori 形式的方法来剪去它的部分节点。特别地，在 $\mathcal{C}_{i+1}$ 的子格中，如果节点的泛化在 $\mathcal{F}_i$ 中不是 k 匿名的，那么可剪去此节点。这一步在后续会有详细讨论。

在候选生成和剪枝之后，根据基础数据记录来检查节点是否满足 k 匿名，保留每个子格中满足 k 匿名的部分。于是，$\mathcal{C}_{i+1}$ 中的每个子格会进一步减小。此时，已经将集合 $\mathcal{C}_{i+1}$ 转换为集合 $\mathcal{F}_{i+1}$。因此，对不断增大的循环次数 i，重复以下步骤。

1）生成 $\mathcal{C}_{i+1}$，它是包含 $(i+1)$ 个属性的候选子格集合。这可以通过连接 $\mathcal{F}_i$ 中所有共享 $(i-1)$ 个属性的 k 匿名的子格对来得到。后续将讨论子格之间连接的具体细节。

2）利用 $\mathcal{F}_i$ 中 k 匿名组合集的属性子集闭合特性，从 $\mathcal{C}_{i+1}$ 的每个子格中剪去不可能满足 k 匿名的节点。后续将讨论如何从一个子格中剪去节点的具体细节。

3）对照基本数据，检查 $\mathcal{C}_{i+1}$ 的每个（已经剪枝过的）子格中的每个节点，移除那些不满足 k 匿名的节点。如果某节点的其中一个特殊化已经满足 k 匿名，那么此节点不需检查。这一步通过移除违反匿名性的子格，来将候选子格的集合 $\mathcal{C}_{i+1}$ 转换为 k 匿名子格的集合 $\mathcal{F}_{i+1}$。

如果一共有 d 个属性，那么集合 $\mathcal{F}_d$ 将包含一个由满足 k 匿名的节点构成的单一子格。报告这些子格中高度最小的节点。注意，Incognito 算法的详细实现使用了一个略微不同的方法来记录子格，它是在分开的表中分别记录子格的节点和边。包含 $\mathcal{F}_i$ 的子格节点的泛化层次的 i 维表基于 $(i-1)$ 个共同属性进行连接，以生成包含 $\mathcal{C}_{i+1}$ 的节点的（$i+1$）维表。随后，根据层次关系，在已生成的节点之间添加子格的边。然而，这里提供的更为简单的逻辑描述与 Incognito 算法相符。

接下来，我们用一个例子来讨论连接和剪枝操作的细节。在这种情况下，为了更清晰地描述，我们使用 3 个属性。如前所述，对于不同的下标值 r，令 A_r 和 Z_r 表示年龄和邮政编码属性的不同的泛化层次。令 P_r 表示附加的职业属性的泛化层次。下标 r 的值越大，表示泛化层次越高。考虑已经得到了 $\mathcal{F}_2$，它包含这 3 个属性上的所有 3 个 k 匿名 2 属性子格。从这 3 个子格中，可以使用任一对子格来进行连接。这会产生一个在所有三个属性之上的候选子格。

考虑连接（邮政编码，年龄）和（邮政编码，职业）上的子格。新候选子格上的节点将有 3 个属性（邮政编码，职业，年龄），而不是两个。新候选子格上的节点是通过连接两个 k 匿名的子格的节点来构建的。当且仅当 $r = s$，将连接一对节点 $<Z_r, A_j>$ 和 $<Z_s, P_l>$。换言之，邮政编码属性的泛化层次需要在两种情况下都相同。这会产生新节点 $<Z_r, P_l, A_j>$。总的来说，对于有 k 个属性的一对节点，当且仅当它们共享 $(k-1)$ 个属性，并且 $(k-1)$ 个共同属性的泛化层次相同时，能成功执行连接。两个 k 匿名子格连接的一个例子如图 20-4a 所示。

在前面的例子中，并未用职业 - 年龄组合的子格来连接。但是，它仍可用于剪枝。这是因为，如果节点 $<P_i, A_j>$ 在此子格中没有出现，那么 $<Z_m, P_i, A_j>$ 形式的节点也将不会是 k 匿名的。因此，可以从构建的候选子格中一起去除这样的节点和它们的特殊化。一个候选子格上的剪枝步骤的例子如图 20-4b 所示。剪枝基于属性子集闭合特性，令人想起频繁项集挖掘中的 Apriori 剪枝。和频繁项集挖掘的情况一样，需要检查 $\mathcal{C}_{k+1}$ 中每个候选的 $(k+1)$ 子格的所有 k 属性子集。如果一个节点在任一检查中违背了闭合特性，那么就剪去它。

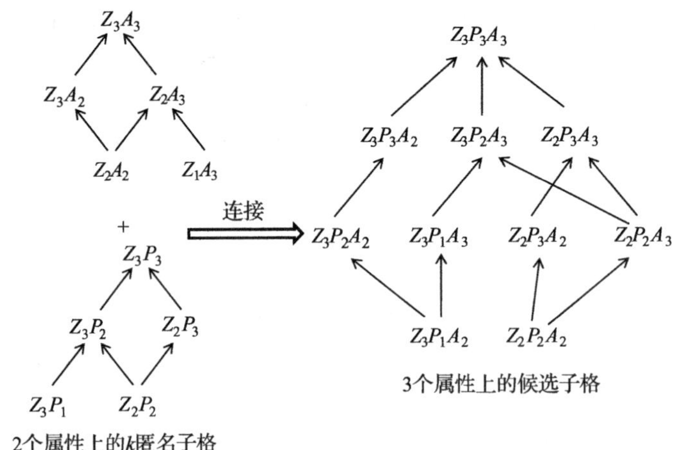

a) 2个子格之间的Incognito连接

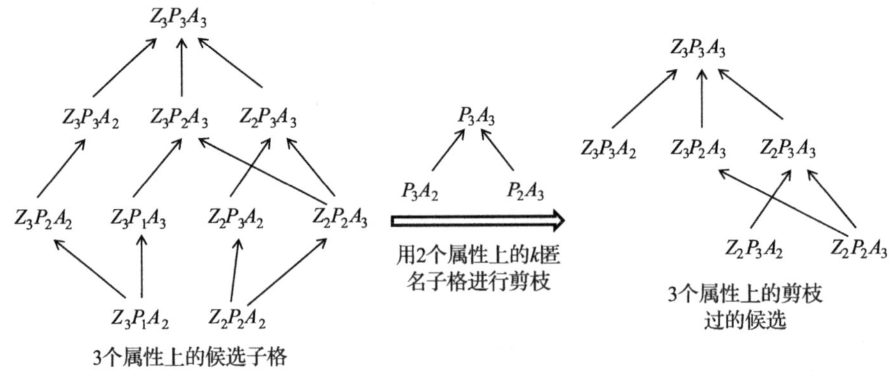

b) Incognito剪枝

图 20-4　Incognito 连接和剪枝

最后，需要对照原始数据库检查 C_{k+1} 中生成的节点，来确定它们是否满足 k 匿名。例如，基于图 20-1 中的值泛化，为了确认节点 $<Z_1, A_1>$ 是否满足 k 匿名，需要确认满足每对条件的个体数量，如 (邮政编码 ∈ 纽约州，0＜年龄≤10)，(邮政编码 ∈ 纽约州，10＜年龄≤20)，(邮政编码 ∈ 马萨诸塞州，0＜年龄≤10)，等等。因此，对于格中的每一个节点，需要计算一个频率值的向量。这个向量也称作**频率向量**或**频率集**。频率向量计算的过程可能代价很高，因为可能需要扫描原始数据库来确定满足条件的元组数量。但是，可以使用几个策略来减小计算负担。例如，如果已经计算出 $<Z_1, A_1>$ 的频率向量，就可以用上卷来直接计算泛化 $<Z_2, A_1>$ 的频率向量，而不需要真正地扫描数据库。这是因为集合 (邮政编码 ∈ 美国东北部，0＜年龄≤10) 的频率是 (邮政编码 ∈ 纽约州，0＜年龄≤10)、(邮政编码 ∈ 新泽西州，0＜年龄≤10)、(邮政编码 ∈ 马萨诸塞州，0＜年龄≤10) 等的频率的总和。最简单的方法是在每个 $(k+1)$ 属性集的格上使用一种广度优先策略，先确定格中更特殊（低层次）的节点的频率向量，再确定更泛化（高层次）的节点的频率向量。高层次节点的频率向量可以从低层次节点的结果中利用上卷特性来有效计算。

注意，对 C_{k+1} 中 $(k+1)$ 属性的每个子集都需要进行一次单独的广度优先搜索来计算它的频率向量。另外，一旦广度优先搜索确认一个节点为 k 匿名的，那么它在格中的泛化也一定

是 k 匿名的。因此，可以自动标记它们为 k 匿名的，而不需要明确检查。初始算法还支持一些其他的优化，参考 Incognito 超级根和自底向上的预计算。文献注释对这些方法做了一些指引。

20.3.1.3 Mondrian 多维 k 匿名

目前为止所讨论的方法的缺点之一是不同属性的域泛化层次是作为预处理步骤独立构造的。因此，在经过预处理步骤对一个数值型属性的层次离散化（域泛化）已经固定之后，它可用于匿名化算法。当不同的数据属性在多维空间中相关时，这种匿名化过程中的严格会造成数据表述的低效。例如，较年长的人和较年轻的人的薪酬分布可能不同。预处理的域泛化层次结构不能适应数据集中的这种属性相关。总的来说，隐私和效用的最佳权衡是在匿名化过程中利用数据点之间的多维关系来得到的。换言之，数据点 $\overline{X}$ 中的每个属性的属性范围应以一种动态方式生成，这种动态方式取决于 $\overline{X}$ 的特定的多维局部性。

Mondrian 算法生成包含至少 k 个数据点的多维矩形区域。这可以通过下述方法得到：对边界框进行递归的、平行于坐标轴的切割，直到每个区域所含数据点不超过 k 个为止。这个算法和许多传统索引结构（如 k d 树）所用的方法并无太多不同。一个由 Mondrian 算法引出的划分例子如图 20-5 所示。此例展示了一个 5 匿名划分。因此，每个群组包含至少 5 个数据点。容易看出，相同属性值在数据的不同部分中由不同的范围表示，为了反映不同区域的不同密度。对比其他方法，正是这样的灵活性给了 Mondrian 针对匿名群组的更紧凑的表示。

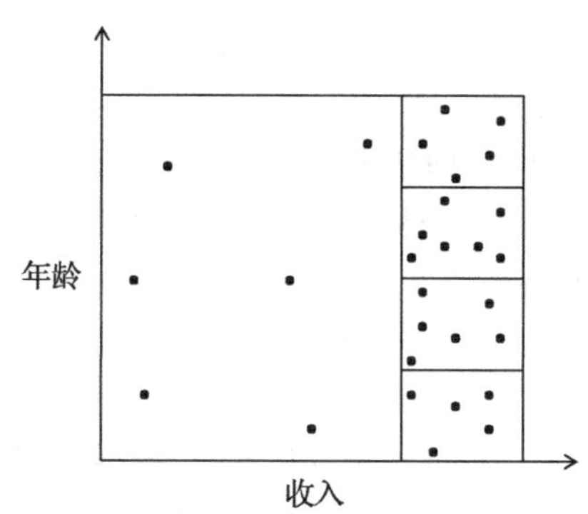

图 20-5　5 匿名的 Mondrian 多维划分示例

Mondrian 算法动态地维护集合 $\mathcal{B}$，它包含满足 k 匿名且覆盖数据集的多维泛化。Mondrian 算法从包含所有数据点的一个矩形框 B 开始。这代表在一个单一的多维区域中对整个数据集的泛化，因此平凡地满足 k 匿名。算法开始初始化 $\mathcal{B}=\{B\}$，然后重复使用以下步骤：

1）选取一个矩形区域 $R \in \mathcal{B}$，包含至少 $2 \cdot k$ 个数据点，使得存在一个合理的分割，把它分成一对 k 匿名的子集。

2）用平行于坐标轴的分割，沿任意维来分割矩形区域 R，使得 R_1 和 R_2 每个都包含至少 k 个数据点。

3）更新 $\mathcal{B} \Leftarrow \mathcal{B} \cup \{R_1, R_2\} - R$。

重复此迭代过程，直到矩形区域无法在不违反 k 匿名的前提下进一步分割为止。执行分割的维度选择有一定灵活性。一个自然的启发式是以最长维来分割选定的矩形区域。选定维度后，应进行分割，以使数据点尽可能均匀地划分。在属性取值不存在相同值的情况下，数据点可以分为几乎相等的两个区域。

$\mathcal{B}$ 中的矩形区域定义了用于 k 匿名化的等价类。如果每个数值型属性值都是唯一的，可以证明每个区域将最多包含 $2k-1$ 个数据点。但是，如果属性取值可能相同，相同的值需要分进同一划分之中，那么可以证明每个划分中数据点数量的上限为 $m+2d\cdot(k-1)$。这里 m 是任一数据记录的相同副本的数量。另外，如果某一属性上的相同的值可以灵活地分配至任一划分，那么任一矩形划分中数据点的数量最大将为 $2k-1$。读者可参考文献注释中对这个界限证明的指引。在将数据划分进矩形区域后，可用下列方法来报告匿名的数据点。

1）对每个匿名的等价集报告各维度上的平均值。

2）报告数据点的多维边界框。

已证明 Mondrian 算法比 Incognito 算法更有效，因为用于划分的多维方法更灵活。自然地，Mondrian 算法是为值有序的数值型属性而设计的。但是，此算法也可通过设计合适的属性分割原则，来推广至类别型属性。

20.3.1.4　合成数据生成：基于凝结的方法

基于凝结的方法生成与原始数据分布相符合的合成数据，同时保持 k 匿名。这意味着对于每个有 k 条记录的群组，会通过此群组的统计数据来生成 k 条合成记录。整个凝结方法描述如下：

1）使用任一聚类方法将数据划分为数据记录群组，使得每个群组至少包含 k 条数据记录。记生成的群组数量为 m。

2）计算每个数据记录群组的均值和协方差矩阵。对于 d 维数据集，群组的协方差矩阵表示成对属性间的 $d\times d$ 个协方差。

3）计算每个协方差矩阵的特征向量和特征值。从第 2 章对主成分分析（PCA）的讨论可得，特征向量定义一个群组特有的坐标系统，沿着该系统的数据记录不相关。沿每个特征向量方向的方差值等于对应的特征值。采用 m 个簇的混合模型来生成合成数据集，其中每个簇的均值是原始数据记录中对应群组的均值。

4）为 m 个簇中的每一个簇生成合成数据记录。对于每个簇，合成记录的数量和均值与其基本群组相匹配。数据记录沿特征向量独立生成，方差等于对应的特征值。通常使用均匀分布来生成合成数据，因为假定在群组定义的小区域内，数据分布不会有显著变化。虽然均匀分布是一种*局部*近似，但是所生成记录的*全局*分布一般也与原始数据匹配得很好。

通过增量地维护小群组的统计数据，这个方法也可以推广到数据流上。这里的思路是小群组的大小允许在 k 到 $2k-1$ 之间。当一个小群组达到 $2k$ 大小时，就将它分裂为两个群组。群组分裂将在后面讨论。

为在流场景中增量地维护协方差统计，使用一个类似于 CluStream（参见第 7 章）中类特征向量的方法。唯一的区别在于乘积总和的统计也要增量维护。对于任意一对属性 i 和 j，$\text{Sum}(i, j)$ 的值等于不同数据点的属性值 i 和 j 的乘积的总和。这在数据流中可以轻易做到增量维护。然后，对于群组中含有 r 个数据点（$r\in(k, 2\cdot k-1)$）的集合，属性 i 和 j 之间的协方差可以估计如下：

$$\text{Covariance}(i, j)=\text{Sum}(i, j)/r-\text{Mean}(i)\cdot\text{Mean}(j) \tag{20.6}$$

$$\text{Covariance}(i, j)=\text{Sum}(i, j)/r-\text{Sum}(i)\cdot\text{Sum}(j)/r^2 \tag{20.7}$$

上述等式中的所有统计量都是可加的，并且可以很容易地在流场景中增量地维护。

还需要解释的是，当群组规模达到 $2k$ 时如何分裂群组。假定每个大小为 2k 的群组沿最长的特征向量分裂为两个大小为 k 的群组。选择最长特征向量的原因是为了确保新生成群组的紧凑性。群组分裂可能很难，因为在流场景中，原始数据记录将不再存在，不能用于重新计算每个分裂后的群组的统计量。所以，需要进行近似估计（即模型假设）。凝结法的模型假设是，群组的数据记录在每个特征向量上是均匀独立分布的。对于群组大小远小于数据集中点数量的情况，这个假设并非不合理。因为密度分布不会在数据的小区域上急剧变化。

将均匀分布的模型假设用于重新计算每个有相等大小 k 的子群组的新的均值。这是因为基于模型假设，均匀分布沿最长向量的范围可以由它的方差（特征值）估计得出。注意，均匀分布的方差是它的范围的平方的十二分之一。因此，如果 $\lambda_{\max}$ 是最大的特征值，那么均匀分布的范围 R 计算如下：

$$R = \sqrt{12\lambda_{\max}} \tag{20.8}$$

接着，可以将这个范围 R 分为两个相等的部分来生成两个新的群组均值。因此，两个新群组均值和老群组均值相差 $R/4$ 的距离，并在沿最长特征向量的相反方向上。

假定新生成的群组和父群组有相同的特征向量，因为分裂是沿着不相关方向进行的。因此，分裂后，假定相关的方向不变。原始（父）群组最大的特征值为每个子群组中的特征值所代替，即原始值的四分之一[⊖]。于是，如果 P 是包含特征向量的正交列的 $d \times d$ 矩阵，Σ 是特征值的对角矩阵（在调整了最大特征值之后），那么新生成的分裂后的群组的协方差矩阵可计算如下：

$$C = P\Sigma P^{\mathrm{T}} \tag{20.9}$$

这个关系是基于第 2 章中所讨论的标准 PCA 对角化得到的。注意，两个分裂群组的协方差矩阵是相同的。根据公式 20.6，协方差矩阵和新生成群组的均值可用于反向计算每个群组中成对属性的乘积之和。因此，随着越来越多的数据点的到来，可以继续增量地更新这些乘积值。

基于凝结的方法是少数披露风险较低的、适用于数据流的方法之一，因为它使用合成数据。通常，敌对者很难知道由一个特定基群的原始记录产生的是哪一个包含 k 条合成记录的群组。在基于泛化的匿名化中，识别代表等价类的相关数据记录的群组相对容易。因此，合成数据集提供了一些额外的隐私保护。注意，如果需要可以用此方法生成更大的数据集。例如，对于每个包含 k 条记录的群组，人们可以使用群组的统计数据，生成 $\alpha \cdot k$ 条合成数据记录。这把数据量放大了 α 倍，而且进一步减弱了产生的数据和原始数据之间的映射。另外，在合成数据产生的过程中，可以引入额外的噪声来获得更强的保护。

这些额外的选项确实有一定的代价。发布的数据的真实性丧失了。发布的数据记录是合成的，所以不能映射到任何特定的个体。在许多基于聚合或基于建模的应用中，这不是一个问题，因为保留了数据的聚合特征。在某些医疗数据处理场景中，当存在个人和数据记录之间的直接映射时，即使是在一个群组的层次上，法律可能仍然禁止发布降级的数据。凝聚法在一些这样的场景中提供了一种解决方案，因为发布的数据记录是合成的，通常很难映射到特定的群组上。

凝结法与 Mondrian 方法在概念上有多个相似之处，除了它允许使用任何有约束的聚类

⊖ 将均匀分布分裂为两等份会使它的方差减小至原来的 1/4。

算法，而不是采用单维切割构造的矩形划分。结果匿名数据的效用依赖于聚类的有效性。随着维度增高，单维切割不能构建高质量的簇。而且，与 Mondrian 不同的是，产生了合成数据来达到更强的匿名效果。

凝结法不区分公共可用的属性（用于组合构建准标识）和敏感属性，而是对全部属性都应用这一方法。如下面 20.3.4 节中关于维度灾难的讨论，准标识和敏感属性之间的区分比数据隐私文献中所假定的要更具灵活性。因为不可能得知敌对者关于敏感属性的背景知识，所以应该扰动所有的属性。当敏感数据未经扰动就被发布时，它们可能立即就被用于身份攻击，只要具备了背景知识。例如，对如 Netflix 数据集 [402] 等数据集的多个隐私攻击所使用的属性通常不会被认为是公开可用的。著作 [402] 也指出，这种对公开可用属性和敏感属性存有严格区别的假设在现实世界是非常危险的，因为随着时间推移数据和背景知识将持续增加。

20.3.2 ℓ 多样性模型

虽然 k 匿名模型提供了保护隐私的数据发布的基础框架，但在某些场景下可能导致无意的敏感属性泄露。考虑表 20-3 中展示的 3 匿名表。在这个例子中，行编号 1、3 和 6 在同一个匿名群组中，它们不能互相区分。但是，所有三个人都在敏感属性上有“HIV”的值。因此，即使无法将这个群组中特定个人的身份推导出来，也可以得到这个群组中所有人都有 HIV 的结论。如果一个选民登记册和这个群组连接得到了三个独特的个人，那么就可以推理出全部三人都有 HIV。这代表了对三人中每个人的敏感属性信息的泄露。换言之，虽然 k 匿名模型防止了身份披露，它不能防止属性披露。

这一泄露的主要原因是在一个匿名群组中敏感信息不够多样化。因为保护隐私的数据发布的目标是防止敏感信息披露，所以一个在群组形成过程中未使用敏感属性值的模型不能达到这个目标。ℓ 多样性模型的设计是为了保证在一个等价类中敏感属性有充分的多样性。

定义 20.3.2（ℓ 多样性模型） 一个等价类是 ℓ 多样的条件是，它对敏感属性包含 ℓ 个“得到充分体现的”取值。一个匿名化的表是 ℓ 多样的条件是，它的每个等价类都是 ℓ 多样的。

注意，“得到充分体现”这一概念可以通过多种不同的方式来实现。因此，上述定义提供了这一方法背后的基本原则，但是不能认为是一个硬性定义。存在几种方式来实现“得到充分体现”这一概念。这些对应于信息熵 ℓ 多样性和递归 ℓ 多样性。其定义描述如下。

定义 20.3.3（信息熵 ℓ 多样性） 设 $p_1, \cdots, p_r$ 是在一个等价类中敏感属性取不同值的数据记录的比例。这个等价类是信息熵 ℓ 多样的条件是，它的敏感属性值分布的信息熵至少为 $\log(\ell)$。

$$-\sum_{i=1}^{r} p_i \cdot \log(p_i) \geqslant \log(\ell) \tag{20.10}$$

一个匿名化的表是信息熵 ℓ 多样的条件是，它的每个等价类都满足信息熵 ℓ 多样性。

可以证明，在一个等价类中敏感属性必须具有至少 ℓ 个独特的值，对应的表才可能是 ℓ 多样的（参见练习题 7）。因此，任何 ℓ 多样的群组有至少 ℓ 个元素也是 ℓ 匿名的。

这个 ℓ 多样性定义的一个问题是，在许多场景中它可能太严格了，尤其是当敏感属性值的分布不平均时。可以证明一个表的信息熵至少等于组成它的等价类中最小的信息熵（参见练习题 8）。因此，为保证每个等价类的 ℓ 多样性，整个表上的敏感属性分布也必须是 ℓ 多样的。这在许多设定下都是一个严格的假定，因为大部分真实的敏感属性分布是非常倾斜的。例如，在一个医疗应用中，敏感（疾病）属性可能在正常个人和不同疾病之间具有不均匀的频率。更大的属性倾斜减少了整个表上的敏感属性分布的（全局的）信息熵 ℓ 多样性。当这个全局的 ℓ 多样性小于 ℓ 时，将不再可能创建一个全局的 ℓ 多样的划分，除非移除大量的数据记录。

因此，提出了一种更宽松的递归 (c, ℓ) 多样性的概念。这个定义的基本目标是保证在一个等价类中最频繁的属性值不能主宰不太频繁的敏感值。用一个额外的参数 c 控制等价类中敏感属性的不同取值之间的相对频率。

定义 20.3.4（递归 (c, ℓ) 多样性） 设 $p_1, \cdots, p_r$ 是在一个等价类中敏感属性取 r 个不同值的数据记录的比例，满足 $p_1 \geqslant p_2 \geqslant \cdots \geqslant p_r$。如果下式为真，则这个等价类满足递归 (c, ℓ) 多样性：

$$p_1 < c \cdot \sum_{i=\ell}^{r} p_i \tag{20.11}$$

一个匿名化的表满足递归 (c, ℓ) 多样性的条件是，它的每个等价类都满足递归 (c, ℓ) 多样性。

思路是与最频繁的敏感属性值相比，敏感属性值的最不频繁的尾部必须包含足够的累积频率。r 值至少为 ℓ，才能使上面的不等式右侧不为 0。

ℓ 多样性的一个关键性质是，对于一个 ℓ 多样的表的任何泛化也是 ℓ 多样的。这对于两种 ℓ 多样性的定义都为真。

引理 20.3.1（信息熵 ℓ 多样性的单调性） 如果一个表是信息熵 ℓ 多样的，那么这个表的任何泛化也是信息熵 ℓ 多样的。

引理 20.3.2（递归 (c, ℓ) 多样性的单调性） 如果一个表是递归 (c, ℓ) 多样的，那么这个表的任何泛化也是递归 (c, ℓ) 多样的。

建议读者解决练习题 9，它与上述结果相关。因此，ℓ 多样性显示了与 k 匿名算法相同的单调性。这意味着对 k 匿名算法进行少许修改，就可以把它们推广到 ℓ 多样性。例如，可以修改 Samarati 算法和 Incognito 算法来支持 ℓ 多样性的概念。对 k 匿名算法的唯一改变如下。每当测试一个表的 k 匿名性时，现在改为测试 ℓ 多样性。因此，ℓ 多样性匿名化的算法开发通常是简单地修改现有的 k 匿名算法。

20.3.3 t 相近性模型

虽然 ℓ 多样性模型在防止对敏感属性的直接推理方面很有效，但它没有完全防止敌对者获取某些知识。主要原因是 ℓ 多样性没有反映原始表中敏感属性值的分布。例如，一组具有相对频率 $p_1, \cdots, p_r$ 的敏感属性值的信息熵，将在 $p_1 = p_2 = \cdots = p_r = 1/r$ 时取得最大值。但是，当敏感属性值的原始分布有显著的倾斜时，这常常可能代表了严重的隐私泄露。考虑一个 HIV 测试的医疗数据集的例子，其中敏感值有两个取值“HIV”和“正常”，其相对比例为 1:99。在这个例子中，基于 ℓ 多样性定义，如果一个群组包含相同分布的 HIV 和正常患者，那么它将具有最高的信息熵。

可是，当考虑原始数据中的敏感值分布时，这种分布严重地泄露了信息。敏感值通常在大部分真实数据集中都是倾斜分布的。在上述医疗示例中，已知在全部数据集中只有 1% 的患者有 HIV。于是，一个群组中感染 HIV 的病人和正常病人的分布相同，向敌对者提供了显著的信息收益。敌对者现在知道了，与基础人群相比，这个小群组中的患者有高得多的可能性感染了 HIV。

在这种情景下，存在一个贝叶斯最优隐私的概念，保证在信息发布之后获得的额外的后验信息尽可能少。但是，贝叶斯最优隐私的概念在实践中和计算上很难实现。可以把 t 相近性模型看作一种实际的和启发性的方法，试图达到贝叶斯最优隐私的类似目标。这是通过使用分布之间的距离函数来实现的。通俗地说，目标是创建一个匿名化方案，使得每个匿名群组的敏感属性分布和基础数据的分布之间的距离受限于用户定义的一个阈值。

定义 20.3.5（t 相近性原则） 设 $\overline{P}=(p_1,\cdots,p_r)$ 是一个向量，代表在一个等价类中敏感属性取 r 个不同值的数据记录的比例。设 $\overline{Q}=(q_1,\cdots,q_r)$ 是全体数据集上的对应比例分布。那么，这个等价类满足 t 相近性的条件是，对于一个适当选择的距离函数 $Dist(\bullet,\bullet)$ 下式为真：

$$Dist(\overline{P},\overline{Q})\leqslant t \tag{20.12}$$

一个匿名化的表满足 t 相近性的条件是，它的每个等价类都满足 t 相近性。

上述定义没有指明任何特定的距离函数。根据特定的应用目标，存在许多方式来实例化距离函数。两个常见的距离函数的实例如下。

1. 变化距离

它简单地等于两个分布向量之间的曼哈顿距离的一半：

$$Dist(\overline{P},\overline{Q})=\frac{\sum_{i=1}^{r}|p_i-q_i|}{2} \tag{20.13}$$

2. KL 距离

这是一个信息论度量，它计算了（$\overline{P},\overline{Q}$）的交叉熵和 $\overline{P}$ 的信息熵的差。

$$Dist(\overline{P},\overline{Q})=\sum_{i=1}^{r}(p_i\bullet\log(p_i)-p_i\bullet\log(q_i)) \tag{20.14}$$

注意，第一个分布的信息熵是 $-\sum_{i=1}^{r}p_i\bullet\log(p_i)$，而交叉熵是 $-\sum_{i=1}^{r}p_i\bullet\log(q_i)$。

虽然这是两个最常用的距离度量，但其他距离度量也可以在不同的特定应用目标的情景下使用。

例如，可能希望防止这样的场景，一个特定的等价类包含了语义相关的敏感属性值。考虑一个场景，一个特定的等价类包含了如胃溃疡、胃炎和胃癌等疾病。在这种情况下，如果一个群组仅包含这些疾病，那么它提供了关于这个群组的敏感属性的显著信息。t 相近性方法通过改变距离的度量和在距离计算中考虑敏感属性的不同值之间的距离，来防止这种场景。具体而言，EMD（Earth Mover Distance）可以有效地处理这种场景。

EMD 定义为把一个分布转换为另一个分布所需的“工作量”（或代价），如果允许翻转原始数据中的敏感属性值。显然，需要较少的“工作量”来翻转一个敏感值，使其成为一个语义相似的值。形式上，设 d_{ij} 为把第 i 个敏感值转换为第 j 个敏感值所需的“工作量”，设 f_{ij} 为从属性 i 翻转为属性 j 的数据记录的分数。d_{ij} 的值是由领域专家提供的。注意，可能存在许多不同方式来将分布 $(p_1,\cdots,p_r)$ 翻转为分布 $(q_1,\cdots,q_r)$，希望采用最小代价的翻转序列来计算 $\overline{P}$ 和 $\overline{Q}$ 之间的距离。例如，可能翻转“胃溃疡”为“胃炎”而不是翻转“HIV”为“胃炎”，因为前者可能具有较低的代价。因此，构建一个线性规划优化问题以最小化翻转的总代价，f_{ij} 是这个线性规划优化问题的变量。对于一个包含 r 个独特的敏感属性值的表，翻转

的代价是 $\sum_{i=1}^{r}\sum_{j=1}^{r} f_{ij} \cdot d_{ij}$。EMD 可以形成一个优化问题，在满足对敏感属性值的聚合翻转的约束条件下，最小化这个目标函数。约束条件保证聚合翻转确实把分布 $\overline{P}$ 转换为 $\overline{Q}$。

$$\begin{aligned}
Dist(\overline{P}, \overline{Q}) = \text{最小化} & \sum_{i=1}^{r}\sum_{j=1}^{r} f_{ij} \cdot d_{ij} \\
\text{满足} & \\
& p_i - \sum_{j=1}^{r} f_{ij} + \sum_{j=1}^{r} f_{ji} = q_i \quad \forall i \in \{1, \cdots, r\} \\
& f_{ij} \geqslant 0 \quad \forall i, j \in \{1, \cdots, r\}
\end{aligned}$$

EMD 有一些性质，可以简化对满足 t 相近性的泛化的计算。

引理 20.3.3 *设 E_1 和 E_2 是两个等价类，$\overline{P_1}$ 和 $\overline{P_2}$ 是它们的敏感属性分布。设 $\overline{P}$ 是 $E_1 \cup E_2$ 的分布，$\overline{Q}$ 是全部数据集的全局分布。那么，可以证明：*

$$Dist(\overline{P}, \overline{Q}) \leqslant \frac{|E_1|}{|E_1|+|E_2|} \cdot Dist(\overline{P_1}, \overline{Q}) + \frac{|E_2|}{|E_2|+|E_2|} \cdot Dist(\overline{P_2}, \overline{Q}) \tag{20.15}$$

这个引理是如下事实的结果：一个线性规划问题的优化目标函数是凸包的，$\overline{P}$ 可以表示为 $\overline{P_1}$ 和 $\overline{P_2}$ 的一个凸包线性组合，系数分别为 $\frac{|E_1|}{|E_1|+|E_2|}$ 和 $\frac{|E_2|}{|E_1|+|E_2|}$。这个凸包结果也意味着：

$$Dist(\overline{P}, \overline{Q}) \leqslant \max\{Dist(\overline{P_1}, \overline{Q}), Dist(\overline{P_2}, \overline{Q})\}$$

因此，当归并两个满足 t 相近性的等价类时，归并后的等价类也将满足 t 相近性。这意味着 t 相近性具有单调性。

引理 20.3.4（t 相近性的单调性） *如果一个表满足 t 相近性，那么这个表的任何泛化也将满足 t 相近性。*

这个引理的证明可以从如下事实得到。任何表 B 的泛化 A 所包含的等价类是 B 中的等价类的并集。如果 B 中的每个等价类满足 t 相近性，那么这些等价类的并集也就满足 t 相近性。因此，泛化的表也必然满足 t 相近性。这个单调性意味着所有现有的 k 匿名算法都可以直接用于 t 相近性。其中，将 k 匿名测试替换为 t 相近性的测试。

20.3.4 维度灾难

与本书中许多地方的讨论一样，对于许多数据挖掘问题，维度灾难都会带来挑战。隐私保护也是受到维度灾难影响的问题之一。维度灾难有两个主要的方式来影响匿名化算法的效果。

1. 计算挑战

文献 [385] 表明求最优 k 匿名解是 NP 难问题。这意味着随着维度的增加，隐私保护的计算越来越困难。用十分相似的论据，这个 NP 难的结果也可以应用到 ℓ 多样性和 t 相近性模型上。

2. 质量挑战

更为本质的是对隐私保护质量的挑战。最近的研究表明，可能很难在不丢失匿名化数据记录的效用的前提下进行有效的隐私保护。这是一个更加本质的挑战，因为它减弱了隐私保护过程的实用性。本小节中的讨论将围绕这个问题展开。

下面将讨论维度灾难对基于群组的匿名化方法的质量所造成的影响。虽然严格的数学证明 [10] 超出了本书的范围，但是这里将描述一个直观的解释。如果要理解为什么维度灾难增加了隐私泄露的风险，我们只需理解著名的*高维数据稀疏*的概念。为了便于理解，考虑数值属性的情形。一个表的泛化表示可以认为是 d 维空间中的一个矩形区域，其中 d 是准标识的属性数量。设 $F_i \in (0, 1)$ 是在第 i 维上一个特定的泛化所覆盖的范围占取值范围的比例。为了使匿名化的数据集有用，F_i 的值应该尽可能小。但是，如果各维的覆盖比例是 $F_1, \cdots, F_d$，那么一个泛化所覆盖的空间的体积占比为 $\prod_{i=1}^{d} F_i$。这个比值随着维度 d 的增加指数级地收敛到 0。因此，这个空间内的数据点数量也快速地减少，尤其当不同维度之间的相关性较弱时。对于足够大的 d 值，很难建立包含至少 k 个数据点的 d 维区域，除非 F_i 的值接近 1。在这种情况下，一个属性的任何取值都被泛化为几乎整个取值范围。这种高度泛化的数据集就丧失了用于数据挖掘的效用。这个通用原则也被证明对于其他隐私模型是成立的，如扰动和 ℓ 多样性。文献注释包含这些理论结果的指引。

一个真实世界的例子是 Netflix 有奖数据集，其中 Netflix 发布了个人用户 [559] 对电影的评分以促进协同过滤算法的研究。也可以找到许多其他来源的数据，如互联网电影数据库（Internet Movie Database, IMDB)，其中的评分信息可以与 Netflix 数据集进行匹配。研究表明，随着评分数量（指定的维度）的增加，可以很准确地获知用户的身份 [402]。最终，Netflix 撤回了这个数据集。

20.4 输出隐私保护

隐私保护过程可以应用于数据挖掘流水线的任何一个时点，从数据采集和发布开始，到应用数据挖掘过程本身。数据挖掘算法的*输出*可能为敌对者提供了很大的信息量。具体而言，在信息披露的情景下，产生大量输出和详细数据描述的数据挖掘算法尤其危险。例如，考虑一个关联规则挖掘算法，它以高置信度产生了下述规则：

$$(\text{年龄}=26, \text{邮政编码}=10562) \Rightarrow \text{HIV}$$

对于满足上述规则左侧条件的个人，这条关联规则对于其隐私会造成严重的破坏。因此，这条规则的发现可能导致对于个人隐私信息的不可预见的泄露。通常，由于属性值之间存在的限制和强统计联系，许多数据库可能包含属性子集之间的隐情。

关联规则隐藏问题可以认为是统计披露控制问题，或数据库推理控制问题的一个变体。在这些问题中，目标是防止从其他相关值推导出数据库中的敏感值。但是，数据库推理控制和关联规则隐藏之间确实存在着一个关键区别。在数据库推理控制中，关注的是隐藏某些项，使其他项的隐私可以得到保护。在关联规则隐藏中，关注的是隐藏规则本身，而不是项。因此，将隐私保护过程应用于数据挖掘算法的输出，而非基础数据。

在关联规则挖掘中，系统管理员设定了一组敏感规则。任务是挖掘所有关联规则，使得不发现任何敏感规则，而发现所有不敏感的规则。关联规则隐藏方法可以是*启发式方法*、*基于边界的方法*或*准确方法*。在第一类方法中，从数据中删除一个事务子集。在一组清洁后的事务上，进行关联规则挖掘。一般而言，如果删除了过多的事务，那么发现的剩余的非敏感规则将不能反映真正的规则集合。这可能导致发现的规则不能反映数据的真实模式。在*基于边界的方法*中，调整频繁模式挖掘算法的边界，从而仅发现非敏感规则。注意，当调整了频繁项集的边界时，会导致在去除敏感规则的同时也去除非敏感规则。最后一类问题把隐藏过程定义为一个约束满足问题，可以通过整数规划来解决。虽然这些方法提供了准确的解，但是它们非常慢，而且只限于小规模的问题。

输出隐私中的一个相关问题是查询审计。在查询审计中，假设允许用户对数据库提出一系列的查询请求。但是，一个或多个查询的结果有时可能泄露少数个人的敏感信息。因此，对于部分查询，扣留（或审计）其结果以防止出现不期望的信息披露。文献注释包含了多种查询审计和关联规则隐藏算法的指引。

20.5 分布式隐私保护

在分布式隐私保护数据挖掘中，有多个拥有不同部分数据的参与方，目标是挖掘共享的信息，而不危害本地统计信息或数据记录的隐私。关键是理解不同的参与者可能部分或完全是敌对者 / 竞争者，而且也可能不想向别人提供本地数据和统计信息的完全访问权限。但是，他们可能发现在总体拥有的数据上提取全局的知识是互利的。

数据可能被水平或垂直地划分给不同的参与方。在水平划分中，不同敌对者拥有的数据记录包含相同的属性，但是他们拥有数据库不同部分的数据。例如，一组连锁超市可能拥有关于顾客购买行为的相似数据，但是不同超市中的事务可能会显示出些许不同的模式，因为其各自的经营风格存在差异。在垂直划分中，不同参与方可能对同一个体包含不同的属性。例如，考虑一个场景，一个数据库包含了许多顾客的事务。一个特定的顾客可能在销售互补商品的商店（如珠宝、服装、化妆品等专卖店）购买了不同种类的商品。在这种情况下，对不同参与方的聚合关联分析的结果是不能从一个特定的数据库中得到的。图 20-6a 和图 20-6b 分别给出了水平划分和垂直划分数据的例子。

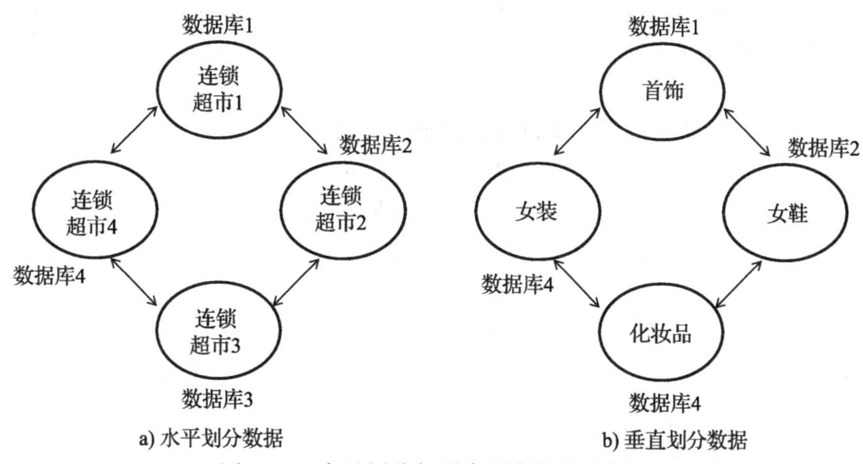

图 20-6 水平划分与垂直划分数据的例子

在最基础的层次上，分布式隐私保护数据挖掘的问题与密码学的多方安全计算领域密切相关。在这个领域中，在多个参与方所提供的输入上进行函数计算，而不是真正在参与方之间共享输入。例如，在一个有两个参与方的设定下，Alice 和 Bob 可能分别有两个输入 x 和 y，并希望计算函数 $f(x, y)$，而不把 x 或 y 告诉对方。这个问题也可以推广到 k 个参与方，计算 k 个参数的函数 $h(x_1, \cdots, x_k)$。许多数据挖掘算法可以看作对标量点积、安全求和、安全并集等原子函数的反复计算。例如，一个项集和一个事务的二元标识之间的标量点积，可以用于确定这个项集是否被这个事务所支持。类似地，标量点积可以用于簇的相似度计算。为了计算函数 $f(x, y)$ 或 $h(x_1, \cdots, x_k)$，需要设计一个信息交换协议，使函数计算不会危及隐私。

对于许多种类的安全函数计算，一个关键构件是2选1茫然传输协议（1 out of 2 oblivious-transfer protocol）。这个协议包含两个参与方：一个*发送方*和一个*接收方*。发送方的输入是一对值 (x_0, x_1)，接收方的输入是一个比特值 $\sigma \in \{0, 1\}$。在传输过程的结尾，接收方仅得知 x_σ，而发送方没有获得新信息。换言之，发送方不知道 σ 的值。

在茫然传输协议中，发送方产生两个密码键 K_0 和 K_1，而协议能够保证接收方只知道 K_σ 的解密密钥。发送方可以使用接收方对 σ 的加密输入来产生这些密码键。这个加密的输入没有告诉发送方 σ 的值，但是却足以产生 K_0 和 K_1。发送方对 x_0 以 K_0 加密，对 x_1 以 K_1 加密，然后把加密的数据发回接收方。在这个时候，接收方只能解密 x_σ，因为他只有关于这个输入的解密密钥。2选1茫然传输协议已经推广到 N 选 k 个参与方。

茫然传输协议是一个基础构件，可以用于计算与向量距离相关的多个数据挖掘原语。另一个重要的协议是*安全并集协议*，它在频繁模式挖掘算法中使用。这个协议允许分布式地计算集合的并集，而不需要揭示组成元素的实际来源。这对于频繁模式挖掘算法尤其有用，因为需要聚合不同参与方本地的大项集。这些方法的关键是每个参与方使用足够数量的假项集来伪装频繁模式，以便掩盖每个参与方本地的真实大项集。而且，可以证明这个协议能够推广到在水平和垂直划分的数据上对于不同的数据挖掘问题计算不同种类的函数。文献注释包含关于这些技术综述的指引。

20.6　小结

隐私保护的数据挖掘可以在信息处理流水线的不同阶段（如数据采集、数据发布、输出发布或分布式数据共享）执行。在数据采集阶段，唯一已知的隐私保护方法是随机化方法。在这个方法中，在数据采集时对数据引入了额外的噪声。然后将聚合重建的数据用于数据挖掘。

隐私保护数据发布通常使用基于群组的方法。在这个方法中，以不同方式对待敏感属性和可以组合成准标识的属性。只对后者进行扰动，以防止对数据记录的主体身份的识别。许多模型（如 k 匿名、ℓ 多样性、t 相近性）可以用于匿名化。所有这些方法的最终目标是防止个人敏感信息的泄露。当数据的维度增加时，隐私保护变得非常困难，可能会完全丧失数据的效用。

在一些情形下，数据挖掘应用（如关联规则挖掘和查询处理）的输出可能导致敏感信息的泄露。因此，在许多情况下，可能需要限制这些应用的输出，从而防止敏感信息的泄露。两个知名的技术是关联规则隐藏和查询审计。

在分布式隐私保护中，目标是允许敌对者或半敌对者合作共享数据从而获得全局的认识。可以对数据进行列的垂直划分或者行的水平划分。通常使用密码学协议来达到这个目标。其中最著名的协议是茫然传输协议。通常这些协议被用于实现原子数据挖掘操作，如点积。然后，利用这些原子操作来支持数据挖掘算法。

20.7　文献注释

隐私保护数据挖掘在统计披露控制和安全社区已经得到了广泛研究[1,512]。许多方法（如交换[181]、微聚合[186]和移除[179]）是在传统的统计披露控制文献中提出的。

隐私保护数据挖掘的问题是由 [60] 首先正式引入数据挖掘社区的。[28] 建立了模型来量化隐私保护数据挖掘算法。隐私保护数据挖掘的综述可见 [29]。随机化方法被推广到了其他问题，如关联规则挖掘 [200]。乘积扰动对于隐私保护数据挖掘十分有效 [140]。尽管如此，还是有许多攻击方法可以推断出扰动后的数据记录值 [11,367]。

k 匿名模型是由 Samarati[442] 提出的。该文献中也讨论了二分查找算法，还建立了基于群组的匿名化的基本框架，这个框架为之后所有不同的隐私方法所使用。k 匿名问题的 NP 难性质是在 [385] 中正式证明的。k 匿名数据挖掘的综述可以在 [153] 中找到。[83] 展示了 k 匿名问题和频繁模式挖掘问题的关系。一个集合穷举方法在 [83] 中提出，它与频繁模式挖掘中流行的集合穷举方法很相似。本章讨论的 Incognito 算法和 Mondrian 算法是在 [335] 和 [336] 中提出的。隐私数据挖掘的凝结法是在 [8] 中提出的。一些最近的方法运行 k 匿名的概率版本，使得匿名化的输出是一个概率分布 [9]。因此，这种方法允许在转换后的数据上使用概率数据库方法。[29, 315] 中提出了许多度量对私有表进行基于效用的评价，而不是简单地使用最小的泛化高度。

ℓ 多样性和 t 相近性模型是分别在 [348] 和 [372] 中提出的，关注于敏感属性披露。一个不同的处理敏感属性的方法是在 [91] 中提出的。对于许多隐私保护数据发布技术的详细综述可见 [218]。一个与基于群组的匿名化密切相关的模型是*微分隐私*，其中使用一个数据记录对于其他数据记录隐私的微分影响来进行隐私操作 [190,191]。虽然与许多基于群组的模型相比，微分隐私提供了理论上更加鲁棒的结果，但是它的实际效用仍亟待实现。在匿名化问题的背景下，维度灾难是在 [10] 中第一次观察到的。之后，维度灾难延伸到了其他隐私模型，如扰动和 ℓ 多样性 [11,12,372]。一个实际的高维数据的例子 [402] 是 Netflix 数据集 [559]，它可以用于进行隐私攻击。有趣的是，这个攻击使用了敏感评分属性和背景知识来进行身份攻击。最近，有几个方法 [514,533] 可以有限地处理维度灾难。

输出隐私的问题与统计数据库中的推理控制问题和审计问题密切相关 [150]。这个领域中处理的最常见的问题是关联模式隐藏 [497] 和查询审计 [399]。分布式方法把数据挖掘问题转换为安全的多方计算原语 [188]。通常这些方法使用茫然传输协议 [199,401]。大部分的这些方法在水平划分 [297] 或者垂直划分 [495] 的数据上进行分布式隐私保护。对分布式信息共享的不同隐私工具的概述可见 [154]。

20.8 练习题

1. 假设有一个一维的数据集，数据在 (0, 1) 上均匀分布。在数据上增加在 (0, 1) 上均匀分布的噪声。推导扰动后的分布的最终形状。
2. 假设扰动后的数据是在 (0, 1) 上均匀分布的，而且扰动分布也是在 (0, 1) 上的均匀分布。推导原始数据的分布。在实践中，对于一个有限的数据集，这个分布可以被准确地重建吗？
3. 实现随机化方法的贝叶斯分布重建算法。
4. 对于 k 匿名，实现 Incognito 和 Mondrian 算法。
5. 实现 k 匿名的凝结法。
6. 在动态凝结中，其中一个步骤是把一个群组沿着最长的特征向量分裂为两个相等的群组。设 λ 是原始群组中最大的特征值，$\overline{\mu}$ 是原始的 d 维均值，$\overline{V}$ 是归一化为单位范数的最长特征向量。在均匀分布的假设下，计算两个分裂后的群组的均值的代数表达式。

7. 在信息熵 ℓ 多样性模型和递归 ℓ 多样性模型下，证明敏感属性必须有至少 ℓ 个独特的值。
8. 证明敏感属性分布的全局信息熵至少等于其中一个等价类的最小信息熵。(提示：使用信息熵的凸包性。)
9. 许多 k 匿名算法（如 Incognito）依赖于单调性。证明下述模型满足单调性：信息熵 ℓ 多样性模型和递归 ℓ 多样性模型。
10. 对于信息熵 ℓ 多样性和递归 ℓ 多样性，修改练习题 4 中的代码，实现 Incognito 和 Mondrian 算法。
11. 证明使用变化距离的 t 相近性和使用 KL 距离的 t 相近性满足单调性。
12. 考虑任何基于群组的匿名量化度量 $f(\bar{P})$，其中匿名条件具有 $f(\bar{P}) \geq thresh$ 的形式。(这种度量的一个例子是信息熵 ℓ 多样性。) 这里，$\bar{P} = (p_1, \cdots, p_r)$ 是一个敏感属性分布向量。证明如果 $f(\bar{P})$ 是凸包的，那么匿名定义对于泛化将满足单调性。还证明对于匿名条件具有 $f(\bar{P}) \leq thresh$ 形式的情况，凸包性保证了单调性。
13. 对于使用变化距离的 t 相近性和使用 KL 距离的 t 相近性，修改练习题 4 中的代码，实现 Incognito 和 Mondrian 算法。
14. 假设你有一个匿名化的二元事务数据库，它包含某天不同顾客所购买的商品。假设你知道你的朋友当天购买了一个特定子集 B 的商品，但你不知道他购买的其他商品。如果每个商品独立地以概率 0.5 被购买，证明至少有 n 个其他顾客购买了恰好相同模式的商品的最大概率是 $n/2^B$。当 $n = 10^4$ 且 $B = 20$ 时，计算这个表达式。这个结果对于他的其他购买模式的隐私意味着什么？
15. 对于电影评分重复练习题 14，电影评分可以有 R 种不同的取值，而不是两种取值。假设每个可能的评分具有同样的概率 $1/R$，并且不同电影的评分是独立同分布的。如果有 n 个不同的人，那么给定 B 个已知评分，再识别的概率是多少？
16. 写一个程序，对于给定的 B 个已知敏感属性，从一个数据库中再识别一个主体。

参考文献

[1] N. Adam, and J. Wortman. Security-control methods for statistical databases. *ACM Computing Surveys*, 21(4), pp. 515–556, 1989.

[2] G. Adomavicius, and A. Tuzhilin. Toward the next generation of recommender systems: A survey of the state-of-the-art and possible extensions. *IEEE Transactions on Knowledge and Data Engineering*, 17(6), pp. 734–749, 2005.

[3] R. C. Agarwal, C. C. Aggarwal, and V. V. V. Prasad. A tree projection algorithm for generation of frequent item sets. *Journal of parallel and Distributed Computing*, 61(3), pp. 350–371, 2001. Also available as *IBM Research Report*, RC21341, 1999.

[4] R. C. Agarwal, C. C. Aggarwal, and V. V. V. Prasad. Depth-first generation of long patterns. *ACM KDD Conference*, pp. 108–118, 2000. Also available as "Depth-first generation of large itemsets for association rules."*IBM Research Report*, RC21538, 1999.

[5] C. Aggarwal. Outlier analysis. *Springer*, 2013.

[6] C. Aggarwal. Social network data analytics. *Springer*, 2011.

[7] C. Aggarwal, and P. Yu. The igrid index: reversing the dimensionality curse for similarity indexing in high-dimensional space. *KDD Conference*, pp. 119–129, 2000.

[8] C. Aggarwal, and P. Yu. On static and dynamic methods for condensation-based privacy-preserving data mining. *ACM Transactions on Database Systems (TODS)*, 33(1), 2, 2008.

[9] C. Aggarwal. On unifying privacy and uncertain data models. *IEEE International Conference on Data Engineering*, pp. 386–395, 2008.

[10] C. Aggarwal. On k-anonymity and the curse of dimensionality, *Very Large Databases Conference*, pp. 901–909, 2005.

[11] C. Aggarwal. On randomization, public information and the curse of dimensionality. *IEEE International Conference on Data Engineering*, pp. 136–145, 2007.

[12] C. Aggarwal. Privacy and the dimensionality curse. *Privacy-Preserving Data Mining: Models and Algorithms*, Springer, pp. 433–460, 2008.

[13] C. Aggarwal, X. Kong, Q. Gu, J. Han, and P. Yu. Active learning: a survey. *Data Classification: Algorithms and Applications*, CRC Press, 2014.

[14] C. Aggarwal. Instance-based learning: A survey. *Data Classification: Algorithms and Applications*, CRC Press, 2014.

[15] C. Aggarwal. Redesigning distance-functions and distance-based applications for high-dimensional data. *ACM SIGMOD Record*, 30(1), pp. 13–18, 2001.

[16] C. Aggarwal, and P. Yu. Mining associations with the collective strength approach. *ACM PODS Conference*, pp. 863–873, 1998.

[17] C. Aggarwal, A. Hinneburg, and D. Keim. On the surprising behavior of distance-metrics in high-dimensional space. *ICDT Conference*, pp. 420–434, 2001.

[18] C. Aggarwal. Managing and mining uncertain data. *Springer*, 2009.

[19] C. Aggarwal, C. Procopiuc, J. Wolf, P. Yu, and J. Park. Fast algorithms for projected clustering. *ACM SIGMOD Conference*, pp. 61–72, 1999.

[20] C. Aggarwal, J. Han, J. Wang, and P. Yu. On demand classification of data streams. *ACM KDD Conference*, pp. 503–508, 2004.

[21] C. Aggarwal. On change diagnosis in evolving data streams. *IEEE Transactions on Knowledge and Data Engineering*, 17(5), pp. 587–600, 2005.

[22] C. Aggarwal, and P. S. Yu. Finding generalized projected clusters in high dimensional spaces. *ACM SIGMOD Conference*, pp. 70–81, 2000.

[23] C. Aggarwal, and S. Parthasarathy. Mining massively incomplete data sets by conceptual reconstruction. *ACM KDD Conference*, pp. 227–232, 2001.

[24] C. Aggarwal. Outlier ensembles: position paper. *ACM SIGKDD Explorations*, 14(2), pp. 49–58, 2012.

[25] C. Aggarwal. On the effects of dimensionality reduction on high dimensional similarity search. *ACM PODS Conference*, pp. 256–266, 2001.

[26] C. Aggarwal, and H. Wang. Managing and mining graph data. *Springer*, 2010.

[27] C. Aggarwal, C. Procopiuc, and P. Yu. Finding localized associations in market basket data. *IEEE Transactions on Knowledge and Data Engineering*, 14(1), pp. 51–62, 2002.

[28] D. Agrawal, and C. Aggarwal. On the design and quantification of privacy-preserving data mining algorithms. *ACM PODS Conference*, pp. 247–255, 2001.

[29] C. Aggarwal, and P. Yu. Privacy-preserving data mining: models and algorithms. *Springer*, 2008.

[30] C. Aggarwal. Managing and mining sensor data. *Springer*, 2013.

[31] C. Aggarwal, and C. Zhai. Mining text data. *Springer*, 2012.

[32] C. Aggarwal, and C. Reddy. Data clustering: algorithms and applications, *CRC Press*, 2014.

[33] C. Aggarwal. Data classification: algorithms and applications. *CRC Press*, 2014.

[34] C. Aggarwal, and J. Han. Frequent pattern mining. *Springer*, 2014.

[35] C. Aggarwal. On biased reservoir sampling in the presence of stream evolution. *VLDB Conference*, pp. 607–618, 2006.

[36] C. Aggarwal. A framework for clustering massive-domain data streams. *IEEE ICDE Conference*, pp. 102–113, 2009.

[37] C. Aggarwal, and P. Yu. Online generation of association rules. *ICDE Conference*, pp. 402–411, 1998.

[38] C. Aggarwal, Z. Sun, and P. Yu. Online generation of profile association rules. *ACM KDD Conference*, pp. 129–133, 1998.

[39] C. Aggarwal, J. Han, J. Wang, and P. Yu. A framework for clustering evolving data streams, *VLDB Conference*, pp. 81–92, 2003.

[40] C. Aggarwal. Data streams: models and algorithms. *Springer*, 2007.

[41] C. Aggarwal, J. Wolf, and P. Yu. A new method for similarity indexing of market basket data. *ACM SIGMOD Conference*, pp. 407–418, 1999.

[42] C. Aggarwal, N. Ta, J. Wang, J. Feng, and M. Zaki. Xproj: A framework for projected structural clustering of XML documents. *ACM KDD Conference*, pp. 46–55, 2007.

[43] C. Aggarwal. A human-computer interactive method for projected clustering. *IEEE Transactions on Knowledge and Data Engineering*, 16(4). pp. 448–460. 2004.

[44] C. Aggarwal, and N. Li. On node classification in dynamic content-based networks. *SDM Conference*, pp. 355–366, 2011.

[45] C. Aggarwal, A. Khan, and X. Yan. On flow authority discovery in social networks. *SDM Conference*, pp. 522–533, 2011.

[46] C. Aggarwal, and P. Yu. Outlier detection for high dimensional data. *ACM SIGMOD Conference*, pp. 37–46, 2011.

[47] C. Aggarwal, and P. Yu. On classification of high-cardinality data streams. *SDM Conference*, 2010.

[48] C. Aggarwal, and P. Yu. On clustering massive text and categorical data streams. *Knowledge and information systems*, 24(2), pp. 171–196, 2010.

[49] C. Aggarwal, Y. Xie, and P. Yu. On dynamic link inference in heterogeneous networks. *SDM Conference*, pp. 415–426, 2011.

[50] C. Aggarwal, Y. Xie, and P. Yu. On dynamic data-driven selection of sensor streams. *ACM KDD Conference*, pp. 1226–1234, 2011.

[51] C. Aggarwal. On effective classification of strings with wavelets. *ACM KDD Conference*, pp. 163–172, 2002.

[52] C. Aggarwal. On abnormality detection in spuriously populated data streams. *SDM Conference*, pp. 80–91, 2005.

[53] R. Agrawal, K.-I. Lin, H. Sawhney, and K. Shim. Fast similarity search in the presence of noise, scaling, and translation in time-series databases. *VLDB Conference*, pp. 490–501, 1995.

[54] R. Agrawal, and J. Shafer. Parallel mining of association rules. *IEEE Transactions on Knowledge and Data Engineering*, 8(6), pp. 962–969, 1996. Also appears as *IBM Research Report*, RJ10004, January 1996.

[55] R. Agrawal, T. Imielinski, and A. Swami. Mining association rules between sets of items in large databases. *ACM SIGMOD Conference*, pp. 207–216, 1993.

[56] R. Agrawal, and R. Srikant. Fast algorithms for mining association rules. *VLDB Conference*, pp. 487–499, 1994.

[57] R. Agrawal, H. Mannila, R. Srikant, H. Toivonen, and A. I. Verkamo. Fast discovery of association rules. *Advances in knowledge discovery and data mining*, 12, pp. 307–328, 1996.

[58] R. Agrawal, J. Gehrke, D. Gunopulos, and P. Raghavan. Automatic subspace clustering of high dimensional data for data mining applications. *ACM SIGMOD Conference*, pp. 94–105, 1998.

[59] R. Agrawal, and R. Srikant. Mining sequential patterns. *IEEE International Conference on Data Engineering*, pp. 3–14, 1995.

[60] R. Agrawal, and R. Srikant. Privacy-preserving data mining. *ACM SIGMOD Conference*, pp. 439–450, 2000.

[61] M. Agyemang, K. Barker, and R. Alhajj. A comprehensive survey of numeric and symbolic outlier mining techniques. *Intelligent Data Analysis*, 10(6). pp. 521–538, 2006.

[62] R. Ahuja, T. Magnanti, and J. Orlin. Network flows: theory, algorithms, and applications. *Prentice Hall*, Englewood Cliffs, New Jersey, 1993.

[63] M. Al Hasan, and M. J. Zaki. A survey of link prediction in social networks. *Social network data analytics*, Springer, pp. 243–275, 2011.

[64] M. Al Hasan, V. Chaoji, S. Salem, and M. Zaki. Link prediction using supervised learning. *SDM Workshop on Link Analysis, Counter-terrorism and Security*, 2006.

[65] S. Anand, and B. Mobasher. Intelligent techniques for web personalization. *International conference on Intelligent Techniques for Web Personalization*, pp. 1–36, 2003.

[66] F. Angiulli, and C. Pizzuti. Fast Outlier detection in high dimensional spaces. *European Conference on Principles of Knowledge Discovery and Data Mining*, pp. 15–27, 2002.

[67] F. Angiulli, and F. Fassetti. Detecting distance-based outliers in streams of data. *ACM CIKM Conference*, pp. 811–820, 2007.

[68] L. Akoglu, H. Tong, J. Vreeken, and C. Faloutsos. Fast and reliable anomaly detection in categorical data. *ACM CIKM Conference*, pp. 415–424, 2012.

[69] R. Albert, and A. L. Barabasi. Statistical mechanics of complex networks. *Reviews of modern physics* 74, 1, 47, 2002.

[70] R. Albert, and A. L. Barabasi. Topology of evolving networks: local events and universality. *Physical review letters* 85, 24, pp. 5234–5237, 2000.

[71] P. Allison. Missing data. *Sage*, 2001.

[72] N. Alon, Y. Matias, and M. Szegedy. The space complexity of approximating the frequency moments. *ACM PODS Conference*, pp. 20–29, 1996.

[73] S. Altschul, T. Madden, A. Schaffer, J. Zhang, Z. Zhang, W. Miller, and D. Lipman. Gapped BLAST and PSI-BLAST: a new generation of protein database search programs. *Nucleic acids research*, 25(17), pp. 3389–3402, 1997.

[74] M. R. Anderberg. Cluster Analysis for Applications. *Academic Press*, New York, 1973.

[75] P. Andritsos, P. Tsaparas, R. J. Miller, and K. C. Sevcik. LIMBO: Scalable clustering of categorical data. *EDBT Conference*, pp. 123–146, 2004.

[76] M. Ankerst, M. M. Breunig, H.-P. Kriegel, and J. Sander. OPTICS: ordering points to identify the clustering structure. *ACM SIGMOD Conference*, pp. 49–60, 1999.

[77] A. Apostolico, and C. Guerra. The longest common subsequence problem revisited. *Algorithmica*, 2(1–4), pp. 315–336, 1987.

[78] A. Azran. The rendezvous algorithm: Multiclass semi-supervised learning with markov random walks. *International Conference on Machine Learning*, pp. 49–56, 2007.

[79] A. Banerjee, S. Merugu, I. S. Dhillon, and J. Ghosh. Clustering with Bregman divergences. *Journal of Machine Learning Research*, 6, pp. 1705–1749, 2005.

[80] S. Basu, A. Banerjee, and R. J. Mooney. Semi-supervised clustering by seeding. *ICML Conference*, pp. 27–34, 2002.

[81] S. Basu, M. Bilenko, and R. J. Mooney. A probabilistic framework for semi-supervised clustering. *ACM KDD Conference*, pp. 59–68, 2004.

[82] R. J. Bayardo Jr. Efficiently mining long patterns from databases. *ACM SIGMOD*, pp. 85–93, 1998.

[83] R. J. Bayardo, and R. Agrawal. Data privacy through optimal k-anonymization. *IEEE International Conference on Data Engineering*, pp. 217–228, 2005.

[84] R. Beckman, and R. Cook. Outliers. *Technometrics*, 25(2), pp. 119–149, 1983.

[85] A. Ben-Hur, C. S. Ong, S. Sonnenburg, B. Scholkopf, and G. Ratsch. Support vector machines and kernels for computational biology. *PLoS computational biology*, 4(10), e1000173, 2008.

[86] M. Benkert, J. Gudmundsson, F. Hubner, and T. Wolle. Reporting flock patterns. *COMGEO*, 2008

[87] D. Berndt, and J. Clifford. Using dynamic time warping to find patterns in time series. *KDD Workshop*, 10(16), pp. 359–370, 1994.

[88] K. Beyer, J. Goldstein, R. Ramakrishnan, and U. Shaft. When is "nearest neighbor" meaningful? *International Conference on Database Theory*, pp. 217–235, 1999.

[89] V. Barnett, and T. Lewis. Outliers in statistical data. *Wiley*, 1994.

[90] M. Belkin, and P. Niyogi. Laplacian eigenmaps and spectral techniques for embedding and clustering. *NIPS*, pp. 585–591, 2001.

[91] M. Bezzi, S. De Capitani di Vimercati, S. Foresti, G. Livraga, P. Samarati, and R. Sassi. Modeling and preventing inferences from sensitive value distributions in data release. *Journal of Computer Security*, 20(4), pp. 393–436, 2012.

[92] L. Bergroth, H. Hakonen, and T. Raita. A survey of longest common subsequence algorithms. *String Processing and Information Retrieval*, 2000.

[93] S. Bhagat, G. Cormode, and S. Muthukrishnan. Node classification in social networks. *Social Network Data Analytics*, Springer, pp. 115–148. 2011.

[94] M. Bilenko, S. Basu, and R. J. Mooney. Integrating constraints and metric learning in semi-supervised clustering. *ICML Conference*, 2004.

[95] C. M. Bishop. Pattern recognition and machine learning. *Springer*, 2007.

[96] C. M. Bishop. Neural networks for pattern recognition. *Oxford University Press*, 1995.

[97] C. M. Bishop. Improving the generalization properties of radial basis function neural networks. *Neural Computation*, 3(4), pp. 579–588, 1991.

[98] D. Blei, A. Ng, and M. Jordan. Latent dirichlet allocation. *Journal of Machine Learning Research*, 3: pp. 993–1022, 2003.

[99] D. Blei. Probabilistic topic models. *Communications of the ACM*, 55(4), pp. 77–84, 2012.

[100] A. Blum, and T. Mitchell. Combining labeled and unlabeled data with co-training. *Proceedings of Conference on Computational Learning Theory*, 1998.

[101] A. Blum, and S. Chawla. Combining labeled and unlabeled data with graph mincuts. *ICML Conference*, 2001.

[102] C. Bohm, K. Haegler, N. Muller, and C. Plant. Coco: coding cost for parameter free outlier detection. *ACM KDD Conference*, 2009.

[103] K. Borgwardt, and H.-P. Kriegel. Shortest-path kernels on graphs. *IEEE International Conference on Data Mining*, 2005.

[104] S. Boriah, V. Chandola, and V. Kumar. Similarity measures for categorical data: A comparative evaluation. *SIAM Conference on Data Mining*, 2008.

[105] L. Bottou, and V. Vapnik. Local learning algorithms. *Neural Computation*, 4(6), pp. 888–900, 1992.

[106] L. Bottou, C. Cortes, J. S. Denker, H. Drucker, I. Guyon, L. Jackel, Y. LeCun, U. A. Müller, E. Säckinger, P. Simard, and V. Vapnik. Comparison of classifier methods: a case study in handwriting digit recognition. *International Conference on Pattern Recognition*, pp. 77–87, 1994.

[107] J. Boulicaut, A. Bykowski, and C. Rigotti. Approximation of frequency queries by means of free-sets. *Principles of Data Mining and Knowledge Discovery*, pp. 75–85, 2000.

[108] P. Bradley, and U. Fayyad. Refining initial points for k-means clustering. *ICML Conference*, pp. 91–99, 1998.

[109] M. Breunig, H.-P. Kriegel, R. Ng, and J. Sander. LOF: Identifying density-based local outliers. *ACM SIGMOD Conference*, 2000.

[110] L. Breiman, J. Friedman, C. Stone, and R. Olshen. Classification and regression trees. *CRC press*, 1984.

[111] L. Breiman. Random forests. *Machine Learning*, 45(1), pp. 5–32, 2001.

[112] L. Breiman. Bagging predictors. *Machine Learning*, 24(2), pp. 123–140, 1996.

[113] S. Brin, R. Motwani, and C. Silverstein. Beyond market baskets: generalizing association rules to correlations. *ACM SIGMOD Conference*, pp. 265–276, 1997.

[114] S. Brin, and L. Page. The anatomy of a large-scale hypertextual web search engine. *Computer Networks*, 30(1–7), pp. 107–117, 1998.

[115] B. Bringmann, S. Nijssen, and A. Zimmermann. Pattern-based classification: A unifying perspective. *arXiv preprint, arXiv:1111.6191*, 2011.

[116] C. Brodley, and P. Utgoff. Multivariate decision trees. *Machine learning*, 19(1), pp. 45–77, 1995.

[117] Y. Bu, L. Chen, A. W.-C. Fu, and D. Liu. Efficient anomaly monitoring over moving object trajectory streams. *ACM KDD Conference*, pp. 159–168, 2009.

[118] M. Bulmer. Principles of Statistics. *Dover Publications*, 1979.

[119] H. Bunke. On a relation between graph edit distance and maximum common subgraph. *Pattern Recognition Letters*, 18(8), pp. 689–694, 1997.

[120] H. Bunke, and K. Shearer. A graph distance metric based on the maximal common subgraph.*Pattern recognition letters*, 19(3), pp. 255–259, 1998.

[121] W. Buntine. Learning Classification Trees. *Artificial intelligence frontiers in statistics.* Chapman and Hall, pp. 182–201, 1993.

[122] T. Burnaby. On a method for character weighting a similarity coefficient employing the concept of information. *Mathematical Geology*, 2(1), 25–38, 1970.

[123] D. Burdick, M. Calimlim, and J. Gehrke. MAFIA: A maximal frequent itemset algorithm for transactional databases. *IEEE International Conference on Data Engineering*, pp. 443–452, 2001.

[124] C. Burges. A tutorial on support vector machines for pattern recognition. *Data mining and knowledge discovery*, 2(2), pp. 121–167, 1998.

[125] T. Calders, and B. Goethals. Mining all non-derivable frequent itemsets. *Principles of Knowledge Discovery and Data Mining*, pp. 74–86, 2002.

[126] T. Calders, C. Rigotti, and J. F. Boulicaut. A survey on condensed representations for frequent sets. In *Constraint-based mining and inductive databases*, pp. 64–80, Springer, 2006.

[127] S. Chakrabarti. Mining the Web: Discovering knowledge from hypertext data. *Morgan Kaufmann*, 2003.

[128] S. Chakrabarti, B. Dom, and P. Indyk. Enhanced hypertext categorization using hyperlinks. *ACM SIGMOD Conference*, pp. 307–318, 1998.

[129] S. Chakrabarti, S. Sarawagi, and B. Dom. Mining surprising patterns using temporal description length. *VLDB Conference*, pp. 606–617, 1998.

[130] K. P. Chan, and A. W. C. Fu. Efficient time series matching by wavelets.*IEEE International Conference on Data Engineering*, pp. 126–133, 1999.

[131] V. Chandola, A. Banerjee, and V. Kumar. Anomaly detection: A survey. *ACM Computing Surveys*, 41(3), 2009.

[132] V. Chandola, A. Banerjee, and V. Kumar. Anomaly detection for discrete sequences: A survey. *IEEE Transactions on Knowledge and Data Engineering*, 24(5), pp. 823–839, 2012.

[133] O. Chapelle. Training a support vector machine in the primal. *Neural Computation*, 19(5), pp. 1155–1178, 2007.

[134] C. Chatfield. The analysis of time series: an introduction. *CRC Press*, 2003.

[135] A. Chaturvedi, P. Green, and J. D. Carroll. K-modes clustering, *Journal of Classification*, 18(1), pp. 35–55, 2001.

[136] N. V. Chawla, N. Japkowicz, and A. Kotcz. Editorial: Special issue on learning from imbalanced data sets. *ACM SIGKDD Explorations Newsletter*, 6(1), 1–6, 2004.

[137] N. V. Chawla, K. W. Bower, L. O. Hall, and W. P. Kegelmeyer. SMOTE: synthetic minority over-sampling technique. *Journal of Artificial Intelligence Research (JAIR)*, 16, pp. 321–356, 2002.

[138] N. Chawla, A. Lazarevic, L. Hall, and K. Bowyer. SMOTEBoost: Improving prediction of the minority class in boosting. *PKDD*, pp. 107–119, 2003.

[139] N. V. Chawla, D. A. Cieslak, L. O. Hall, and A. Joshi. Automatically countering imbalance and its empirical relationship to cost. *Data Mining and Knowledge Discovery*, 17(2), pp. 225–252, 2008.

[140] K. Chen, and L. Liu. A survey of multiplicative perturbation for privacy-preserving data mining. *Privacy-Preserving Data Mining: Models and Algorithms*, Springer, pp. 157–181, 2008.

[141] L. Chen, and R. Ng. On the marriage of L_p-norms and the edit distance. *VLDB Conference*, pp. 792–803, 2004.

[142] W. Chen, Y. Wang, and S. Yang. Efficient influence maximization in social networks. *ACM KDD Conference*, pp. 199–208, 2009.

[143] W. Chen, C. Wang, and Y. Wang. Scalable influence maximization for prevalent viral marketing in large-scale social networks. *ACM KDD Conference*, pp. 1029–1038, 2010.

[144] W. Chen, Y. Yuan, and L. Zhang. Scalable influence maximization in social networks under the linear threshold model. *IEEE International Conference on Data Mining*, pp. 88–97, 2010.

[145] D. Chen, C.-T. Lu, Y. Chen, and D. Kou. On detecting spatial outliers. *Geoinformatica*, 12: pp. 455–475, 2008.

[146] T. Cheng, and Z. Li. A hybrid approach to detect spatialtemporal outliers. *International Conference on Geoinformatics*, pp. 173–178, 2004.

[147] T. Cheng, and Z. Li. A multiscale approach for spatio-temporal outlier detection. *Transactions in GIS*, 10(2), pp. 253–263, March 2006.

[148] Y. Cheng. Mean shift, mode seeking, and clustering. *IEEE Transactions on PAMI*, 17(8), pp. 790–799, 1995.

[149] H. Cheng, X. Yan, J. Han, and C. Hsu. Discriminative frequent pattern analysis for effective classification. *ICDE Conference*, pp. 716–725, 2007.

[150] F. Y. Chin, and G. Ozsoyoglu. Auditing and inference control in statistical databases. *IEEE Transactions on Software Enginerring*, 8(6), pp. 113–139, April 1982.

[151] B. Chiu, E. Keogh, and S. Lonardi. Probabilistic discovery of time series motifs. *ACM KDD Conference*, pp. 493–498, 2003.

[152] F. Chung. Spectral Graph Theory. *Number 92 in CBMS Conference Series in Mathematics, American Mathematical Society*, 1997.

[153] V. Ciriani, S. De Capitani di Vimercati, S. Foresti, and P. Samarati. k-anonymous data mining: A survey. *Privacy-preserving data mining: models and algorithms*, Springer, pp. 105–136, 2008.

[154] C. Clifton, M. Kantarcioglu, J. Vaidya, X. Lin, and M. Y. Zhu. Tools for privacy preserving distributed data mining. *ACM SIGKDD Explorations Newsletter*, 4(2), pp. 28–34, 2002.

[155] N. Cristianini, and J. Shawe-Taylor. An introduction to support vector machines and other kernel-based learning methods. *Cambridge University Press*, 2000.

[156] W. Cochran. Sampling techniques. *John Wiley and Sons*, 2007.

[157] D. Cohn, L. Atlas, and R. Ladner. Improving generalization with active learning. *Machine Learning*, 5(2), pp. 201–221, 1994.

[158] D. Cohn, Z. Ghahramani, and M. Jordan. Active learning with statistical models. *Journal of Artificial Intelligence Research*, 4, pp. 129–145, 1996.

[159] D. Comaniciu, and P. Meer. Mean shift: A robust approach toward feature space analysis. *IEEE Transactions on PAMI*, 24(5), pp. 603–619, 2002.

[160] D. Cook, and L. Holder. Graph-based data mining. *IEEE Intelligent Systems*, 15(2), pp. 32–41, 2000.

[161] R. Cooley, B. Mobasher, and J. Srivastava. Data preparation for mining world wide web browsing patterns. *Knowledge and information systems*, 1(1), pp. 5–32, 1999.

[162] L. P. Cordella, P. Foggia, C. Sansone, and M. Vento. A (sub)graph isomorphism algorithm for matching large graphs. *IEEE Transactions on Pattern Mining and Machine Intelligence*, 26(10), pp. 1367–1372, 2004.

[163] H. Shang, Y. Zhang, X. Lin, and J. X. Yu. Taming verification hardness: an efficient algorithm for testing subgraph isomorphism. *Proceedings of the VLDB Endowment*, 1(1), pp. 364–375, 2008.

[164] J. R. Ullmann. An algorithm for subgraph isomorphism. *Journal of the ACM*, 23: pp. 31–42, January 1976.

[165] G. Cormode, and S. Muthukrishnan. An improved data stream summary: the count-min sketch and its applications. *Journal of Algorithms*, 55(1), pp. 58–75, 2005.

[166] S. Cost, and S. Salzberg. A weighted nearest neighbor algorithm for learning with symbolic features. *Machine Learning*, 10(1), pp. 57–78, 1993.

[167] T. Cover, and P. Hart. Nearest neighbor pattern classification. *IEEE Transactions on Information Theory*, 13(1), pp. 21–27, 1967.

[168] D. Cutting, D. Karger, J. Pedersen, and J. Tukey. Scatter/gather: A cluster-based approach to browsing large document collections. *ACM SIGIR Conference*, pp. 318–329, 1992.

[169] M. Dash, K. Choi, P. Scheuermann, and H. Liu. Feature selection for clustering-a filter solution. *ICDM Conference*, pp. 115–122, 2002.

[170] M. Deshpande, and G. Karypis. Item-based top-n recommendation algorithms. *ACM Transactions on Information Systems (TOIS)*, 22(1), pp. 143–177, 2004.

[171] I. Dhillon. Co-clustering documents and words using bipartite spectral graph partitioning, *ACM KDD Conference*, pp. 269–274, 2001.

[172] I. Dhillon, S. Mallela, and D. Modha. Information-theoretic co-clustering. *ACM KDD Conference*, pp. 89–98, 2003.

[173] I. Dhillon, Y. Guan, and B. Kulis. Kernel k-means: spectral clustering and normalized cuts. *ACM KDD Conference*, pp. 551–556, 2004.

[174] P. Domingos. MetaCost: A general framework for making classifiers cost-sensitive. *ACM KDD Conference*, pp. 155–164, 1999.

[175] P. Domingos. Bayesian averaging of classifiers and the overfitting problem. *ICML Conference*, pp. 223–230, 2000.

[176] P. Domingos, and G. Hulten. Mining high-speed data streams. *ACM KDD Conference*, pp. 71–80. 2000.

[177] P. Clark, and T. Niblett. The CN2 induction algorithm. *Machine Learning*, 3(4), pp. 261–283, 1989.

[178] W. W. Cohen. Fast effectve rule induction. *ICML Conference*, pp. 115–123, 1995.

[179] L. H. Cox. Suppression methodology and statistical disclosure control. *Journal of the American Statistical Association*, 75(370), pp. 377–385, 1980.

[180] E. Cohen, M. Datar, S. Fujiwara, A. Gionis, P. Indyk, R. Motwani, and C. Yang. Finding interesting associations without support pruning. *IEEE Transactions on Knowledge and Data Engineering*, 13(1), pp. 64–78, 2001.

[181] T. Dalenius, and S. Reiss. Data-swapping: A technique for disclosure control. *Journal of statistical planning and inference*, 6(1), pp. 73–85, 1982.

[182] G. Das, and H. Mannila. Context-based similarity measures for categorical databases. *PKDD Conference*, pp. 201–210, 2000.

[183] B. V. Dasarathy. Nearest neighbor (NN) norms: NN pattern classification techniques. *IEEE Computer Society Press*, 1990,

[184] S. Deerwester, S. Dumais, T. Landauer, G. Furnas, and R. Harshman. Indexing by latent semantic analysis. *JASIS*, 41(6), pp. 391–407, 1990.

[185] C. Ding, X. He, and H. Simon. On the equivalence of nonnegative matrix factorization and spectral clustering. *SDM Conference*, pp. 606–610, 2005.

[186] J. Domingo-Ferrer, and J. M. Mateo-Sanz. Practical data-oriented microaggregation for statistical disclosure control. *IEEE Transactions on Knowledge and Data Engineering*, 14(1), pp. 189–201, 2002.

[187] P. Domingos, and M. Pazzani. On the optimality of the simple bayesian classifier under zero-one loss. *Machine Learning*, 29(2–3), pp. 103–130, 1997.

[188] W. Du, and M. Atallah. Secure multi-party computation: A review and open problems. *CERIAS Tech. Report*, 2001-51, Purdue University, 2001.

[189] R. Duda, P. Hart, and D. Stork. Pattern classification. *John Wiley and Sons*, 2012.

[190] C. Dwork. Differential privacy: A survey of results. *Theory and Applications of Models of Computation*, Springer, pp. 1–19, 2008.

[191] C. Dwork. A firm foundation for private data analysis. *Communications of the ACM*, 54(1), pp. 86–95, 2011.

[192] D. Easley, and J. Kleinberg. Networks, crowds, and markets: Reasoning about a highly connected world. *Cambridge University Press*, 2010.

[193] C. Elkan. The foundations of cost-sensitive learning. *IJCAI*, pp. 973–978, 2001.

[194] R. Elmasri, and S. Navathe. *Fundamentals of Database Systems.* Addison-Wesley, 2010.

[195] L. Ertoz, M. Steinbach, and V. Kumar. A new shared nearest neighbor clustering algorithm and its applications. *Workshop on Clustering High Dimensional Data and its Applications*, pp. 105–115, 2002.

[196] P. Erdos, and A. Renyi. On random graphs. *Publicationes Mathematicae Debrecen*, 6, pp. 290–297, 1959.

[197] M. Ester, H.-P. Kriegel, J. Sander, and X. Xu. A density-based algorithm for discovering clusters in large spatial databases with noise. *ACM KDD Conference*, pp. 226–231, 1996.

[198] M. Ester, H. P. Kriegel, J. Sander, M. Wimmer, and X. Xu. Incremental clustering for mining in a data warehousing environment. *VLDB Conference*, pp. 323–333, 1998.

[199] S. Even, O. Goldreich, and A. Lempel. A randomized protocol for signing contracts. *Communications of the ACM*, 28(6), pp. 637–647, 1985.

[200] A. Evfimievski, R. Srikant, R. Agrawal, and J. Gehrke. Privacy preserving mining of association rules. *Information Systems*, 29(4), pp. 343–364, 2004.

[201] M. Faloutsos, P. Faloutsos, and C. Faloutsos. On power-law relationships of the internet topology. *ACM SIGCOMM Computer Communication Review*, pp. 251–262, 1999.

[202] C. Faloutsos, and K. I. Lin. Fastmap: A fast algorithm for indexing, data-mining and visualization of traditional and multimedia datasets. *ACM SIGMOD Conference*, pp. 163–174, 1995.

[203] W. Fan, S. Stolfo, J. Zhang, and P. Chan. AdaCost: Misclassification cost sensitive boosting. *ICML Conference*, pp. 97–105, 1999.

[204] T. Fawcett. ROC Graphs: Notes and Practical Considerations for Researchers. *Technical Report HPL-2003-4*, Palo Alto, CA, HP Laboratories, 2003.

[205] X. Fern, and C. Brodley. Random projection for high dimensional data clustering: A cluster ensemble approach. *ICML Conference*, pp. 186–193, 2003.

[206] C. Fiduccia, and R. Mattheyses. A linear-time heuristic for improving network partitions. In *IEEE Conference on Design Automation*, pp. 175–181, 1982.

[207] R. Fisher. The use of multiple measurements in taxonomic problems. *Annals of Eugenics*, 7: pp. 179–188, 1936.

[208] P. Flajolet, and G. N. Martin. Probabilistic counting algorithms for data base applications. *Journal of Computer and System Sciences*, 31(2), pp. 182–209, 1985.

[209] G. W. Flake. Square unit augmented, radially extended, multilayer perceptrons. *Neural Networks: Tricks of the Trade*, pp. 145–163, 1998.

[210] F. Fouss, A. Pirotte, J. Renders, and M. Saerens. Random-walk computation of similarities between nodes of a graph with application to collaborative recommendation. *IEEE Transactions on Knowledge and Data Engineering*, 19(3), pp. 355–369, 2007.

[211] S. Forrest, C. Warrender, and B. Pearlmutter. Detecting intrusions using system calls: alternate data models. *IEEE ISRSP*, 1999.

[212] S. Fortunato. Community Detection in Graphs. *Physics Reports*, 486(3–5), pp. 75–174, February 2010.

[213] A. Frank, and A. Asuncion. UCI Machine Learning Repository, Irvine, CA: University of California, School of Information and Computer Science, 2010. `http://archive.ics.uci.edu/ml`

[214] E. Frank, M. Hall, and B. Pfahringer. Locally weighted naive bayes. *Proceedings of the Nineteenth conference on Uncertainty in Artificial Intelligence*, pp, 249–256, 2002.

[215] Y. Freund, and R. Schapire. A decision-theoretic generalization of online learning and application to boosting. *Computational Learning Theory*, pp. 23–37, 1995.

[216] J. Friedman. Flexible nearest neighbor classification. *Technical Report, Stanford University*, 1994.

[217] J. Friedman, R. Kohavi, and Y. Yun. Lazy decision trees. *Proceedings of the National Conference on Artificial Intelligence*, pp. 717–724, 1996.

[218] B. Fung, K. Wang, R. Chen, and P. S. Yu. Privacy-preserving data publishing: A survey of recent developments. *ACM Computing Surveys (CSUR)*, 42(4), 2010.

[219] G. Gan, C. Ma, and J. Wu. Data clustering: theory, algorithms, and applications. *SIAM*, 2007.

[220] V. Ganti, J. Gehrke, and R. Ramakrishnan. CACTUS: Clustering categorical data using summaries. *ACM KDD Conference*, pp. 73–83, 1999.

[221] M. Garey, and D. S. Johnson. Computers and intractability: A guide to the theory of NP-completeness. *New York, Freeman*, 1979.

[222] H. Galhardas, D. Florescu, D. Shasha, and E. Simon. AJAX: an extensible data cleaning tool. *ACM SIGMOD Conference* 29(2), pp. 590, 2000.

[223] J. Gao, and P.-N. Tan. Converting output scores from outlier detection algorithms into probability estimates. *ICDM Conference*, pp. 212–221, 2006.

[224] M. Garofalakis, R. Rastogi, and K. Shim. SPIRIT: Sequential pattern mining with regular expression constraints. *VLDB Conference*, pp. 7–10, 1999.

[225] T. Gartner, P. Flach, and S. Wrobel. On graph kernels: Hardness results and efficient alternatives. *COLT: Kernel 2003 Workshop Proceedings*, pp. 129–143, 2003.

[226] Y. Ge, H. Xiong, Z.-H. Zhou, H. Ozdemir, J. Yu, and K. Lee. Top-Eye: Top-k evolving trajectory outlier detection. *CIKM Conference*, pp. 1733–1736, 2010.

[227] J. Gehrke, V. Ganti, R. Ramakrishnan, and W.-Y. Loh. BOAT: Optimistic decision tree construction. *ACM SIGMOD Conference*, pp. 169–180, 1999.

[228] J. Gehrke, R. Ramakrishnan, and V. Ganti. Rainforest-a framework for fast decision tree construction of large datasets. *VLDB Conference*, pp. 416–427, 1998.

[229] D. Gibson, J. Kleinberg, and P. Raghavan. Clustering categorical data: an approach based on dynamical systems. *The VLDB Journal*, 8(3), pp. 222–236, 2000.

[230] M. Girvan, and M. Newman. Community structure in social and biological networks. *Proceedings of the National Academy of Sciences*, 99(12), pp. 7821–7826.

[231] S. Goil, H. Nagesh, and A. Choudhary. MAFIA: Efficient and scalable subspace clustering for very large data sets. *ACM KDD Conference*, pp. 443–452, 1999.

[232] D. W. Goodall. A new similarity index based on probability. *Biometrics*, 22(4), pp. 882–907, 1966.

[233] K. Gouda, and M. J. Zaki. Genmax: An efficient algorithm for mining maximal frequent itemsets. *Data Mining and Knowledge Discovery*, 11(3), pp. 223–242, 2005.

[234] A. Goyal, F. Bonchi, and L. V. S. Lakshmanan. A data-based approach to social influence maximization. *VLDB Conference*, pp. 73–84, 2011.

[235] A. Goyal, F. Bonchi, and L. V. S. Lakshmanan. Learning influence probabilities in social networks. *ACM WSDM Conference*, pp. 241–250, 2011.

[236] R. Gozalbes, J. P. Doucet, and F. Derouin. Application of topological descriptors in QSAR and drug design: history and new trends. *Current Drug Targets-Infectious Disorders*, 2(1), pp. 93–102, 2002.

[237] M. Gupta, J. Gao, C. Aggarwal, and J. Han. Outlier detection for temporal data. Morgan and Claypool, 2014.

[238] S. Guha, R. Rastogi, and K. Shim. ROCK: A robust clustering algorithm for categorical attributes. *Information Systems*, 25(5), pp. 345–366, 2000.

[239] S. Guha, R. Rastogi, and K. Shim. CURE: An efficient clustering algorithm for large databases. *ACM SIGMOD Conference*, pp. 73–84, 1998.

[240] S. Guha, A. Meyerson, N. Mishra, R. Motwani, and L. O'Callaghan. Clustering data

streams: Theory and practice. *IEEE Transactions on Knowledge and Data Engineering*, 15(3), pp. 515–528, 2003.

[241] D. Gunopulos, and G. Das. Time series similarity measures and time series indexing. *ACM SIGMOD Conference*, pp, 624, 2001.

[242] V. Guralnik, and G. Karypis. A scalable algorithm for clustering sequential data. *IEEE International Conference on Data Engineering*, pp. 179–186, 2001.

[243] V. Guralnik, and G. Karypis. Parallel tree-projection-based sequence mining algorithms. *Parallel Computing*, 30(4): pp. 443–472, April 2004. Also appears in *European Conference in Parallel Processing*, 2001.

[244] D. Gusfield. Algorithms on strings, trees and sequences. *Cambridge University Press*, 1997.

[245] I. Guyon (Ed.). Feature extraction: foundations and applications. *Springer*, 2006.

[246] I. Guyon, and A. Elisseeff. An introduction to variable and feature selection. *Journal of Machine Learning Research*, 3, pp. 1157–1182, 2003.

[247] M. Halkidi, Y. Batistakis, and M. Vazirgiannis. Cluster validity methods: part I. *ACM SIGMOD record*, 31(2), pp. 40–45, 2002.

[248] M. Halkidi, Y. Batistakis, and M. Vazirgiannis. Clustering validity checking methods: part II. *ACM SIGMOD Record*, 31(3), pp. 19–27, 2002.

[249] E. Han, and G. Karypis. Centroid-based document classification: analysis and experimental results. *ECML Conference*, pp. 424–431, 2000.

[250] J. Han, M. Kamber, and J. Pei. Data mining: concepts and techniques. *Morgan Kaufmann*, 2011.

[251] J. Han, G. Dong, and Y. Yin. Efficient mining of partial periodic patterns in time series database. *International Conference on Data Engineering*, pp. 106–115, 1999.

[252] J. Han, J. Pei, and Y. Yin. Mining frequent patterns without candidate generation. *ACM SIGMOD Conference*, pp. 1–12, 2000.

[253] J. Han, H. Cheng, D. Xin, and X. Yan. Frequent pattern mining: current status and future directions. *Data Mining and Knowledge Discovery*, 15(1), pp. 55–86, 2007.

[254] J. Haslett, R. Brandley, P. Craig, A. Unwin, and G. Wills. Dynamic graphics for exploring spatial data with application to locating global and local anomalies. *The American Statistician*, 45: pp. 234–242, 1991.

[255] T. Hastie, and R. Tibshirani. Discriminant adaptive nearest neighbor classification. *IEEE Transactions on Pattern Analysis and Machine Intelligence*, 18(6), pp. 607–616, 1996.

[256] T. Hastie, R. Tibshirani, and J. Friedman. The elements of statistical learning. *Springer*, 2009.

[257] V. Hautamaki, V. Karkkainen, and P. Franti. Outlier detection using k-nearest neighbor graph. *International Conference on Pattern Recognition*, pp. 430–433, 2004.

[258] T. H. Haveliwala. Topic-sensitive pagerank. *World Wide Web Conference*, pp. 517-526, 2002.

[259] D. M. Hawkins. Identification of outliers. *Chapman and Hall*, 1980.

[260] S. Haykin. Kalman filtering and neural networks. *Wiley*, 2001.

[261] S. Haykin. Neural networks and learning machines. *Prentice Hall*, 2008.

[262] X. He, D. Cai, and P. Niyogi. Laplacian score for feature selection. *Advances in Neural Information Processing Systems*, 18, 507, 2006.

[263] Z. He, X. Xu, J. Huang, and S. Deng. FP-Outlier: Frequent pattern-based outlier detection. *COMSIS*, 2(1), pp. 103–118, 2005.

[264] Z. He, X. Xu, and S. Deng. Discovering cluster-based local outliers, *Pattern Recognition Letters*, Vol 24(9–10), pp. 1641–1650, 2003.

[265] M. Henrion, D. Hand, A. Gandy, and D. Mortlock. CASOS: A subspace method for anomaly detection in high-dimensional astronomical databases. *Statistical Analysis and Data Mining*, 2012.
Online first: `http://onlinelibrary.wiley.com/enhanced/doi/10.1002/sam.11167/`

[266] A. Hinneburg, C. Aggarwal, and D. Keim. What is the nearest neighbor in high-dimensional space? *VLDB Conference*, pp. 506–516, 2000.

[267] A. Hinneburg, and D. Keim. An efficient approach to clustering in large multimedia databases with noise. *ACM KDD Conference*, pp. 58–65, 1998.

[268] A. Hinneburg, D. A. Keim, and M. Wawryniuk. HD-Eye: Visual mining of high-dimensional data. *Computer Graphics and Applications*, 19(5), pp. 22–31, 1999.

[269] A. Hinneburg, and H. Gabriel. DENCLUE 2.0: Fast clustering based on kernel-density estimation. *Intelligent Data Analysis, Springer*, pp. 70–80, 2007.

[270] D. S. Hirschberg. Algorithms for the longest common subsequence problem. *Journal of the ACM (JACM)*, 24(4), pp. 664–675, 1975.

[271] T. Hofmann. Probabilistic latent semantic indexing. *ACM SIGIR Conference*, pp. 50–57, 1999.

[272] T. Hofmann. Latent semantic models for collaborative filtering. *ACM Transactions on Information Systems (TOIS)*, 22(1), pp. 89–114, 2004.

[273] M. Holsheimer, M. Kersten, H. Mannila, and H. Toivonen. A perspective on databases and data mining, *ACM KDD Conference*, pp. 150–155, 1995.

[274] S. Hofmeyr, S. Forrest, and A. Somayaji. Intrusion detection using sequences of system calls. *Journal of Computer Security*, 6(3), pp. 151–180, 1998.

[275] D. Hosmer Jr., S. Lemeshow, and R. Sturdivant. Applied logistic regression. *Wiley*, 2013.

[276] J. Huan, W. Wang, and J. Prins. Efficient mining of frequent subgraphs in the presence of isomorphism. *IEEE ICDM Conference*, pp. 549–552, 2003.

[277] Z. Huang, X. Li, and H. Chen. Link prediction approach to collaborative filtering. *ACM/IEEE-CS joint conference on Digital libraries*, pp. 141–142, 2005.

[278] Z. Huang, and M. Ng. A fuzzy k-modes algorithm for clustering categorical data. *IEEE Transactions on Fuzzy Systems*, 7(4), pp. 446–452, 1999.

[279] G. Hulten, L. Spencer, and P. Domingos. Mining time-changing data streams. *ACM KDD Conference*, pp. 97–106, 2001.

[280] J. W. Hunt, and T. G. Szymanski. A fast algorithm for computing longest common subsequences. *Communications of the ACM*, 20(5), pp. 350–353, 1977.

[281] Y. S. Hwang, and S. Y. Bang. An efficient method to construct a radial basis function neural network classifier. *Neural Networks*, 10(8), pp. 1495–1503, 1997.

[282] A. Inokuchi, T. Washio, and H. Motoda. An apriori-based algorithm on mining frequent substructures from graph data. *Principles on Knowledge Discovery and Data Mining*, pp. 13–23, 2000.

[283] H. V. Jagadish, A. O. Mendelzon, and T. Milo. Similarity-based queries. *ACM PODS Conference*, pp. 36–45, 1995.

[284] A. K. Jain, and R. C. Dubes. Algorithms for clustering data. *Prentice-Hall, Inc.*, 1998.

[285] A. Jain, M. Murty, and P. Flynn. Data clustering: A review. *ACM Computing Surveys (CSUR)*, 31(3):264–323, 1999.

[286] A. Jain, R. Duin, and J. Mao. Statistical pattern recognition: A review. *IEEE Transactions on Pattern Analysis and Machine Intelligence,*, 22(1), pp. 4–37, 2000.

[287] V. Janeja, and V. Atluri. Random walks to identify anomalous free-form spatial scan windows. *IEEE Transactions on Knowledge and Data Engineering*, 20(10), pp. 1378–1392, 2008.

[288] J. Rennie, and N. Srebro. Fast maximum margin matrix factorization for collaborative prediction. *ICML Conference*, pp. 713–718, 2005.

[289] G. Jeh, and J. Widom. SimRank: a measure of structural-context similarity. *ACM KDD Conference*, pp. 538–543, 2003.

[290] H. Jeung, M. L. Yiu, X. Zhou, C. Jensen, and H. Shen. Discovery of convoys in trajectory databases. *VLDB Conference*, pp. 1068–1080, 2008.

[291] T. Joachims. Making Large scale SVMs practical. *Advances in Kernel Methods, Support Vector Learning*, pp. 169–184, *MIT Press*, Cambridge, 1998.

[292] T. Joachims. Training Linear SVMs in Linear Time. *ACM KDD Conference*, pp. 217–226, 2006.

[293] T. Joachims. Transductive inference for text classification using support vector machines. *International Conference on Machine Learning*, pp. 200–209, 1999.

[294] T. Joachims. Transductive learning via spectral graph partitioning. *ICML Conference*, pp. 290–297, 2003.

[295] I. Jolliffe. Principal component analysis. *John Wiley and Sons*, 2005.

[296] M. Joshi, V. Kumar, and R. Agarwal. Evaluating boosting algorithms to classify rare classes: comparison and improvements. *IEEE ICDM Conference*, pp. 257–264, 2001.

[297] M. Kantarcioglu. A survey of privacy-preserving methods across horizontally partitioned data. *Privacy-Preserving Data Mining: Models and Algorithms*, Springer, pp. 313–335, 2008.

[298] H. Kashima, K. Tsuda, and A. Inokuchi. Kernels for graphs. In *Kernel Methods in Computational Biology*, MIT Press, Cambridge, MA, 2004.

[299] D. Karger, and C. Stein. A new approach to the minimum cut problem. *Journal of the ACM (JACM)*, 43(4), pp. 601–640, 1996.

[300] G. Karypis, E. H. Han, and V. Kumar. Chameleon: Hierarchical clustering using dynamic modeling. *Computer*, 32(8), pp, 68–75, 1999.

[301] G. Karypis, and V. Kumar. A fast and high quality multilevel scheme for partitioning irregular graphs. *SIAM Journal on scientific Computing*, 20(1), pp. 359–392, 1998.

[302] G. Karypis, R. Aggarwal, V. Kumar, and S. Shekhar. Multilevel hypergraph partitioning: applications in VLSI domain. *IEEE Transactions on Very Large Scale Integration (VLSI) Systems*, 7(1), pp. 69–79, 1999.

[303] L. Kaufman, and P. J. Rousseeuw. Finding groups in data: an introduction to cluster analysis. *Wiley*, 2009.

[304] D. Kempe, J. Kleinberg, and E. Tardos. Maximizing the spread of influence through a social network. *ACM KDD Conference*, pp. 137–146, 2003.

[305] E. Keogh, S. Lonardi, and C. Ratanamahatana. Towards parameter-free data mining. *ACM KDD Conference*, pp. 206–215, 2004.

[306] E. Keogh, J. Lin, and A. Fu. HOT SAX: Finding the most unusual time series subsequence: Algorithms and applications. *IEEE ICDM Conference*, pp. 8, 2005.

[307] E. Keogh, and M. Pazzani. Scaling up dynamic time-warping for data mining applications. *ACM KDD Conference*, pp. 285–289, 2000.

[308] E. Keogh. Exact indexing of dynamic time warping. *VLDB Conference*, pp. 406–417, 2002.

[309] E. Keogh, K. Chakrabarti, M. Pazzani, and S. Mehrotra. Dimensionality reduction for fast similarity searching in large time series datanases. *Knowledge and Infomration Systems*, pp. 263–286, 2000.

[310] E. Keogh, S. Lonardi, and B. Y.-C. Chiu. Finding surprising patterns in a time series database in linear time and space. *ACM KDD Conference*, pp. 550–556, 2002.

[311] E. Keogh, S. Lonardi, and C. Ratanamahatana. Towards parameter-free data mining. *ACM KDD Conference*, pp. 206–215, 2004.

[312] B. Kernighan, and S. Lin. An efficient heuristic procedure for partitioning graphs. *Bell System Technical Journal*, 1970.

[313] A. Khan, N. Li, X. Yan, Z. Guan, S. Chakraborty, and S. Tao. Neighborhood-based fast graph search in large networks. *ACM SIGMOD Conference*, pp. 901–912, 2011.

[314] A. Khan, Y. Wu, C. Aggarwal, and X. Yan. Nema: Fast graph matching with label similarity. *Proceedings of the VLDB Endowment*, 6(3), pp. 181–192, 2013.

[315] D. Kifer, and J. Gehrke. Injecting utility into anonymized datasets. *ACM SIGMOD Conference*, pp. 217–228, 2006.

[316] L. Kissner, and D. Song. Privacy-preserving set operations. *Advances in Cryptology–CRYPTO*, pp. 241–257, 2005.

[317] J. Kleinberg. Authoritative sources in a hyperlinked environment. *Journal of the ACM (JACM)*, 46(5), pp. 604–632, 1999.

[318] S. Knerr, L. Personnaz, and G. Dreyfus. Single-layer learning revisited: a stepwise procedure for building and training a neural network. In J. Fogelman, editor, *Neurocomputing: Algorithms, Architectures and Applications*. Springer-Verlag, 1990.

[319] E. Knorr, and R. Ng. Algorithms for mining distance-based outliers in large datasets. *VLDB Conference*, pp. 392–403, 1998.

[320] E. Knorr, and R. Ng. Finding intensional knowledge of distance-based outliers. *VLDB Conference*, pp. 211–222, 1999.

[321] Y. Koren, R. Bell, and C. Volinsky. Matrix factorization techniques for recommender systems. *Computer*, 42(8), pp. 30–37, 2009.

[322] Y. Koren. Factorization meets the neighborhood: a multifaceted collaborative filtering model. *ACM KDD Conference*, pp. 426–434, 2008.

[323] Y. Koren. Collaborative filtering with temporal dynamics. *Communications of the ACM,*, 53(4), pp. 89–97, 2010.

[324] D. Kostakos, G. Trajcevski, D. Gunopulos, and C. Aggarwal. Time series data clustering. *Data Clustering: Algorithms and Applications*, CRC Press, 2013.

[325] J. Konstan. Introduction to recommender systems: algorithms and evaluation. *ACM Transactions on Information Systems*, 22(1), pp. 1–4, 2004.

[326] Y. Kou, C. T. Lu, and D. Chen. Spatial weighted outlier detection, *SIAM Conference on Data Mining*, 2006.

[327] A. Krogh, M. Brown, I. Mian, K. Sjolander, and D. Haussler. Hidden Markov models in computational biology: Applications to protein modeling. *Journal of molecular biology*, 235(5), pp. 1501–1531, 1994.

[328] J. B. Kruskal. Nonmetric multidimensional scaling: a numerical method. *Psychometrika*, 29(2), pp. 115–129, 1964.

[329] B. Kulis, S. Basu, I. Dhillon, and R. Mooney. Semi-supervised graph clustering: a kernel approach. *Machine Learning*, 74(1), pp. 1–22, 2009.

[330] S. Kulkarni, G. Lugosi, and S. Venkatesh. Learning pattern classification: a survey. *IEEE Transactions on Information Theory*, 44(6), pp. 2178–2206, 1998.

[331] M. Kuramochi, and G. Karypis. Frequent subgraph discovery. *IEEE International Conference on Data Mining*, pp. 313–320, 2001.

[332] L. V. S. Lakshmanan, R. Ng, J. Han, and A. Pang. Optimization of constrained frequent set queries with 2-variable constraints. *ACM SIGMOD Conference*, pp. 157–168, 1999.

[333] P. Langley, W. Iba, and K. Thompson. An analysis of Bayesian classifiers. *Proceedings of the National Conference on Artificial Intelligence*, pp. 223–228, 1992.

[334] A. Lazarevic, and V. Kumar. Feature bagging for outlier detection. *ACM KDD Conference*, pp. 157–166, 2005.

[335] K. LeFevre, D. J. DeWitt, and R. Ramakrishnan. Incognito: Efficient full-domain k-anonymity. *ACM SIGMOD Conference*, pp. 49–60, 2005.

[336] K. LeFevre, D. J. DeWitt, and R. Ramakrishnan. Mondrian multidimensional k-anonymity. *IEEE International Conference on Data Engineering*, pp. 25, 2006.

[337] J.-G. Lee, J. Han, and X. Li. Trajectory outlier detection: A partition-and-detect framework. *ICDE Conference*, pp. 140–149, 2008.

[338] J.-G. Lee, J. Han, and K.-Y. Whang. Trajectory clustering: a partition-and-group framework. *ACM SIGMOD Conference*, pp. 593–604, 2007.

[339] J.-G. Lee, J. Han, X. Li, and H. Gonzalez. TraClass: trajectory classification using hierarchical region-based and trajectory-based clustering. *Proceedings of the VLDB Endowment*, 1(1), pp. 1081–1094, 2008.

[340] W. Lee, and D. Xiang. Information theoretic measures for anomaly detection. *IEEE Symposium on Security and Privacy*, pp. 130–143, 2001.

[341] J. Leskovec, D. Huttenlocher, and J. Kleinberg. Predicting positive and negative links in online social networks. *World Wide Web Conference*, pp. 641–650, 2010.

[342] J. Leskovec, J. Kleinberg, and C. Faloutsos. Graphs over time: densification laws, shrinking diameters, and possible explanations. *ACM KDD Conference*, pp. 177–187, 2005.

[343] J. Leskovec, A. Rajaraman, and J. Ullman. Mining of massive datasets. *Cambridge University Press*, 2012.

[344] D. Lewis. Naive Bayes at forty: The independence assumption in information retrieval. *ECML Conference*, pp. 4–15, 1998.

[345] D. Lewis, and J. Catlett. Heterogeneous uncertainty sampling for supervised learning. *ICML Conference*, pp. 148–156, 1994.

[346] C. Li, Q. Yang, J. Wang, and M. Li. Efficient mining of gap-constrained subsequences and its various applications. *ACM Transactions on Knowledge Discovery from Data (TKDD)*, 6(1), 2, 2012.

[347] J. Li, G. Dong, K. Ramamohanarao, and L. Wong. Deeps: A new instance-based lazy discovery and classification system. *Machine Learning*, 54(2), pp. 99–124, 2004.

[348] N. Li, T. Li, and S. Venkatasubramanian. t-closeness: Privacy beyond k-anonymity and ℓ-diversity. *IEEE International Conference on Data Engineering*, pp. 106–115, 2007.

[349] W. Li, J. Han, and J. Pei. CMAR: Accurate and efficient classification based on multiple class-association rules. *IEEE ICDM Conference*, pp. 369–376, 2001.

[350] Y. Li, M. Dong, and J. Hua. Localized feature selection for clustering. *Pattern Recognition Letters*, 29(1), 10–18, 2008.

[351] Z. Li, B. Ding, J. Han, and R. Kays. Swarm: Mining relaxed temporal moving object clusters. *Proceedings of the VLDB Endowment*, 3(1–2), pp. 732–734, 2010.

[352] Z. Li, B. Ding, J. Han, R. Kays, and P. Nye. Mining periodic behaviors for moving objects. *ACM KDD Conference*, pp. 1099–1108, 2010.

[353] D. Liben-Nowell, and J. Kleinberg. The link-prediction problem for social networks. *Journal of the American Society for Information Science and Technology*, 58(7), pp. 1019–1031, 2007.

[354] R. Lichtenwalter, J. Lussier, and N. Chawla. New perspectives and methods in link prediction. *ACM KDD Conference*, pp. 243–252, 2010.

[355] J. Lin, E. Keogh, S. Lonardi, and B. Chiu. Experiencing SAX: a novel symbolic representation of time series. *Data Mining and Knowledge Discovery*, 15(2), pp. 107–144, 2003.

[356] J. Lin, E. Keogh, S. Lonardi, and P. Patel. Finding motifs in time series. *Proceedings of the 2nd Workshop on Temporal Data*, 2002.

[357] B. Liu. Web data mining: exploring hyperlinks, contents, and usage data. *Springer*, New York, 2007.

[358] B. Liu, W. Hsu, and Y. Ma. Integrating classification and association rule mining. *ACM KDD Conference*, pp. 80–86, 1998.

[359] G. Liu, H. Lu, W. Lou, and J. X. Yu. On computing, storing and querying frequent patterns. *ACM KDD Conference*, pp. 607–612, 2003.

[360] H. Liu, and H. Motoda. Feature selection for knowledge discovery and data mining. *Springer*, 1998.

[361] J. Liu, Y. Pan, K. Wang, and J. Han. Mining frequent item sets by opportunistic projection. *ACM KDD Conference*, pp. 229–238, 2002.

[362] L. Liu, J. Tang, J. Han, M. Jiang, and S. Yang. Mining topic-level influence in heterogeneous networks. *ACM CIKM Conference*, pp. 199–208, 2010.

[363] D. Lin. An Information-theoretic Definition of Similarity. *ICML Conference*, pp. 296–304, 1998.

[364] R. Little, and D. Rubin. Statistical analysis with missing data. *Wiley*, 2002.

[365] F. T. Liu, K. M. Ting, and Z.-H. Zhou. Isolation forest. *IEEE ICDM Conference*, pp. 413–422, 2008.

[366] H. Liu, and H. Motoda. Computational methods of feature selection. *Chapman and Hall/CRC*, 2007.

[367] K. Liu, C. Giannella, and H. Kargupta. A survey of attack techniques on privacy-preserving data perturbation methods. *Privacy-Preserving Data Mining: Models and Algorithms*, Springer, pp. 359–381, 2008.

[368] B. London, and L. Getoor. Collective classification of network data. *Data Classification: Algorithms and Applications*, CRC Press, pp. 399–416, 2014.

[369] C.-T. Lu, D. Chen, and Y. Kou. Algorithms for spatial outlier detection, *IEEE ICDM Conference*, pp. 597–600, 2003.

[370] Q. Lu, and L. Getoor. Link-based classification. *ICML Conference*, pp. 496–503, 2003.

[371] U. von Luxburg. A tutorial on spectral clustering. *Statistics and computing*, 17(4), pp. 395–416, 2007.

[372] A. Machanavajjhala, D. Kifer, J. Gehrke, and M. Venkitasubramaniam. ℓ-diversity: privacy beyond k-anonymity. *ACM Transactions on Knowledge Discovery from Data (TKDD)*, 1(3), 2007.

[373] S. Macskassy, and F. Provost. A simple relational classifier. *Second Workshop on Multi-Relational Data Mining (MRDM) at ACM KDD Conference*, 2003.

[374] S. C. Madeira, and A. L. Oliveira. Biclustering algorithms for biological data analysis: a survey. *IEEE/ACM Transactions on Computational Biology and Bioinformatics.* 1(1), pp. 24–45, 2004.

[375] N. Mamoulis, H. Cao, G. Kollios, M. Hadjieleftheriou, Y. Tao, and D. Cheung. Mining, indexing, and querying historical spatiotemporal data. *ACM KDD Conference*, pp. 236–245, 2004.

[376] G. Manku, and R. Motwani. Approximate frequency counts over data streams. *VLDB Conference*, pp. 346–357, 2002.

[377] C. Manning, P. Raghavan, and H. Schutze. Introduction to information retrieval. *Cambridge University Press*, Cambridge, 2008.

[378] M. Markou, and S. Singh. Novelty detection: a review, part 1: statistical approaches. *Signal Processing*, 83(12), pp. 2481–2497, 2003.

[379] G. J. McLachian. Discriminant analysis and statistical pattern recognition. *Wiler Interscience*, 2004.

[380] M. Markou, and S. Singh. Novelty detection: A review, part 2: neural network-based approaches. *Signal Processing*, 83(12), pp. 2481–2497, 2003.

[381] M. Mehta, R. Agrawal, and J. Rissanen. SLIQ: A fast scalable classifier for data mining, *EDBT Conference*, pp. 18–32, 1996.

[382] P. Melville, M. Saar-Tsechansky, F. Provost, and R. Mooney. An expected utility approach to active feature-value acquisition. *IEEE ICDM Conference*, 2005.

[383] A. K. Menon, and C. Elkan. Link prediction via matrix factorization. *Machine Learning and Knowledge Discovery in Databases*, pp. 437–452, 2011.

[384] B. Messmer, and H. Bunke. A new algorithm for error-tolerant subgraph isomprohism detection. *IEEE Transactions on Pattern Mining and Machine Intelligence*, 20(5), pp. 493–504, 1998.

[385] A. Meyerson, and R. Williams. On the complexity of optimal k-anonymization. *ACM PODS Conference*, pp. 223–228, 2004.

[386] R. Michalski, I. Mozetic, J. Hong, and N. Lavrac. The multi-purpose incremental learning system AQ15 and its testing application to three medical domains. *Proceedings of the AAAI*, pp. 1–41, 1986.

[387] C. Michael, and A. Ghosh. Two state-based approaches to program-based anomaly detection. *Computer Security Applications Conference*, pp. 21, 2000.

[388] H. Miller, and J. Han. Geographic data mining and knowledge discovery. *CRC Press*, 2009.

[389] T. M. Mitchell. Machine learning. *McGraw Hill International Edition*, 1997.

[390] B. Mobasher. Web usage mining and personalization. *Practical Handbook of Internet Computing, ed. Munindar Singh*, pp, 264–265, CRC Press, 2005.

[391] D. Montgomery, E. Peck, and G. Vining. Introduction to linear regression analysis. *John Wiley and Sons*, 2012.

[392] C. H. Mooney, and J. F. Roddick. Sequential pattern mining: approaches and algorithms. *ACM Computing Surveys (CSUR)*, 45(2), 2013.

[393] B. Moret. Decision trees and diagrams. *ACM Computing Surveys (CSUR)*, 14(4), pp. 593–623, 1982.

[394] A. Mueen, E. Keogh, Q. Zhu, S. Cash, and M. Westover. Exact discovery of time series motifs. *SDM Conference*, pp. 473–484, 2009.

[395] A. Mueen, and E. Keogh. Online discovery and maintenance of time series motifs. *ACM KDD Conference*, pp. 1089–1098, 2010.

[396] E. Muller, M. Schiffer, and T. Seidl. Statistical selection of relevant subspace projections for outlier ranking. *ICDE Conference*, pp, 434–445, 2011.

[397] E. Muller, I. Assent, P. Iglesias, Y. Mulle, and K. Bohm. Outlier analysis via subspace analysis in multiple views of the data. *IEEE ICDM Conference*, pp. 529–538, 2012.

[398] S. K. Murthy. Automatic construction of decision trees from data: A multi-disciplinary survey. *Data Mining and Knowledge Discovery*, 2(4), pp. 345–389, 1998.

[399] S. Nabar, K. Kenthapadi, N. Mishra, and R. Motwani. A survey of query auditing techniques for data privacy. *Privacy-Preserving Data Mining: Models and Algorithms*, Springer, pp. 415–431, 2008.

[400] D. Nadeau, and S. Sekine. A survey of named entity recognition and classification. *Lingvisticae Investigationes*, 30(1), 3–26, 2007.

[401] M. Naor, and B. Pinkas. Efficient oblivious transfer protocols. *SODA Conference*, pp. 448–457, 2001.

[402] A. Narayanan, and V. Shmatikov. How to break anonymity of the netflix prize dataset. *arXiv preprint cs/0610105*, 2006. `http://arxiv.org/abs/cs/0610105`

[403] G. Nemhauser, and L. Wolsey. Integer and combinatorial optimization. *Wiley*, New York, 1988.

[404] J. Neville, and D. Jensen. Iterative classification in relational data. *AAAI Workshop on Learning Statistical Models from Relational Data*, pp. 13–20, 2000.

[405] A. Ng, M. Jordan, and Y. Weiss. On spectral clustering analysis and an algorithm. *Advances in Neural Information Processing Systems*, pp. 849–856, 2001.

[406] R. T. Ng, L. V. S. Lakshmanan, J. Han, and A. Pang. Exploratory mining and pruning optimizations of constrained associations rules. *ACM SIGMOD Conference*, pp. 13–24, 1998.

[407] R. T. Ng, and J. Han. CLARANS: A method for clustering objects for spatial data mining. *IEEE Transactions on Knowledge and Data Engineering*, 14(5), pp. 1003–1016, 2002.

[408] M. Neuhaus, and H. Bunke. Automatic learning of cost functions for graph edit distance. *Information Sciences*, 177(1), pp. 239–247, 2007.

[409] M. Neuhaus, K. Riesen, and H. Bunke. Fast suboptimal algorithms for the computation of graph edit distance. *Structural, Syntactic, and Statistical Pattern Recognition*, pp. 163–172, 2006.

[410] K. Nigam, A. McCallum, S. Thrun, and T. Mitchell. Text classification with labeled and unlabeled data using EM. *Machine Learning*, 39(2), pp. 103–134, 2000.

[411] B. Ozden, S. Ramaswamy, and A. Silberschatz. Cyclic association rules. *International Conference on Data Engineering*, pp. 412–421, 1998.

[412] L. Page, S. Brin, R. Motwani, and T. Winograd. The PageRank citation engine: Bringing order to the web. *Technical Report*, 1999–0120, Computer Science Department, Stanford University, 1998.

[413] F. Pan, G. Cong, A. Tung, J. Yang, and M. Zaki. CARPENTER: Finding closed patterns in long biological datasets. *ACM KDD Conference*, pp. 637–642, 2003.

[414] T. Palpanas. Real-time data analytics in sensor networks. *Managing and Mining Sensor Data*, pp. 173–210, Springer, 2013.

[415] F. Pan, A. K. H. Tung, G. Cong, and X. Xu. COBBLER: Combining column and row enumeration for closed pattern discovery. *International Conference on Scientific and Statistical Database Management*, pp. 21–30, 2004.

[416] C. Papadimitriou, H. Tamaki, P. Raghavan, and S. Vempala. Latent semantic indexing: A probabilistic analysis. *ACM PODS Conference*, pp. 159–168, 1998.

[417] N. Pasquier, Y. Bastide, R. Taouil, and L. Lakhal. Discovering frequent closed itemsets for association rules. *International Conference on Database Theory*, pp. 398–416, 1999.

[418] P. Patel, E. Keogh, J. Lin, and S. Lonardi. Mining motifs in massive time series databases. *IEEE ICDM Conference*, pp. 370–377, 2002.

[419] J. Pei, J. Han, H. Lu, S. Nishio, S. Tang, and D. Yang. H-mine: Hyper-structure mining of frequent patterns in large databases. *IEEE ICDM Conference*, pp. 441–448, 2001.

[420] J. Pei, J. Han, and R. Mao. CLOSET: An efficient algorithm for mining frequent closed itemsets. *ACM SIGMOD Workshop on Research Issues in Data Mining and Knowledge Discovery*, pp, 21–30, 2000.

[421] J. Pei, J. Han, B. Mortazavi-Asl, J. Wang, H. Pinto, Q. Chen, U. Dayal, and M. C. Hsu. Mining sequential patterns by pattern-growth: The prefixspan approach. *IEEE Transactions on Knowledge and Data Engineering*, 16(11), pp. 1424–1440, 2004.

[422] J. Pei, J. Han, and L. V. S. Lakshmanan. Mining frequent patterns with convertible constraints. *ICDE Conference*, pp. 433–442, 2001.

[423] D. Pelleg, and A. W. Moore. X-means: Extending k-means with efficient estimation of the number of clusters. *ICML Conference*, pp. 727–734, 2000.

[424] M. Petrou, and C. Petrou. Image processing: the fundamentals. *Wiley*, 2010.

[425] D. Pierrakos, G. Paliouras, C. Papatheodorou, and C. Spyropoulos. Web usage mining as a tool for personalization: a survey. *User Modeling and User-Adapted Interaction*, 13(4), pp, 311–372, 2003.

[426] D. Pokrajac, A. Lazerevic, and L. Latecki. Incremental local outlier detection for data streams. *Computational Intelligence and Data Mining Conference*, pp. 504–515, 2007.

[427] S. A. Macskassy, and F. Provost. Classification in networked data: A toolkit and a univariate case study. *Joirnal of Machine Learning Research*, 8, pp. 935–983, 2007.

[428] G. Qi, C. Aggarwal, and T. Huang. Link Prediction across networks by biased cross-network sampling. *IEEE ICDE Conference*, pp. 793–804, 2013.

[429] G. Qi, C. Aggarwak, and T. Huang. Online community detection in social sensing. *ACM WSDM Conference*, pp. 617–626, 2013.

[430] J. Quinlan. C4.5: programs for machine learning. *Morgan-Kaufmann Publishers*, 1993.

[431] J. Quinlan. Induction of decision trees. *Machine Learning*, 1, pp. 81–106, 1986.

[432] D. Rafiei, and A. Mendelzon. Similarity-based queries for time series data, *ACM SIGMOD Record*, 26(2), pp. 13–25, 1997.

[433] E. Rahm, and H. Do. Data cleaning: problems and current approaches, *IEEE Data Engineering Bulletin*, 23(4), pp. 3–13, 2000.

[434] R. Ramakrishnan, and J. Gehrke. Database Management Systems. *Osborne/McGraw Hill*, 1990.

[435] V. Raman, and J. Hellerstein. Potter's wheel: An interactive data cleaning system. *VLDB Conference*, pp. 381–390, 2001.

[436] S. Ramaswamy, R. Rastogi, and K. Shim. Efficient algorithms for mining outliers from large data sets. *ACM SIGMOD Conference*, pp. 427–438, 2000.

[437] M. Rege, M. Dong, and F. Fotouhi. Co-clustering documents and words using bipartite isoperimetric graph partitioning. *IEEE ICDM Conference*, pp. 532–541, 2006.

[438] E. S. Ristad, and P. N. Yianilos. Learning string-edit distance. *IEEE Transactions on Pattern Analysis and Machine Intelligence.* 20(5), pp. 522–532, 1998.

[439] F. Rosenblatt. The perceptron: A probabilistic model for information storage and organization in the brain. *Psychological review*, 65(6), 286, 1958.

[440] R. Salakhutdinov, and A. Mnih. *Probabilistic Matrix Factorization. Advances in Neural and Information Processing Systems*, pp. 1257–1264, 2007.

[441] G. Salton, and M. J. McGill. Introduction to modern information retrieval. *McGraw Hill*, 1986.

[442] P. Samarati. Protecting respondents identities in microdata release. *IEEE Transactions on Knowledge and Data Engineering*, 13(6), pp. 1010–1027, 2001.

[443] H. Samet. The design and analysis of spatial data structures. *Addison-Wesley*, Reading, MA, 1990.

[444] J. Sander, M. Ester, H. P. Kriegel, and X. Xu. Density-based clustering in spatial databases: The algorithm gdbscan and its applications. *Data Mining and Knowledge Discovery*, 2(2), pp. 169–194, 1998.

[445] B. Sarwar, G. Karypis, J. Konstan, and J. Riedl. Item-based collaborative filtering recommendation algorithms. *World Wide Web Conference*, pp. 285–295, 2001.

[446] A. Savasere, E. Omiecinski, and S. B. Navathe. An efficient algorithm for mining association rules in large databases. *Very Large Databases Conference*, pp. 432–444, 1995.

[447] A. Savasere, E. Omiecinski, and S. Navathe. Mining for strong negative associations in a large database of customer transactions. *IEEE ICDE Conference*, pp. 494–502, 1998.

[448] C. Saunders, A. Gammerman, and V. Vovk. Ridge regression learning algorithm in dual variables. *ICML Conference*, pp. 515–521, 1998.

[449] B. Scholkopf, and A. J. Smola. Learning with kernels: support vector machines, regularization, optimization, and beyond. *Cambridge University Press*, 2001.

[450] B. Scholkopf, A. Smola, and K.-R. Muller. Nonlinear component analysis as a kernel eigenvalue problem. *Neural Computation*, 10(5), pp. 1299–1319, 1998.

[451] B. Scholkopf, and A. J. Smola. *Learning with Kernels.* MIT Press, Cambridge, MA, 2002.

[452] H. Schutze, and C. Silverstein. Projections for efficient document clustering. *ACM SIGIR Conference*, pp. 74–81, 1997.

[453] F. Sebastiani. Machine Learning in Automated Text Categorization. *ACM Computing Surveys*, 34(1), 2002.

[454] B. Settles. Active Learning. *Morgan and Claypool*, 2012.

[455] B. Settles, and M. Craven. An analysis of active learning strategies for sequence labeling tasks. *Proceedings of the Conference on Empirical Methods in Natural Language Processing (EMNLP)*, pp. 1069–1078, 2008.

[456] D. Seung, and L. Lee. Algorithms for non-negative matrix factorization. *Advances in Neural Information Processing Systems*, 13, pp. 556–562, 2001.

[457] H. Seung, M. Opper, and H. Sompolinsky. Query by committee. *Fifth annual workshop on Computational learning theory*, pp. 287–294, 1992.

[458] J. Shafer, R. Agrawal, and M. Mehta. SPRINT: A scalable parallel classifier for data mining. *VLDB Conference*, pp. 544–555, 1996.

[459] S. Shekhar, C. T. Lu, and P. Zhang. Detecting graph-based spatial outliers: algorithms and applications. *ACM KDD Conference*, pp. 371–376, 2001.

[460] S.Shekhar, C. T. Lu, and P. Zhang. A unified approach to detecting spatial outliers. *Geoinformatica*, 7(2), pp. 139–166, 2003.

[461] S. Shekhar, and S. Chawla. A tour of spatial databases. *Prentice Hall*, 2002.

[462] S. Shekhar, C. T. Lu, and P. Zhang. Detecting graph-based spatial outliers. *Intelligent Data Analysis*, 6, pp. 451–468, 2002.

[463] S. Shekhar, and Y. Huang. Discovering spatial co-location patterns: a summary of results. In *Advances in Spatial and Temporal Databases* , pp. 236–256, Springer, 2001.

[464] G. Sheikholeslami, S. Chatterjee, and A. Zhang. Wavecluster: A multi-resolution clustering approach for very large spatial databases. *VLDB Conference*, pp. 428–439, 1998.

[465] P. Shenoy, J. Haritsa, S. Sudarshan, G., Bhalotia, M. Bawa, and D. Shah. Turbo-charging vertical mining of large databases. *ACM SIGMOD Conference*, 29(2), pp. 22–35, 2000.

[466] J. Shi, and J. Malik. Normalized cuts and image segmentation. *IEEE Transactions on Pattern Analysis and Machine Intelligence*. 22(8), pp. 888–905, 2000.

[467] R. Shumway, and D. Stoffer. Time-series analysis and its applications: With R examples, *Springer*, New York, 2011.

[468] M.-L. Shyu, S.-C. Chen, K. Sarinnapakorn, and L. Chang. A novel anomaly detection scheme based on principal component classifier, *ICDM Conference*, pp. 353–365, 2003.

[469] R. Sibson. SLINK: An optimally efficient algorithm for the single-link clustering method. The Computer Journal, 16(1), pp. 30–34, 1973.

[470] A. Siebes, J. Vreeken, and M. van Leeuwen. itemsets that compress. *SDM Conference*, pp. 393–404, 2006.

[471] B. W. Silverman. Density Estimation for Statistics and Data Analysis. *Chapman and Hall*, 1986.

[472] K. Smets, and J. Vreeken. The odd one out: Identifying and characterising anomalies. *SIAM Conference on Data Mining*, pp. 804–815, 2011.

[473] E. S. Smirnov. On exact methods in systematics. *Systematic Zoology*, 17(1), pp. 1–13, 1968.

[474] P. Smyth. Clustering sequences with hidden Markov models. *Advances in Neural Information Processing Systems*, pp. 648–654, 1997.

[475] E. J. Stollnitz, and T. D. De Rose. Wavelets for computer graphics: theory and applications. *Morgan Kaufmann*, 1996.

[476] R. Srikant, and R. Agrawal. Mining quantitative association rules in large relational tables. *ACM SIGMOD Conference*, pp. 1–12, 1996.

[477] J. Srivastava, R. Cooley, M. Deshpande, and P. N. Tan. Web usage mining: Discovery and applications of usage patterns from web data. *ACM SIGKDD Explorations Newsletter*, 1(2), pp. 12–23, 2000.

[478] I. Steinwart, and A. Christmann. Support vector machines. *Springer*, 2008.

[479] A. Strehl, and J. Ghosh. Cluster ensembles—a knowledge reuse framework for combining multiple partitions. *Journal of Machine Learning Research*, 3, pp. 583–617, 2003.

[480] G. Strang. An introduction to linear algebra. *Wellesley Cambridge Press*, 2009.

[481] G. Strang, and K. Borre. Linear algebra, geodesy, and GPS. *Wellesley Cambridge Press*, 1997.

[482] K. Subbian, C. Aggarwal, and J. Srivasatava. Content-centric flow mining for influence analysis in social streams. *CIKM Conference*, pp. 841–846, 2013.

[483] J. Sun, and J. Tang. A survey of models and algorithms for social influence analysis. *Social Network Data Analytics*, Springer, pp. 177–214, 2011.

[484] Y. Sun, J. Han, C. Aggarwal, and N. Chawla. When will it happen?: relationship prediction in heterogeneous information networks. *ACM international conference on Web search and data mining*, pp. 663–672, 2012.

[485] P.-N Tan, M. Steinbach, and V. Kumar. Introduction to data mining. *Addison-Wesley*, 2005.

[486] P. N. Tan, V. Kumar, and J. Srivastava. Selecting the right interestingness measure for association patterns. *ACM KDD Conference*, pp. 32–41, 2002.

[487] J. Tang, Z. Chen, A. W.-C. Fu, and D. W. Cheung. Enhancing effectiveness of outlier detection for low density patterns. *PAKDD Conference*, pp. 535–548, 2002.

[488] J. Tang, J. Sun, C. Wang, and Z. Yang. Social influence analysis in large-scale networks. *ACM SIGKDD international conference on Knowledge discovery and data mining*, pp. 807–816, 2009.

[489] B. Taskar, M. Wong, P. Abbeel, and D. Koller. Link prediction in relational data. *Advances in Neural Information Processing Systems*, 2003.

[490] J. Tenenbaum, V. De Silva, and J. Langford. A global geometric framework for nonlinear dimensionality reduction. *Science*, 290 (5500), pp. 2319–2323, 2000.

[491] K. Ting, and I. Witten. Issues in stacked generalization. *Journal of Artificial Intelligence Research*, 10, pp. 271–289, 1999.

[492] T. Mitsa. Temporal data mining. *CRC Press*, 2010.

[493] H. Toivonen. Sampling large databases for association rules. *VLDB Conference*, pp. 134–145, 1996.

[494] V. Vapnik. The nature of statistical learning theory. *Springer*, 2000.

[495] J. Vaidya. A survey of privacy-preserving methods across vertically partitioned data. *Privacy-Preserving Data Mining: Models and Algorithms*, Springer, pp. 337–358, 2008.

[496] V. Vapnik. Statistical learning theory. *Wiley*, 1998.

[497] V. Verykios, and A. Gkoulalas-Divanis. A Survey of Association Rule Hiding Methods for Privacy. *Privacy-Preserving Data Mining: Models and Algorithms*, Springer, pp. 267–289, 2008.

[498] J. S. Vitter. Random sampling with a reservoir. *ACM Transactions on Mathematical Software (TOMS)*, 11(1), pp. 37–57, 2006.

[499] M. Vlachos, M. Hadjieleftheriou, D. Gunopulos, and E. Keogh. Indexing multidimensional time-series with support for multiple distance measures. *ACM KDD Conference*, pp. 216–225, 2003.

[500] M. Vlachos, G. Kollios, and D. Gunopulos. Discovering similar multidimensional trajectories. *IEEE International Conference on Data Engineering*, pp. 673–684, 2002.

[501] T. De Vries, S. Chawla, and M. Houle. Finding local anomalies in very high dimensional space. *IEEE ICDM Conference*, pp. 128–137, 2010.

[502] A. Waddell, and R. Oldford. Interactive visual clustering of high dimensional data by exploring low-dimensional subspaces. *INFOVIS*, 2012.

[503] H. Wang, W. Fan, P. Yu, and J. Han. Mining concept-drifting data streams using ensemble classifiers. *ACM KDD Conference*, pp. 226–235, 2003.

[504] J. Wang, J. Han, and J. Pei. Closet+: Searching for the best strategies for mining frequent closed itemsets. *ACM KDD Conference*, pp. 236–245, 2003.

[505] J. Wang, Y. Zhang, L. Zhou, G. Karypis, and C. C. Aggarwal. Discriminating subsequence discovery for sequence clustering. *SIAM Conference on Data Mining*, pp. 605–610, 2007.

[506] W. Wang, J. Yang, and R. Muntz. STING: A statistical information grid approach to spatial data mining. *VLDB Conference*, pp. 186–195, 1997.

[507] J. S. Walker. Fast fourier transforms. *CRC Press*, 1996.

[508] S. Wasserman. Social network analysis: Methods and applications. *Cambridge University Press*, 1994.

[509] D. Watts, and D. Strogatz. Collective dynamics of 'small-world' networks. *Nature*, 393 (6684), pp. 440–442, 1998.

[510] L. Wei, E. Keogh, and X. Xi. SAXually Explicit images: Finding unusual shapes. *IEEE ICDM Conference*, pp. 711–720, 2006.

[511] H. Wiener. Structural determination of paraffin boiling points. *Journal of the American Chemical Society*. 1(69). pp. 17–20, 1947.

[512] L. Willenborg, and T. De Waal. Elements of statistical disclosure control. *Springer*, 2001.

[513] D. Wolpert. Stacked generalization. *Neural Networks*, 5(2), pp. 241–259, 1992.

[514] X. Xiao, and Y. Tao. Anatomy: Simple and effective privacy preservation. *Very Large Databases Conference*, pp. 139–150, 2006.

[515] D. Xin, J. Han, X. Yan, and H. Cheng. Mining compressed frequent-pattern sets. *VLDB Conference*, pp. 709–720, 2005.

[516] Z. Xing, J. Pei, and E. Keogh. A brief survey on sequence classification. *SIGKDD Explorations Newsletter*, 12(1), pp. 40–48, 2010.

[517] H. Xiong, P. N. Tan, and V. Kumar. Mining strong affinity association patterns in data sets with skewed support distribution. *ICDM Conference*, pp. 387–394, 2003.

[518] K. Yaminshi, J. Takeuchi, and G. Williams. Online unsupervised outlier detection using finite mixtures with discounted learning algorithms, *ACM KDD Conference*,pp. 320–324, 2000.

[519] X. Yan, and J. Han. gSpan: Graph-based substructure pattern mining. *IEEE International Conference on Data Mining*, pp. 721–724, 2002.

[520] X. Yan, P. Yu, and J. Han. Substructure similarity search in graph databases. *ACM SIGMOD Conference*, pp. 766–777, 2005.

[521] X. Yan, P. Yu, and J. Han. Graph indexing: a frequent structure-based approach. *ACM SIGMOD Conference*, pp. 335–346, 2004.

[522] X. Yan, F. Zhu, J. Han, and P. S. Yu. Searching substructures with superimposed distance. *International Conference on Data Engineering*, pp. 88, 2006.

[523] J. Yang, and W. Wang. CLUSEQ: efficient and effective sequence clustering. *IEEE International Conference on Data Engineering*, pp. 101–112, 2003.

[524] D. Yankov, E. Keogh, J. Medina, B. Chiu, and V. Zordan. Detecting time series motifs under uniform scaling. *ACM KDD Conference*, pp. 844–853, 2007.

[525] N. Ye. A markov chain model of temporal behavior for anomaly detection. *IEEE Information Assurance Workshop*, pp. 169, 2004.

[526] B. K. Yi, H. V. Jagadish, and C. Faloutsos. Efficient retrieval of similar time sequences under time warping. *IEEE International Conference on Data Engineering*, pp. 201–208, 1998.

[527] B. K. Yi, N. Sidiropoulos, T. Johnson, H. V. Jagadish, C. Faloutsos, and A. Biliris. Online data mining for co-evolving time sequences. *International Conference on Data Engineering*, pp. 13–22, 2000.

[528] H. Yildirim, and M. Krishnamoorthy. A random walk method for alleviating the sparsity problem in collaborative filtering. *ACM conference on Recommender systems*, pp. 131–138, 2008.

[529] X. Yin, and J. Han. CPAR: Classification based on predictive association rules. *SIAM international conference on data mining*, pp. 331–335, 2003.

[530] S. Yu, and J. Shi. Multiclass spectral clustering. *International Conference on Computer Vision*, 2003.

[531] B. Zadrozny, J. Langford, and N. Abe. Cost-sensitive learning by cost-proportionate example weighting. *ICDM Conference*, pp. 435–442, 2003.

[532] R. Zafarani, M. A. Abbasi, and H. Liu. Social media mining: an introduction. *Cambridge University Press*, New York, 2014.

[533] H. Zakerzadeh, C. Aggarwal, and K. Barker. Towards breaking the curse of dimensionality for high-dimensional privacy. *SIAM Conference on Data Mining*, pp. 731–739, 2014.

[534] M. J. Zaki. Scalable algorithms for association mining. *IEEE Transactions on Knowledge and Data Engineering*, 12(3), pp. 372–390, 2000.

[535] M. J. Zaki. SPADE: An efficient algorithm for mining frequent sequences. *Machine learning*, 42(1–2), pp. 31–60, 2001. 31–60.

[536] M. J. Zaki, and M. Wagner Jr. Data mining and analysis: fundamental concepts and algorithms. *Cambridge University Press*, 2014.

[537] M. J. Zaki, S. Parthasarathy, M. Ogihara, and W. Li. New algorithms for fast discovery of association rules. *KDD Conference*, pp. 283–286, 1997.

[538] M. J. Zaki, and K. Gouda. Fast vertical mining using diffsets. *ACM KDD Conference*, pp. 326–335, 2003.

[539] M. J. Zaki, and C. Hsiao. CHARM: An efficient algorithm for closed itemset mining. *SIAM Conference on Data Mining*, pp. 457–473, 2002.

[540] M. J. Zaki, and C. Aggarwal. XRules: An effective algorithm for structural classification of XML data. *Machine Learning*, 62(1–2), pp. 137–170, 2006.

[541] B. Zenko. Is combining classifiers better than selecting the best one? *Machine Learning*, pp. 255–273, 2004.

[542] Y. Zhai, and B. Liu. Web data extraction based on partial tree alignment. *World Wide Web Conference*, pp. 76–85, 2005.

[543] D. Zhan, M. Li, Y. Li, and Z.-H. Zhou. Learning instance specific distances using metric propagation. *ICML Conference*, pp. 1225–1232, 2009.

[544] H. Zhang, A. Berg, M. Maire, and J. Malik. SVM-KNN: Discriminative nearest neighbor classification for visual category recognition. *Computer Vision and Pattern Recognition*, pp. 2126–2136, 2006.

[545] J. Zhang, Z. Ghahramani, and Y. Yang. A probabilistic model for online document clustering with application to novelty detection. *Advances in Neural Information Processing Systems*, pp. 1617–1624, 2004.

[546] J. Zhang, Q. Gao, and H. Wang. SPOT: A system for detecting projected outliers from high-dimensional data stream. *ICDE Conference*, 2008.

[547] D. Zhang, and G. Lu. Review of shape representation and description techniques. *Pattern Recognition*, 37(1), pp. 1–19, 2004.

[548] S. Zhang, W. Wang, J. Ford, and F. Makedon. Learning from incomplete ratings using nonnegative matrix factorization. *SIAM Conference on Data Mining*, pp. 549–553, 2006.

[549] T. Zhang, R. Ramakrishnan, and M. Livny. BIRCH: an efficient data clustering method for very large databases. *ACM SIGMOD Conference*, pp. 103–114, 1996.

[550] Z. Zhao, and H. Liu. Spectral feature selection for supervised and unsupervised learning. *ICML Conference*, pp. 1151–1157, 2007.

[551] D. Zhou, O. Bousquet, T. Lal, J. Weston, and B. Scholkopf. Learning with local and global consistency. *Advances in Neural Information Processing Systems*, 16(16), pp. 321–328, 2004.

[552] D. Zhou, J. Huang, and B. Scholkopf. Learning from labeled and unlabeled data on a directed graph. *ICML Conference*, pp. 1036–1043, 2005.

[553] F. Zhu, X. Yan, J. Han, P. S. Yu, and H. Cheng. Mining colossal frequent patterns by core pattern fusion. *ICDE Conference*, pp. 706–715, 2007.

[554] X. Zhu, Z. Ghahramani, and J. Lafferty. Semi-supervised learning using gaussian fields and harmonic functions. *ICML Conference*, pp. 912–919, 2003.

[555] X. Zhu, and A. Goldberg. Introduction to semi-supervised learning. *Morgan and Claypool*, 2009.

[556] `http://db.csail.mit.edu/labdata/labdata.html`.

[557] `http://www.itl.nist.gov/iad/mig/tests/tdt/tasks/fsd.html`.

[558] `http://sifter.org/~simon/journal/20061211.html`.

[559] `http://www.netflixprize.com/`.

推荐阅读

人工智能：原理与实践

作者：（美）查鲁·C. 阿加沃尔 译者：杜博 刘友发 ISBN：978-7-111-71067-7

本书特色

本书介绍了经典人工智能（逻辑或演绎推理）和现代人工智能（归纳学习和神经网络），分别阐述了三类方法：

基于演绎推理的方法， 从预先定义的假设开始，用其进行推理，以得出合乎逻辑的结论。底层方法包括搜索和基于逻辑的方法。

基于归纳学习的方法， 从示例开始，并使用统计方法得出假设。主要内容包括回归建模、支持向量机、神经网络、强化学习、无监督学习和概率图模型。

基于演绎推理与归纳学习的方法， 包括知识图谱和神经符号人工智能的使用。

神经网络与深度学习

作者：邱锡鹏 ISBN：978-7-111-64968-7

本书是深度学习领域的入门教材，系统地整理了深度学习的知识体系，并由浅入深地阐述了深度学习的原理、模型以及方法，使得读者能全面地掌握深度学习的相关知识，并提高以深度学习技术来解决实际问题的能力。本书可作为高等院校人工智能、计算机、自动化、电子和通信等相关专业的研究生或本科生教材，也可供相关领域的研究人员和工程技术人员参考。

推荐阅读

数据挖掘：概念与技术（原书第3版）

作者：韩家炜 Micheline Kamber 裴健 译者：范明 孟小峰 ISBN：978-7-111-39140-1 定价：79.00元

数据挖掘领域最具里程碑意义的经典著作
完整全面阐述该领域的重要知识和技术创新

Jiawei、Micheline和Jian的教材全景式地讨论了数据挖掘的所有相关方法，从聚类和分类的经典主题，到数据库方法（关联规则、数据立方体），到更新和更高级的主题（SVD/PCA、小波、支持向量机），等等。总的说来，这是一本既讲述经典数据挖掘方法又涵盖大量当代数据挖掘技术的优秀著作，既是教学相长的优秀教材，又对专业人员具有很高的参考价值。

—— 摘自卡内基-梅隆大学Christos Faloutsos教授为本书所作序言

异构信息网络挖掘：原理和方法

作者：孙怡舟 韩家炜 译者：段磊 朱敏 唐常杰 ISBN：978-7-111-54995-6 定价：69.00元

本书讲述挖掘异构信息网络所需的原理和方法。是著名华裔科学家韩家炜和美国加州大学洛杉矶分校副教授孙怡舟博士联袂编写的数据挖掘研究生教材。本书是伊利诺伊香槟分校数据挖掘高级课程的参考教材，与我们引进出版的那本韩老师的名著《数据挖掘：概念与技术》互为补充，适合作为研究生数据挖掘课程的参考教材，也适合数据挖掘研究人员和专业技术人员参考。